焊工操作轻松学系列

焊条电弧焊轻松学

赵自勇　陈　永　刘梅生　杨明杰　张海燕

张永生　赵飞文　李　杰　杨　威　刘胜新

编　著

机械工业出版社

本书是一本旨在提高焊条电弧焊焊工操作技能的指导书。全书共10章，内容包括：焊条与焊接设备、焊条电弧焊操作技术、单面焊双面成形技术、水平管道的焊接、垂直固定管道的焊接、倾斜固定管及固定三通管的焊接、管板的焊接、常用材料的焊条电弧焊、铸铁件的焊接（焊补）操作技巧、铸钢件的焊接（焊补）操作技巧。本书内容详略得当，图表丰富实用，书中提供的典型实例都是成熟的操作工艺，便于读者模仿和借鉴，具有极强的针对性和实用性。读者通过学习本书，可以轻松地进行相关练习，在较短时间内熟练掌握焊条电弧焊的操作技巧，并获得设备的维修保养、焊接材料的选择等方面的能力，成为一名优秀的焊条电弧焊焊工。

　　本书可供焊接工人阅读，也可作为焊接技术人员和相关专业职业培训学校师生的参考书。

图书在版编目（CIP）数据

　　焊条电弧焊轻松学/赵自勇等编著. —北京：机械工业出版社，2020.12（2024.9重印）
　　（焊工操作轻松学系列）
　　ISBN 978-7-111-67096-4

　　Ⅰ.①焊…　Ⅱ.①赵…　Ⅲ.①焊条-电弧焊　Ⅳ.①TG444

中国版本图书馆 CIP 数据核字（2020）第 256251 号

机械工业出版社（北京市百万庄大街 22 号　邮政编码 100037）
策划编辑：陈保华　责任编辑：陈保华　贺　怡
责任校对：梁　静　封面设计：马精明
责任印制：张　博
北京雁林吉兆印刷有限公司印刷
2024 年 9 月第 1 版第 2 次印刷
148mm×210mm·9.5 印张·268 千字
标准书号：ISBN 978-7-111-67096-4
定价：45.00 元

电话服务　　　　　　　　　　网络服务
客服电话：010-88361066　　机 工 官 网：www.cmpbook.com
　　　　　010-88379833　　机 工 官 博：weibo.com/cmp1952
　　　　　010-68326294　　金 书 网：www.golden-book.com
封底无防伪标均为盗版　　机工教育服务网：www.cmpedu.com

前　　言

焊接方法分为熔焊、压焊和钎焊三大类，其中熔焊是采用热源进行局部加热，使连接处的金属达到熔化状态，但不施加压力，通过添加或不添加填充金属而使两构件连接的方法。焊条电弧焊是应用最广泛的熔焊方法之一，它与气体保护焊并称熔焊的两大支柱，占熔焊所需工种的 80% 以上。焊条电弧焊由于具有适应性广、操作灵活、设备维修方便、不需要气体防护、容易控制焊接应力和变形等优点，在各行业中得到了广泛的应用，如化工设备、船舶、压力容器、建筑结构及机械制造等领域都广泛使用焊条电弧焊。

本书作者多年从事与焊接相关的科研试验、现场操作、焊工教学等工作，理论与实践相结合，经验丰富，了解焊接工人在工作中的实际需求，编写本书旨在提高焊条电弧焊焊工的综合知识及技能。本书内容详略得当，图表丰富实用，针对性和实用性极强。书中提供的典型实例都是成熟的操作工艺，便于读者模仿和借鉴。读者通过自学本书，可以轻松地进行相关练习，在较短时间内熟练掌握焊条电弧焊的操作技巧，并获得设备的维修保养、焊接材料的选择等方面的能力，成为一名优秀的焊条电弧焊焊工。

本书共 10 章，内容包括：焊条与焊接设备、焊条电弧焊操作技术、单面焊双面成形技术、水平管道的焊接、垂直固定管道的焊接、倾斜固定管及固定三通管的焊接、管板的焊接、常用材料的焊条电弧焊、铸铁件的焊接（焊补）操作技巧、铸钢件的焊接（焊补）操作技巧。本书从实际出发，适合从事焊接工作的各级焊工以及相关技术人员使用。

本书由赵自勇、陈永、刘梅生、杨明杰、张海燕、张永生、赵飞文、李杰、杨威、刘胜新编著。其中，第 1 章由赵自勇、陈永、刘梅生、刘胜新编著，第 2 章由杨明杰、赵自勇、张海燕编著，第 3 章由赵自勇、张永生编著，第 4 章由赵自勇、赵飞文、李杰编著，第 5 章由赵自勇、杨威编著，第 6 章由陈永、赵自勇、杨明杰编著，第 7 章由刘梅生、赵自勇、张海燕编著，第 8 章由赵自勇、张永生、赵飞文编著，第 9 章由赵自勇、李杰编著，第 10 章由赵自勇、陈永、杨威、刘胜新编著。汪大经对全书进行了认真审阅。

在本书的编写过程中，参考了国内外同行的大量文献和相关标准，在此谨向有关人员表示衷心的感谢！

由于我们水平有限，错误之处在所难免，敬请广大读者批评指正。

作　者

目　　录

第1章

焊条与焊接设备

焊条电弧焊是利用手工操纵焊条进行焊接的电弧焊方法。操作时，焊条和焊件分别作为两个电极，利用焊条和焊件之间产生的电弧热量来熔化焊件金属，冷却后形成焊缝。焊条电弧焊的设备简单，操作方便、灵活，适用于各种条件下的焊接，特别适用于结构形状复杂、焊缝短小、弯曲或各种不同空间位置的焊接。

1.1 焊条

1.1.1 焊条的分类

1. 按用途分类

按用途可将焊条分为碳钢焊条、低合金钢焊条、不锈钢焊条、堆焊焊条、铸铁焊条、镍及镍合金焊条、铜及铜合金焊条、铝及铝合金焊条、低温钢焊条、结构钢焊条、钼及铬钼耐热钢焊条、特殊用途焊条。

2. 按熔渣的酸碱性分类

（1）酸性焊条　药皮中含有大量的氧化钛、氧化硅等酸性造渣物及一定数量的碳酸盐等，熔渣氧化性强，熔渣的碱度系数小于1。

（2）碱性焊条　药皮中含有大量的碱性造渣物（大理石、萤石等），并含有一定数量的脱氧剂和渗合金剂。碱性焊条主要靠碳酸盐分解出二氧化碳作保护气体，弧柱气氛中的氢分压较低。而且萤石中的氟化钙在高温时与氢结合成氟化氢，降低了焊缝中的含氢量，故碱性焊条又称为低氢型焊条。

（3）酸性焊条与碱性焊条工艺性能的比较　两种焊条的工艺性能比较见表 1-1。

表 1-1　酸性焊条与碱性焊条工艺性能的比较

酸性焊条	碱性焊条
药皮组分氧化性强	药皮组分还原性强
对水、锈产生气孔的敏感性不大，焊条在使用前经 150~200℃ 烘干 1h，若不受潮，也可不烘干	对水、锈产生气孔的敏感性大，要求焊条使用前经 (300~400)℃×(1~2)h 烘干
电弧稳定，可用交流或直流施焊	由于药皮中含有氟化物，恶化电弧稳定性，须用直流施焊，只有当药皮中加稳弧剂后，方可交、直流两用
焊接电流较大	焊接电流较小，较同规格的酸性焊条小 10% 左右
可长弧操作	须短弧操作，否则易引起气孔及增加飞溅
合金元素过渡效果差	合金元素过渡效果好
焊缝成形较好，除氧化铁型外，熔深较浅	焊缝成形尚好，容易堆高，熔深较深
溶渣结构呈玻璃状	熔渣结构呈岩石结晶状
脱渣较方便	坡口内第一层脱渣较困难，以后各层脱渣较容易
焊缝常温、低温冲击性能一般	焊缝常温、低温冲击性能较高
除氧化铁型外，抗裂性能较差	抗裂性能好
焊缝中含氢量高，易产生白点，影响塑性	焊缝中扩散氢含量低
焊接时烟尘少	焊接时烟尘多，且烟尘中含有害物质较多

3. 按药皮的类型分类

焊条药皮由多种原料组成，按照药皮的主要成分确定焊条的类型，见表 1-2，各类型药皮焊条的主要特点见表 1-3。

表 1-2　焊条按药皮的类型分类

药皮类型	药皮主要成分	焊接电源
氧化钛型	氧化钛≥35%	直流或交流
钛钙型	氧化钛在 30% 以上，钙、镁的碳酸盐在 20% 以下	直流或交流

（续）

药皮类型	药皮主要成分	焊接电源
钛铁矿型	钛铁矿≥30%	直流或交流
氧化铁型	多量氧化铁及较多的锰铁脱氧剂	直流或交流
纤维素型	有机物在15%以上，氧化钛在30%左右	直流或交流
低氢型	钙、镁的碳酸盐和萤石	直流
石墨型	多量石墨	直流或交流
盐基型	氯化物和氟化物	直流

注：1. 当低氢型药皮中含有多量稳弧剂时，可用于交流或直流。
　　2. 表中百分数均为质量分数。

表1-3　各类型药皮焊条的主要特点

药皮类型	电源种类	主要特点
不属已规定的类型	不规定	在某些焊条中采用氧化锆、金红石碱性型等，这些新渣系目前尚未形成系列
氧化钛型	直流或交流	含大量氧化钛，焊接工艺性能良好，电弧稳定，再引弧方便，飞溅很小，熔深较浅，熔渣覆盖性良好，脱渣容易，焊缝波纹特别美观，可全位置焊接，尤其适用于薄板焊接，但焊缝塑性和抗裂性稍差。随药皮中钾、钠及铁粉等用量的变化，分为高钛钾型、高钛钠型及铁粉钛型等
钛钙型	直流或交流	药皮中含氧化钛30%以上，钙、镁的碳酸盐20%以下，焊接工艺性能良好，熔渣流动性好，熔深一般，电弧稳定，焊缝美观，脱渣方便，适用于全位置焊接。如J422即属此类型，是目前碳钢焊条中使用最广泛的一种焊条
钛铁矿型	直流或交流	药皮中含钛铁矿≥30%，焊条熔化速度快，熔渣流动性好，熔深较深，脱渣容易，焊波整齐，电弧稳定，平焊、平角焊工艺性能较好，立焊稍差，焊缝有较好的抗裂性
氧化铁型	直流或交流	药皮中含大量氧化铁和较多的锰铁脱氧剂，熔深大，熔化速度快，焊接生产率较高，电弧稳定，再引弧方便，立焊、仰焊较困难，飞溅稍大，焊缝抗热裂性能较好，适用于中厚板焊接。由于电弧吹力大，适于野外操作。若药皮中加入一定量的铁粉，则为铁粉氧化铁型

（续）

药皮类型	电源种类	主要特点
纤维素型	直流或交流	药皮中含15%以上的有机物，30%左右的氧化钛，焊接工艺性能良好，电弧稳定，电弧吹力大，熔深大，熔渣少，脱渣容易。可作向下立焊、深熔焊或单面焊双面成形焊接。立焊、仰焊工艺性好，适用于薄板结构、油箱管道、车辆壳体等的焊接。随着药皮中稳弧剂、黏结剂含量的变化，分为高纤维素钠型（采用直流反接）、高纤维素钾型两类
低氢钾型	直流或交流	药皮组分以碳酸盐和萤石为主。焊条使用前须经300~400℃烘焙。短弧操作，焊接工艺性一般，可全位置焊接。焊缝有良好的抗裂性和综合力学性能。适于焊接重要的焊接结构。按药皮中稳弧剂量、铁粉量和黏结剂不同，分为低氢钠性、低氢钾型和铁粉低氢型等
低氢钠型	直流	
石墨型	直流或交流	药皮中含有大量石墨，通常用于铸铁或堆焊焊条。采用低碳钢焊芯时，焊接工艺性能较差，飞溅较多，烟雾较大，熔渣少，适于平焊，采用有色金属焊芯时，能改善其工艺性能，但电流不宜过大
盐基型	直流	药皮中含有大量氯化物和氟化物，主要用于铝及铝合金焊条。吸潮性强，焊前要烘干。药皮熔点低，熔化速度快。采用直流电源，焊接工艺性较差，短弧操作，熔渣有腐蚀性，焊后需用热水清洗

注：表中百分数均为质量分数。

1.1.2 焊条的型号

焊条型号是以国家标准为依据，反映焊条主要特性的一种表示方法。焊条型号包括焊条类别、焊条特点（如焊芯金属类型、使用温度、熔敷金属化学成分及抗拉强度等）、药皮类型及焊接电源。不同类型焊条的型号表示方法也不同。

1.1.3 焊条的牌号

焊条的牌号没有国家标准，是厂家依惯例自行规定的。焊条牌号通常以1个汉语拼音字母（或汉字）与3位数字表示。拼音字母（或汉字）表示焊条各大类，后面的3位数字中，前面两位数字表示各大类中的若干小类，第3位数字表示各种焊条牌号的药皮类型及焊接电源。

焊条牌号中第 3 位数字的含义见表 1-4，其中盐基型主要用于有色金属焊条，石墨型主要用于铸铁焊条和个别堆焊焊条。牌号后面加注的字母符号表示焊条的特殊性能和用途，见表 1-5，对于任一给定的焊条，只要从表中查出字母所表示的含义，就可以掌握这种焊条的主要特征。

表 1-4 焊条牌号中第 3 位数字的含义

焊条牌号	药皮类型	焊接电源种类	焊条牌号	药皮类型	焊接电源种类
□××0	不属已规定的类型	不规定	□××5	纤维素型	直流或交流
□××1	氧化钛型	直流或交流	□××6	低氢钾型	直流或交流
□××2	钛钙型	直流或交流	□××7	低氢钠型	直流
□××3	钛铁矿型	直流或交流	□××8	石墨型	直流或交流
□××4	氧化铁型	直流或交流	□××9	盐基型	直流

注：□表示焊条牌号中的拼音字母或汉字，××表示牌号中的前两位数字。

表 1-5 牌号后面加注的字母符号的含义

字母符号	含义	字母符号	含义
D	底层焊条	RH	高韧性超低氢焊条
DF	低尘焊条	LMA	低吸潮焊条
Fe	高效铁粉焊条	SL	渗铝钢焊条
Fe15	高效铁粉焊条,焊条名义熔敷效率为 150%	X	向下立焊用焊条
		XG	管子用向下立焊条
G	高韧性焊条	Z	重力焊条
GM	盖面焊条	Z16	重力焊条、焊条名义熔敷效率为 160%
R	压力容器用焊条		
GR	高韧性压力容器用焊条	CuP	含铜和磷的耐大气腐蚀焊条
H	超低氢焊条	CrNi	含铬和镍的耐海水腐蚀焊条

1. 结构钢（含低合金高强度结构钢）**焊条牌号的编制方法**

1）牌号前加"J"表示结构钢焊条。

2）牌号的前两位数字表示焊缝金属抗拉强度等级，见表 1-6。

表 1-6　焊缝金属抗拉强度等级

焊条牌号	焊缝金属抗拉强度等级		焊条牌号	焊缝金属抗拉强度等级	
	/MPa	/（kgf/mm²）		/MPa	/（kgf/mm²）
J42×	412	42	J70×	690	70
J50×	490	50	J75×	740	75
J55×	540	55	J85×	830	85
J60×	590	60	J10×	980	100

3）牌号第 3 位数字表示药皮类型和焊接电源种类。

4）药皮中铁粉含量约为 30%（质量分数）或熔敷金属效率大于 105%（质量分数），在牌号末尾加注"Fe"，当熔敷效率不小于 130% 时，在"Fe"后再加注两位数字（以效率的 1/10 表示）。

5）有特殊性能和用途的，则在牌号后面加注起主要作用的元素或主要用途的拼音字母（一般不超过两个）。

结构钢焊条牌号示例：

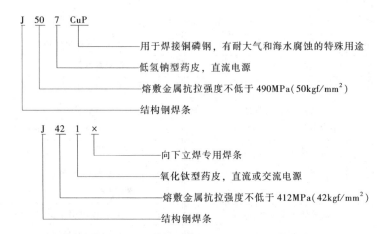

2. 钼和铬钼耐热钢焊条牌号的编制方法

1）牌号前加"R"表示钼和铬钼耐热钢焊条。

2）牌号第 1 位数字，表示耐热钢焊条熔敷金属主要化学成分组成等级，见表 1-7。

表 1-7 耐热钢焊条熔敷金属主要化学成分组成等级

焊条牌号	熔敷金属主要化学成分组成等级	焊条牌号	熔敷金属主要化学成分组成等级
R1××	钼含量≈0.5%	R5××	铬含量≈5%,钼含量≈0.5%
R2××	铬含量≈0.5%,钼含量≈0.5%	R6××	铬含量≈7%,钼含量≈1%
R3××	铬含量≈1%~2%,钼含量≈0.5%~1%	R7××	铬含量≈9%,钼含量≈1%
R4××	铬含量≈2.5%,钼含量≈1%	R8××	铬含量≈11%,钼含量≈1%

注：表中百分数均为质量分数。

3）牌号第 2 位数字，表示同一熔敷金属主要化学成分组成等级中的不同牌号，对于同一组成等级的焊条，可由 10 个牌号 0、1、2、3、4、5、6、7、8、9 顺序编排，以区别于铬钼之外的其他成分。

4）牌号第 3 位数字表示药皮类型和焊接电源种类。

钼和铬钼耐热钢焊条牌号示例：

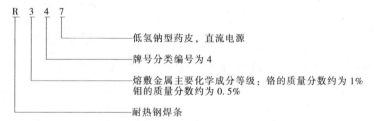

R 3 4 7
低氢钠型药皮，直流电源
牌号分类编号为 4
熔敷金属主要化学成分等级：铬的质量分数约为 1% 钼的质量分数约为 0.5%
耐热钢焊条

3. 低温钢焊条牌号的编制方法

1）牌号前加 "W" 表示低温钢焊条。

2）牌号前两位数字，表示低温钢焊条工作温度等级，见表 1-8。

表 1-8 低温钢焊条工作温度等级

焊条牌号	工作温度等级/℃	焊条牌号	工作温度等级/℃
W60×	-60	W10×	-100
W70×	-70	W19×	-196
W80×	-80	W25×	-253
W90×	-90	—	—

3）牌号第 3 位数字表示药皮类型和焊接电源种类。

低温钢焊条牌号示例：

W 70 7

—— 低氢钢型药皮，直流电源

—— 工作温度等级为 -70℃

—— 低温钢焊条

4. 不锈钢焊条牌号的编制方法

1）牌号前加"G"或"A"，分别表示铬不锈钢焊条或奥氏体铬镍不锈钢焊条。

2）牌号第 1 位数字，表示不锈钢焊条熔敷金属主要化学成分组成等级，见表 1-9。

表 1-9　不锈钢焊条熔敷金属主要化学成分组成等级

焊条牌号	熔敷金属主要化学成分组成等级	焊条牌号	熔敷金属主要化学成分组成等级
G2××	铬含量≈13%	A4××	铬含量≈26%，镍含量≈21%
G3××	铬含量≈17%	A5××	铬含量≈16%，镍含量≈25%
A0××	碳含量≤0.04%（超低碳）	A6××	铬含量≈16%，镍含量≈35%
A1××	铬含量≈19%、镍含量≈10%	A7××	铬锰氮不锈钢
A2××	铬含量≈18%、镍含量≈12%	A8××	铬含量≈18%、镍含量≈18%
A3××	铬含量≈23%、镍含量≈13%	A9××	待发展

注：表中百分数均为质量分数。

3）牌号第 2 位数字，表示同一熔敷金属主要化学成分组成等级中的不同牌号，对于同一组成等级的焊条，可由 10 个牌号 0、1、2、3、4、5、6、7、8、9 顺序编排，以区别于镍铬之外的其他成分。

4）牌号第 3 位数字表示药皮类型和焊接电源种类。

不锈钢焊条牌号示例：

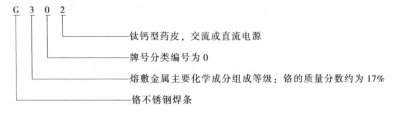

G 3 0 2

—— 钛钙型药皮，交流或直流电源

—— 牌号分类编号为 0

—— 熔敷金属主要化学成分组成等级：铬的质量分数约为 17%

—— 铬不锈钢焊条

5. 堆焊焊条牌号的编制方法

1) 牌号前加"D"表示堆焊焊条。

2) 牌号的前两位数字表示堆焊焊条的主要用途或熔敷金属的主要成分类型等,见表1-10。

表1-10 堆焊焊条牌号的前两位数字含义

焊条牌号	堆焊焊条的主要用途或熔敷金属的主要成分类型	焊条牌号	堆焊焊条的主要用途或熔敷金属的主要成分类型
D00×~09×	不规定	D60×~69×	合金铸铁堆焊焊条
D10×~24×	不同硬度的常温堆焊焊条	D70×~79×	碳化钨堆焊焊条
D25×~29×	常温高锰钢堆焊焊条	D80×~89×	钴基合金堆焊焊条
D30×~49×	刀具工具用堆焊焊条		
D50×~59×	阀门堆焊焊条	D90×~99×	待发展的堆焊焊条

3) 牌号第3位数字表示药皮类型和焊接电源种类。

堆焊焊条牌号示例:

D 25 6

— 低氢钾型药皮,交流或直流电源

— 常温高锰钢堆焊焊条

— 堆焊焊条

6. 铸铁焊条牌号的编制方法

1) 牌号前加"Z"表示铸铁焊条。

2) 牌号第1位数字,表示熔敷金属主要化学成分组成类型,见表1-11。

表1-11 铸铁焊条牌号第1位数字的含义

焊条牌号	熔敷金属主要化学成分组成类型	焊条牌号	熔敷金属主要化学成分组成类型
Z1××	碳钢或高钒钢	Z5××	镍铜合金
Z2××	铸铁(包括球墨铸铁)	Z6××	铜铁合金
Z3××	钝镍	Z7××	待发展
Z4××	镍铁合金	—	—

3）牌号第 2 位数字，表示同一熔敷金属主要化学成分组成等级中的不同牌号，对于同一组成等级的焊条，可由 10 个牌号 0、1、2、3、4、5、6、7、8、9 顺序排列。

4）牌号第 3 位数字表示药皮类型和焊接电源种类。

铸铁焊条牌号示例：

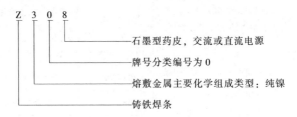

Z 3 0 8

- 石墨型药皮，交流或直流电源
- 牌号分类编号为 0
- 熔敷金属主要化学组成类型：纯镍
- 铸铁焊条

7. 有色金属焊条牌号的编制方法

1）牌号前加"Ni""T""L"，分别表示镍及镍合金焊条、铜及铜合金焊条、铝及铝合金焊条。

2）牌号第 1 位数字，表示熔敷金属主要化学成分组成类型，见表 1-12。

表 1-12　有色金属焊条牌号第 1 位数字的含义

焊条牌号		熔敷金属主要化学成分组成类型	焊条牌号		熔敷金属主要化学成分组成类型
镍及镍合金焊条	Ni1××	纯镍	铜及铜合金焊条	T3××	白铜合金
	Ni2××	镍铜合金		T4××	待发展
	Ni3××	因康镍合金	铝及铝合金焊条	L1××	纯铝
	Ni4××	待发展		L2××	铝硅合金
铜及铜合金焊条	T1××	纯铜		L3××	铝锰合金
	T2××	青铜合金		L4××	待发展

3）牌号第 2 位数字，表示同一熔敷金属主要化学成分组成等级中的不同牌号，对于同一成分组成类型的焊条，可由 10 个牌号 0、1、2、3、4、5、6、7、8、9 顺序排列。

4）牌号第 3 位数字表示药皮类型和焊接电源种类。

有色金属焊条牌号示例：

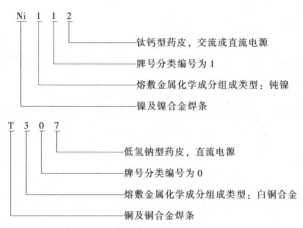

8. 特殊用途焊条牌号的编制方法

1) 牌号前面加 "TS" 表示特殊用途焊条。

2) 牌号第 1 位数字，表示焊条的用途，第 1 位数字的含义见表 1-13。

表 1-13　特殊用途焊条牌号第 1 位数字的含义

焊条牌号	熔敷金属主要成分及焊条用途	焊条牌号	熔敷金属主要成分及焊条用途
TS2××	水下焊接用	TS5××	电渣焊用管状焊条
TS3××	水下切割用	TS6××	铁锰铝焊条
TS4××	铸铁件补焊前开坡口用	TS7××	高硫堆焊焊条

3) 牌号第 2 位数字，表示同一熔敷金属主要化学成分组成等级中的不同牌号，对于同一成分组成类型的焊条，可由 10 个牌号 0、1、2、3、4、5、6、7、8、9 顺序排列。

4) 牌号第 3 位数字表示药皮类型和焊接电源种类。

特殊用途焊条牌号示例：

1.1.4 焊条的型号与牌号对照

国家标准将焊条用型号表示，并划分为若干类。焊条型号与牌号的对照关系见表 1-14。

表 1-14 焊条型号与牌号的对照关系

型　号			牌　号			
国家标准	名称	代号	类型	名称	代号	
					字母	汉字
GB/T 5117—2012	非合金钢及细晶粒钢焊条	E	一	结构钢焊条	J	结
GB/T 5118—2012	热强钢焊条	E	一	结构钢焊条	J	结
			二	钼和铬钼耐热钢焊条	R	热
			三	低温钢焊条	W	温
GB/T 983—2012	不锈钢焊条	E	四	不锈钢焊条	G	铬
					A	奥
GB/T 984—2001	堆焊焊条	ED	五	堆焊焊条	D	堆
GB/T 10044—2006	铸铁焊条及焊丝	EZ	六	铸铁焊条	Z	铸
GB/T 13814—2008	镍及镍合金焊条	E	七	镍及镍合金焊条	Ni	镍
GB/T 3670—1995	铜及铜合金焊条	E	八	铜及铜合金焊条	T	铜
GB/T 3669—2001	铝及铝合金焊条	T	九	铝及铝合金焊条	L	铝
—	—		十	特殊用途焊条	TS	特

1.1.5 焊条的选用原则

选用焊条时，在满足产品性能要求的条件下，尽量选用电弧稳定、飞溅少、易脱渣、焊缝成形均匀、整齐的酸性焊条，以改善操作工艺性能。另外，从经济效益上来看，应尽量选用钛铁型焊条，少用或不用成本较高的钛钙型焊条。如果为了提高生产效率，可选用铁粉焊条、高效率不锈钢焊条、重力焊条及封底焊条。

1. 同种材料焊接时选用焊条的基本原则

1）焊接普通结构钢时，为了保证焊缝金属与母材具有相等的强度，应选用抗拉强度大于等于母材的焊条。

2）焊接合金结构钢时，一般要求焊缝金属的主要合金成分与母材金属相同或相近。

3）在被焊结构刚度大、接头应力高、焊缝容易产生裂纹的不利情况下，要选用比母材强度低一级的焊条。

4）当母材中碳、硫、磷等元素的含量偏高时，焊缝容易产生裂纹，应选用抗裂性能好的低氢焊条。

5）在高温或低温条件下工作的工件，应选用相应的耐热钢或低温钢焊条。

6）接触腐蚀介质的工件，应根据介质的性质及腐蚀特征，选用相应的不锈钢类焊条或其他耐腐蚀焊条。

7）对承受动载荷和冲击载荷的工件，除满足强度要求外，还要保证焊缝金属具有较高的冲击韧度和塑性，应选用塑性和韧性较高的低氢焊条。

8）在没有直流电源，而焊接结构又要求必须使用低氢焊条的场合，应选用交直流两用低氢焊条。

9）在狭小或通风条件差的场合，选用酸性焊条或低尘焊条。

10）对受条件限制不能翻转的工件，有些焊缝处于非平焊位置，应选用全位置焊接焊条。

11）对焊接部位难以清理干净的工件，应选用氧化性强，对铁锈、氧化皮、油污不敏感的酸性焊条。

低碳钢焊条电弧焊所用的焊条的选用见表1-15。

表1-15 低碳钢焊条电弧焊所用的焊条的选用

钢牌号	焊条的选用				施焊条件
	一般结构		焊接动载荷、复杂和厚板结构、重要受压容器以及低温下焊接		
	国标型号	牌号	国标型号	牌号	
Q235	E4313，E4303，E4301，E4320，E4311	J421，F422，J423，J424，J425	E4316，E4315，（E5016，E5015）	J426，J427（J506，J507）	一般不预热
Q255					

（续）

钢牌号	焊条的选用				施焊条件
	一般结构		焊接动载荷、复杂和厚板结构、重要受压容器以及低温下焊接		
	国标型号	牌号	国标型号	牌号	
Q275	E5016、E5015	J506、J507	E5016、E5015	J506、J507	厚板结构预热150℃以上
08、10、15、20	E4303、E4301、E4320、E4311	J422、J423、J424、J425	E4316、E4315、（E5016、E5015）	J426、J427（J506、J507）	一般不预热
25、30	E4316、E4315	J426、J427	E5016、E5015	J506、J507	厚板结构预热150℃以上
20G、22G	E4303、E4301	J422、J423	E4316、E4315、（E5016、E5015）	J426、J427（J506、J507）	一般不预热
20R	E4303、E4301	J422、J423	E4316、E4315、（E5016、E5015）	J426、J427（J506、J507）	一般不预热

注：1. 表中括号表示可以代用。

2. Q255、Q275牌号已在GB/T 700—2006中取消，仅供参考。

中碳钢焊条电弧焊所用焊条的选用见表1-16。

表1-16 中碳钢焊条电弧焊所用焊条的选用

钢牌号	母材碳的质量分数（%）	选用焊条型号		塑性好的焊条
		要求等强度的构件	不要求强度或不要求等强度的构件	
35	0.32~0.40	E5016 E5015 E5516-G E5515-G	E4303 E4301 E4316 E4315	E308L-16 E308-15 E309-16 E309-15 E310-16 E310-15
ZG270-500	0.31~0.40			
45	0.42~0.50	E5516-G E5515-G E6016-D1 E6015-D1	E4303 E4301 E4316 E4315 E5016 E5015	
ZG310-570	0.41~0.50			
55	0.52~0.60	E6016-D1 E6015-D1	E4303 E4301 E4316 E4315 E5016 E5015	
ZG340-640	0.51~0.60			

中碳调质钢焊接材料的选用见表 1-17。

表 1-17 中碳调质钢焊接材料的选用

钢号	状态	焊条选用	
		型号	牌号
25CrMnSi	退火(在退火状态下进行焊接,焊后调质)	E8515-G E9015-G E10015-G	J907、J907Cr
30CrMnSiA			J857、J857Cr
30CrMoA			J857CrNi
35CrMoV			J107、J107Cr
30CrMnSiNi2A			HTJ-2
34CrNi3MoA			HTJ-3
40Cr			J107、J107Cr、J857Cr、J907、J907Cr
25CrMnSi	调质后焊接	E1-16-25MoN-15 E1-16-25MoN-16	A502、A507、HTG-1、HTG-2、HTG-3
30CrMnSiA			
30CrMnSiNi2A			
34CrNi3MoA			
40CrNiMoA			
40CrMnMo			HTG-1

2. 不锈钢材料焊接时选用焊条的基本原则

近年来,不锈钢材料广泛应用于各工业领域,如何选用不锈钢结构件的焊条是焊接操作者的必备知识和技能。

铬镍奥氏体不锈钢焊条具有良好的耐蚀性和抗氧化性,广泛应用于化工、石油、食品机械、医疗器械等设备的制造。铬镍不锈钢在焊接时,受到反复加热会析出碳化物,从而降低耐腐蚀性和力学性能,所以应根据工作条件(工作温度及介质种类等)选择焊条。一般焊条的选用应与母材成分相同或相近,主要按介质和工作温度来选择焊条。

1)工作温度在 300℃ 以上,有较强的腐蚀性介质,需选用含钛或铌稳定性元素或超低碳不锈钢焊条;对含有稀硫酸或盐酸的介质,常选用含钼和铜的不锈钢焊条。

2）在常温下工作且环境腐蚀性较弱时，可采用不含钛或铌的不锈钢焊条。

3）熔敷金属的含碳量对不锈钢的抗腐蚀性能有很大的影响，一般选用含碳量不高于母材的不锈钢焊条或选用超低碳不锈钢焊条。

4）不锈钢焊条通常有钛钙型和低氢型两种。钛钙型药皮的焊条不适合做全位置焊接，只适宜平焊和平角焊；低氢型药皮的焊条可做全位置焊接。焊接电源尽可能采用直流电源，这样有利于克服焊条发红和熔深浅的缺点。

奥氏体不锈钢焊接材料的选用见表1-18。

表1-18　奥氏体不锈钢焊接材料的选用

钢号	焊条		氩弧焊焊丝	埋弧焊	
	牌号	型号		焊丝	焊剂
12Cr18Ni9	A002	E308L-16	H00Cr21Ni10	H00Cr21Ni0	HJ206 HJ151
06Cr19Ni10	A102	E308-16	H0Cr20Ni10Ti	H0Cr20Ni10Ti	HJ172 SJ608
1Cr18Ni9Ti①	A132	E347-16	H0Cr20Ni10Nb	H0Cr20Ni10Nb	SJ701
022Cr19Ni10N	A002	E308L-16	H00Cr21Ni10	H00Cr21Ni10	SJ601
06Cr17Ni12Mo2Ti	A022	E316L-16	H00Cr19Ni12Mo2	H00Cr19Ni12Mo2	HJ206 HJ172
06Cr17Ni12Mo2Ti	A242	E317-16	H0Cr20Ni14Mo3	H0Cr20Ni14Mo3	HJ206 HJ172
022Cr17Ni12Mo2N	A022	E316L-16	H00Cr19Ni12Mo2	H00Cr19Ni12Mo2	HJ260 HJ172
022Cr17Ni12Mo2	A002	E308L-16	H00Cr19Ni12Mo2	H00Cr20Ni14Mo3	HJ260 HJ172

① 在用非标准牌号。

铁素体不锈钢焊条电弧焊时焊接材料的选用见表1-19。

表 1-19　铁素体不锈钢焊条电弧焊时焊接材料的选用

类别	钢号	热处理规范/℃		焊条选用	
		预热、层温	焊后热处理	型号	牌号
铁素体型	06Cr13	100~200	700~760 空冷	E410-16 E410-15 E410-15	G202 G207(耐蚀、耐热) G217
		70~100	—	E309-16 E309-15 E310-16 E310-15	A302 A307 A402(高塑、韧性) A407
	022Cr18Ti 10Cr17 10Cr17Mo	100~200	700~760	E430-16 E430-15	G302 G307(耐蚀、耐热)
		70~100	—	E308-16 E308-15 E309-16、15 E310-16、15	A101、A102 A107 A302(高塑、韧性) A307 A402 A407 A412

3. 异种钢焊接时焊条的选用要点

1) 强度级别不同的碳钢与低合金钢（或低合金钢与低合金高强度钢）焊接时，一般要求焊缝金属或接头的强度不低于两种被焊金属的最低强度，选用的焊条熔敷金属的强度应能保证焊缝及接头的强度不低于强度较低的母材强度，同时焊缝金属的塑性和冲击韧度应不低于强度较高而塑性较差母材的性能。因此，可按两者之中强度级别较低的钢材选用焊条。但是为了防止出现焊接裂纹，应按强度级别较高、焊接性较差的钢种确定焊接工艺，包括焊接规范、预热温度及焊后热处理等。

2) 低合金钢与奥氏体不锈钢焊接时，应按照对熔敷金属化学成分限定的数值来选用焊条，一般选用铬和镍含量较高且塑性和抗裂性较好的 Cr25-Ni13 型奥氏体钢焊条，以避免因产生脆性淬硬组织而导致的裂纹，但应按焊接性较差的不锈钢确定焊接工艺。

3) 不锈钢复合钢板焊接时，应考虑对基层、复层、过渡层的焊接要求选用 3 种不同性能的焊条。对基层（碳钢或低合金钢）的焊接，选用相应强度等级的结构钢焊条；复层直接与腐蚀介质接触，应选用相应成分的奥氏体不锈钢焊条。关键是过渡层（即复层与基层交界面）的焊接，必须考虑基体材料的稀释作用，应选用铬和镍含量较高、塑性和抗裂性好的 Cr25-Ni13 型奥氏体不锈钢焊条。

1.2 焊接设备

1.2.1 焊条电弧焊设备的种类及型号

1. 焊条电弧焊电源的种类

焊条电弧焊电源按产生电流种类的不同，可分为交流电源和直流电源两大类。交流电源有弧焊变压器；直流电源有弧焊整流器、直流弧焊发电机和弧焊逆变器等。

（1）弧焊变压器　弧焊变压器是一种具有下降外特性的特殊降压变压器，在焊接行业里又称交流弧焊电源。

（2）弧焊整流器　弧焊整流器是一种用硅二极管作为整流元件，把工频交流电经过变压、整流后，供给电弧负载的直流电源。

（3）直流弧焊发电机　直流弧焊发电机是一种电动机和特种直流发电机的组合体。

（4）弧焊逆变器　弧焊逆变器是一种新型、高效、节能的直流焊接电源。

2. 焊条电弧焊机的型号

焊条电弧焊机是将电能转换为焊接能量的焊接设备。其焊机型号表示方法如下：

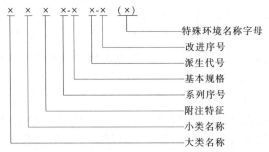

焊机型号举例：

焊机特殊环境名称及代表符号见表1-20，焊机附加特征名称及代表符号见表1-21。

表 1-20 焊机特殊环境名称及代表符号

特殊环境名称	简称	代表符号
热带用	热	T
温热带用	温热	TH
干热带用	干热	TA
高原用	高原	G
水下用	水下	S

表 1-21 焊机附加特征名称及代表符号

大类名称	附加特征名称	简称	代表符号
弧焊发电机	单一发电机	单	D
	汽油发电机	汽	Q
	柴油发电机	柴	C
弧焊整流器	硒整流器	硒	X
	硅整流器	硅	G
	锗整流器	锗	Z
弧焊变压器	铝绕组	铝	L

1.2.2 焊条电弧焊设备的铭牌

每台焊机出厂时，在焊机的明显位置上都有铭牌。铭牌的内容主要有焊机的名称、型号、主要技术参数、绝缘等级、焊机制造厂、生产日期、焊机生产编号等。焊机铭牌中的主要技术参数是焊接生产中选用焊机的主要依据。

1. 额定焊接电流

额定焊接电流是焊条电弧焊电源在额定负载持续率工作条件下，允许使用的最大焊接电流。负载持续率越大，表明在规定的工作周期内，焊接工作时间越长，因此，焊机的温度就要升高。为了不使焊机的绝缘被破坏，就要减小焊接电流。当负载持续率减小时，表明在规定的工作周期内，焊接工作的时间缩短了，此时，可以短时加大焊接电流。当实际负载持续率与额定负载持续率不同时，焊条电弧焊机的许用电流就会变化，可按下式计算

$$许用焊接电流 = 额定焊接电流 \times \sqrt{\frac{额定负载持续率}{实际负载持续率}}$$

焊机铭牌上一般都列出几种不同的负载持续率所允许的焊接电流。弧焊变压器和弧焊整流器电源都是以额定焊接电流来表示其基本规格的。

2. 负载持续率

负载持续率是指弧焊电源负载的时间占选定工作时间周期的百分比，按下式计算

$$负载持续率 = \frac{在选定工作时间周期中弧焊电源的负载时间}{选定工作时间周期} \times 100\%$$

用负载持续率这一参数可以表示焊接电源的工作状态，因为弧焊电源的温升与焊接电流的大小有关，也和弧焊电源的工作状态有关。对于一台弧焊电源，随着实际焊接时间的延长，间歇的时间缩短，负载持续率就会增高，弧焊电源就容易发热升温，甚至烧损。所以焊工开始工作前，要看好焊机上的铭牌，按负载持续率规定使用焊机。

3. 一次电压、一次电流、相数、功率

这些参数说明该弧焊电源对电网的要求，弧焊电源接入电网时，一次电压、一次电流、相数、功率等参数都必须与弧焊电源相符，才能保证弧焊电源安全正常工作。

1.2.3 焊条电弧焊设备的外部接线

1. 焊接电源的极性

焊条电弧焊的焊接设备有两个输出的电极，在焊接过程中，分别接到焊钳和焊件上，形成一个完整的焊接回路。直流弧焊电源的

两个输出极，一个为正极，一个为负极，当焊件接电源的正极、焊钳接电源的负极时，这种接线法叫作直流正接法；当焊件接电源的负极、焊钳接电源的正极时，这种接线法叫作直流反接法。

对于交流弧焊电源，由于电弧的极性周期性改变，工频交流电源电流是交变的，焊接电弧的燃烧和熄灭每秒钟要重复 100 次，所以，交流弧焊变压器的输出电极没有正负极之分。

2. 焊接设备极性及应用

焊条电弧焊过程中，酸性焊条用交流焊机焊接；低氢钾型焊条，可以用交流电源进行焊接，也可以用直流反接法焊接。酸性焊条用直流电源焊接时，厚板宜采用直流正接法焊接，此时焊件接电源的正极，正极的温度较高，焊缝熔深大；焊接薄板时，采用直流反接法焊接为好，此时焊件接电源的负极，可以防止焊件烧穿。当使用低氢钠型碱性焊条时，必须使用直流反接法焊接。

3. 直流电源极性的鉴别方法

直流电源的极性可采用以下方法进行鉴别：①采用低氢钠型碱性焊条，如 E5015，在直流焊接电源上试焊，焊接过程中，若焊接电流稳定、飞溅小、电弧燃烧声音正常，则表明焊接电源采用的是直流反接，与焊件连接的焊机输出端为负极，与焊把相连接的输出端是正极；②采用碳棒试焊，如果试焊时电弧燃烧稳定，电弧被拉起很长也不断弧，而且断弧后碳棒端面光滑，表明为直流正接，与焊件连接的焊机输出端为正极，与碳棒相连接的输出端是负极；③采用直流电压表鉴别，鉴别时将直流电压表的正极、负极分别接在直流电源的两个电极上，若电压表指针向正方向偏转时，与电压表正极相连接的焊接电源输出端是正极，另一端则为负极。

1.2.4 焊条电弧焊设备的维护

正确使用和维护焊接设备，不但能保证其工作性能，还能延长使用寿命，所以对焊工来说，必须掌握电弧焊设备的正确使用与维护方法。

1）焊机的安装场地应通风干燥、无振动、无腐蚀性气体，焊接设备机壳必须接地。

2）电弧焊设备的电源开关必须采用磁力启动器，且必须使用降压启动器，使用时在合、断电源闸刀开关时，头部不得正对电闸。

3）保持焊机接线柱的接触良好，固定螺母要压紧。经常检查电弧焊设备的电刷与换向片间的接触情况，当火花过大时，必须及时更换或压紧电刷，或修整换向片。

4）在焊钳与工件短接的情况下，不得起动焊接设备。

5）焊机应按额定焊接电流和负载持续率来使用，不得过载。

6）要保持焊机的内部和外部清洁，要经常润滑焊机的运转部分，整流焊机必须保证整流元件的冷却和通风良好。

7）检修焊机故障时必须切断电源，移动焊机时，应避免剧烈振动。

8）工作完毕或临时离开工作场地时，必须切断电源。

1.2.5 焊条电弧焊设备的故障排除

焊条电弧焊设备的常见故障、产生原因及排除方法见表1-22。

表1-22 焊条电弧焊设备的常见故障、产生原因及排除方法

故障特征	产生原因	排除方法
焊机过热	焊机过载	减小焊接电流
	变压器绕组短路	消除短路
	铁芯螺杆绝缘损坏	恢复绝缘
焊接过程中电流忽大忽小	焊接电缆、焊条等接触不良	使接触可靠
	可动铁芯随焊机振动而移动	防止铁芯移动
可动铁芯在焊接过程中发出强烈的嗡嗡声	可动铁芯的制动螺钉或弹簧太松	紧固螺钉，调整弹簧拉力
	铁芯活动部分的移动机构损坏	检查修理移动机构
焊机外壳带电	一次绕组或二次绕组碰壳	检查并消除碰壳处
	电源线与罩壳碰接	消除碰壳现象
	焊接电缆误碰外壳	消除碰壳现象
	未接地或接地不良	接妥地线

（续）

故障特征	产生原因	排除方法
焊接电流过小	焊接电缆过长,降压太大	减小电缆长度或加大直径
	焊接电缆卷成盘形,电感太大	将电缆放开,不使它成盘状
	电缆接线柱与焊件接触不良	使接触处接触良好
焊机空载电压太低	网路电压过低	调整电压至额定值
	变压器一次绕组匝间短路	消除短路现象
	磁力启动器接触不良	使其接触良好
焊接电流调节失灵	控制绕组匝间短路	消除短路现象
	焊接电流控制器接触不良	使电流控制器接触良好
	控制整流元件击穿	更换元件
焊接电流不稳定	主回路交流接触器抖动	消除抖动
	风压开关抖动	消除抖动
	控制绕组接触不良	使其接触良好
风扇电动机不转	熔丝烧断	更换熔丝
	电动机绕组断线	修复或更换电动机
	按钮开关触头接触不良	修复或更换按钮开关
焊接过程中焊接电压突然降低	主回路全部或部分产生短路	修复线路
	整流元件击穿	更换元件,检查保护线路
	控制回路断路	检修控制回路

第 2 章

焊条电弧焊操作技术

焊条电弧焊操作水平的高低，主要体现在运条能力和熔池观察能力上，具体内容如图 2-1 所示。

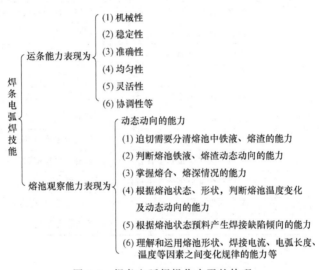

```
                        ┌ (1) 机械性
                        │ (2) 稳定性
               运条能力表现为 ┤ (3) 准确性
                        │ (4) 均匀性
                        │ (5) 灵活性
焊                       └ (6) 协调性等
条
电                       ┌ 动态动向的能力
弧                       │ (1) 迫切需要分清熔池中铁液、熔渣的能力
焊                       │ (2) 判断熔池铁液、熔渣动态动向的能力
技                       │ (3) 掌握熔合、熔深情况的能力
能  熔池观察能力表现为 ┤ (4) 根据熔池状态、形状，判断熔池温度变化
                        │     及动态动向的能力
                        │ (5) 根据熔池状态预料产生焊接缺陷倾向的能力
                        │ (6) 理解和运用熔池形状、焊接电流、电弧长度、
                        └     温度等因素之间变化规律的能力等
```

图 2-1　焊条电弧焊操作水平的体现

2.1　基本操作技术

2.1.1　焊接姿势

焊接操作时，焊接姿势一般是左手持面罩，右手拿焊钳，焊钳上夹持焊条，焊钳、焊条及手握姿势如图 2-2 所示。

一般情况下，焊接姿势的选择随人而定，无论什么姿势都没问题，关键是身体感觉舒服最好，特别是两只手要能灵活移动。但是焊接精密工件时，一般都是采用坐姿，身体更平稳，焊接质量好（见图 2-3）。

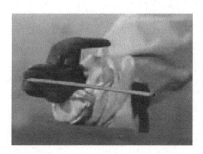

图 2-2　焊钳、焊条及手握姿势

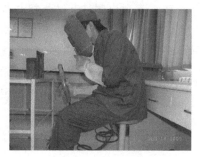

图 2-3　坐式焊接

2.1.2　引弧操作要点

1. 引弧操作步骤

采用焊条电弧焊时，引燃焊接电弧的过程，叫作引弧。引弧时，首先把焊条端部与工件轻轻接触，然后很快将焊条提起，这时电弧就在焊条末端与工件之间建立起来，如图 2-4 和图 2-5 所示。

图 2-4　引弧准备

图 2-5　引燃电弧

引弧是焊条电弧焊操作中最基本的动作，其步骤是：

1）穿好工作服，戴好工作帽及电焊手套。

2）准备好工件、焊条及辅助工具。

3）清理干净工件表面的油污、水渍、锈渍。

4）检查焊钳及各接线处是否良好。

5）把地线与工件支架相连接并把工件平放在支架上。

6）合上电闸、起动焊机并调节所需焊接电流。

7）从焊条筒中取出焊条，用拇指按下焊钳弯臂打开焊钳，把焊条夹持端放到焊钳口凹槽中，松开焊钳弯臂。

8）右手握住焊钳，左手持面罩。

9）找准引弧处，手保持稳定，用面罩遮住面部，准备引弧。

2. 引弧方法

常用的引弧方法有划擦法和敲击法引弧两种，如图 2-6 所示。

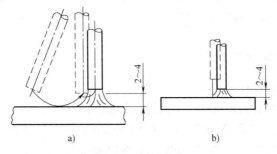

图 2-6　引弧方法

a）划擦法　b）敲击法

（1）划擦法　划擦法是先将焊条末端对准工件，然后像划火柴似的将焊条在工件表面轻轻划擦一下，引燃电弧，划动长度越短越好，一般在 15~25mm。然后迅速将焊条提升到使弧长保持 2~4mm 高度的位置，并使之稳定燃烧。接着立即移到待焊处，先停留片刻起预热作用，再将电弧压短至略小于焊条直径，在始焊点做适量横向摆动，并在坡口根部稳定电弧，当形成熔池后开始正常焊接，如图 2-6a 所示。这种引弧方式的优点是电弧容易引燃，操作简便，引弧效率高。缺点是容易损坏工件的表面，造成工件表面划伤的痕迹，在焊接正式产品时很少采用。

（2）敲击法　敲击法引弧也叫直击法引弧，常用于比较困难的焊接位置，污染工件较小。敲击法是将焊条末端垂直地在工件起焊处轻微碰击，然后迅速将焊条提起，电弧引燃后，立即使焊条末端与工件保持2~4mm，使电弧稳定燃烧，后面的操作与划擦法基本相同，如图2-6b所示。这种引弧方法的优点是不会使工件表面造成划伤缺欠，又不受工件表面的大小及工件形状的限制，所以是正式生产时采用的主要引弧方法。缺点是受焊条端部的状况限制，引弧成功率低，焊条与工件往往要碰击几次才能使电弧引燃和稳定燃烧，操作不易掌握。敲击时如果用力过猛，药皮易脱落，操作不当容易使焊条粘于工件表面。

两种引弧方法都要求引弧后，先拉长电弧，再转入正常弧长焊接，引弧后的电弧长度变化如图2-7所示。

引弧动作如果太快或焊条提得过高，不易建立稳定的电弧，或起弧后易熄灭；引弧动作如果太慢，又会使焊条和工件粘在一起，产生长时间短路，使焊条过热发红，造成药皮脱落，也不能建立起稳定的电弧。

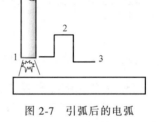

图 2-7 引弧后的电弧长度变化

（3）焊缝接头处的引弧 对于焊缝接头处的引弧，一般有两种方法。

1）第1种方法是从先焊焊道末尾处引弧，如图2-8所示，这种连接方式可以熔化引弧处的小气孔，同时接头也不会高出焊缝。连接的方法是在先焊焊道的焊尾前面约10mm处引弧，弧长比正常焊接稍长些，然后将电弧移到原弧坑的2/3处，填满弧坑后，即可进行正常焊接。采用此方法引弧时一定要控制好电弧后移的距离，如果电弧后移太多，则可能造成接头过高；电弧后移太少，将造成接头脱节，弧坑填充不满。

2）第2种方法是从先焊焊道端头处引弧，如图2-9所示。这种连接方式要求先焊焊道的起头处要略低些，连接时在先焊焊道的起头略前处引弧，并稍微拉长电弧，将电弧引向先焊焊道的起头处，并覆盖其端头，待起头处焊道焊平后再向先焊焊道相反的方向移动。

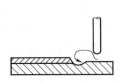

图 2-8　从先焊焊道末尾处引弧

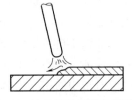

图 2-9　从先焊焊道端头处引弧

　　采用上述两种方法，可以使焊缝接头处符合使用要求，如图 2-10a 所示。否则极易出现图 2-10b、c 所示的情况，或者接头强度达不到使用要求，或者外形不美观并影响安装使用。

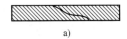

a)

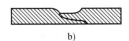

b)

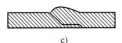

c)

图 2-10　焊缝连接要求

a) 正确　b) 不正确　c) 不正确

3. 引弧操作注意事项

　　1）为了便于引弧，焊条末端应裸露焊芯，若焊条端部有药皮套筒，可戴焊工手套捏除，如图 2-11 所示。

　　2）引弧过程中如果焊条与工件粘在一起，可将焊条左右晃动几下即可脱离，如图 2-12 所示。

图 2-11　捏除焊条端部药皮

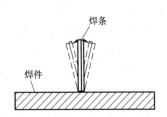

图 2-12　左右晃动焊条脱离工件

　　3）如果左右晃动焊条仍不能使其与工件脱离，焊条会发热，应立即将焊钳与焊条脱离，以防短路时间过长而烧坏焊机。

2.1.3 运条操作要点

　　焊接过程中，为了保证焊缝成形美观，焊条要做必要的运动，简称运条。运条同时存在 3 个基本运动，焊条沿焊接方向的均匀移动，焊条沿中心线不停地向下送进和横向摆动，如图 2-13 所示。

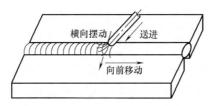

图 2-13　运条的 3 个基本动作

1. 沿焊接方向移动

　　焊条沿焊接方向的均匀移动即焊接速度，该速度的大小对焊缝成形起着非常重要的作用。随着焊条的不断熔化，逐渐形成一条焊道。若焊条移动速度太慢，则焊道会过高、过宽，外形不整齐，焊接薄板时会产生烧穿现象；若焊条的移动速度太快，则焊缝和工件会熔化不均，焊道较窄。焊条移动时，应与前进方向成 65°~80° 的夹角，如图 2-14 所示，以使熔化金属和熔渣推向后方。如果熔渣流向电弧的前方，会造成夹渣等缺欠。

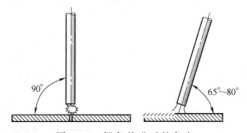

图 2-14　焊条前进时的角度

2. 焊条沿熔池方向送进

　　向下送焊条是为了调节电弧的长度，弧长的变化直接影响熔深及熔宽，焊条向熔池方向送进的目的是随着焊条的熔化来维持弧长不变。焊条下送速度应与焊条的熔化速度相适应，如图 2-15 所示。

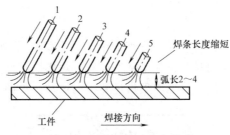

图 2-15 焊条沿熔池方向送进

如果下送速度太慢，会使电弧逐渐拉长，直至灭弧，如图 2-16 所示；如果下送速度太快，会使电弧逐渐缩短，直至焊条与熔池发生接触短路，导致电弧熄灭。

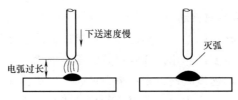

图 2-16 焊条下送速度太慢导致灭弧

3. 横向摆动

横向摆动可根据需要获得一定宽度的焊缝，如图 2-17 所示。

1）工件越薄，摆动幅度应该越小，工件越厚，摆动幅度应该越大，如图 2-18 所示。

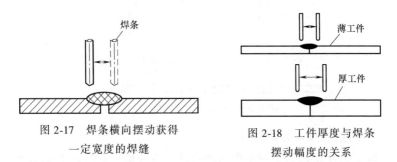

图 2-17 焊条横向摆动获得
一定宽度的焊缝

图 2-18 工件厚度与焊条
摆动幅度的关系

2）I 形坡口摆动幅度较小，V 形坡口摆动幅度较大，如图 2-19 所示。

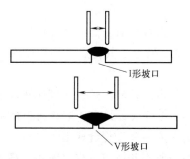

图 2-19 坡口形状与焊条摆动幅度的关系

3）多层多道焊时，外层比内层摆动幅度大，如图 2-20 所示。

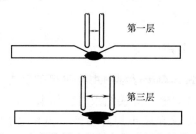

图 2-20 焊接层次与焊条摆动幅度的关系

4）几种常见的横向摆动方式如图 2-21 所示。

图 2-21 常见的横向摆动方式

a）锯齿形 b）月牙形 c）三角形 d）圆圈形

锯齿形运条法是指焊接时，焊条做锯齿形连续摆动及向前移动，并在两边稍停片刻，摆动的目的是为了得到必要的焊缝宽度，以获得良好的焊缝成形，如图 2-21a 所示。这种方法在生产中应用较广，多用于厚板对接焊。

月牙形运条法是指焊接时，焊条沿焊接方向做月牙形的左右摆动，同时需要在两边稍停片刻，以防咬边，如图 2-21b 所示。这种方法的应用范围和锯齿形运条法基本相同，但此法焊出的焊缝较高。

三角形运条法是指焊接时，焊条做连续的三角形运动，并不断向前移动，如图 2-21c 所示。其特点是焊缝断面较厚，不易产生夹渣等缺欠。

圆圈形运条法是指焊接时，焊条连续做正圆圈或斜圆圈运动并向前移动，如图 2-21d 所示。其特点是有利于控制熔化金属不受重力作用而产生下淌现象，利于焊缝成形。

薄板对接平焊一般不开坡口，焊接时不宜横向摆动，可较慢地直线运条，短弧焊接。并通过调节焊条的倾角和弧长，控制熔渣的运动和熔池成形，避免因操作不当引起夹渣、咬边和焊缝不平整等缺欠。

2.1.4 收弧操作要点

收弧也叫熄弧，焊接过程中由于电弧的吹力，熔池呈凹坑状，并且低于已凝固的焊缝。焊接结束时，如果直接拉断电弧，会形成弧坑，产生弧坑裂纹和减小焊缝强度（见图 2-22）在熄弧时，要维持正确的熔池温度，逐渐填满熔池。

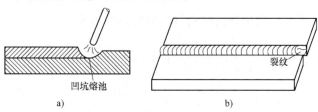

图 2-22 收弧时易产生凹坑熔池和裂纹
a）形成弧坑 b）形成裂纹

1）一般焊接较厚的工件收弧时，采用划圈法收弧。即电弧移到焊缝终端时，利用手腕动作（手臂不动）使焊条端部做圆圈运动，当填满弧坑后拉断电弧（见图 2-23a）。

2）焊接比较薄的工件时，应在焊缝终端反复熄弧、引弧，直到填满弧坑（见图 2-23b）。但碱性焊条不宜采用这种方法，因为容易在弧坑处产生气孔。

3）当采用碱性焊条焊接时，应采用回焊收弧法，即当电弧移到焊缝终端时做短暂的停留，但不熄弧，此时适当改变焊条角度，如图 2-23c 所示，由位置 1 转到位置 2，待填满弧坑后再转到位置 3，然后慢慢拉断电弧。

4) 如果焊缝的连接方式是后焊焊缝从接头的另一端引弧，焊到前焊缝的结尾处时，焊接速度应略慢些，以填满焊道的弧坑，然后以较快的焊接速度再略向前收弧（见图 2-23d）。

5) 有时也可采用外接引出板的方法进行收弧（见图 2-23e）。

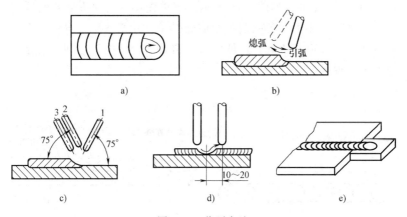

图 2-23　收弧方法

a）划圈收弧法　b）反复断弧收弧法　c）回焊收弧法
d）焊缝接头收弧　e）外接引出板收弧

2.1.5　焊道连接操作要点

一条完整的焊道，由于受焊条长度限制需用若干根焊条焊接而成，这就出现了焊道连接问题。为了保证焊道连接质量，使焊道连接均匀，要求焊工在焊道连接时选用恰当的方式并熟练掌握。焊道连接有 4 种方式。

1) 首尾连接。这种连接方式应用最多，接头方法是在先焊焊道弧坑前面约 10mm 处引弧，拉长电弧移到原弧坑 2/3 处，压低电弧，焊条做微微转动，待填满弧坑后即向前移动进入正常焊接（见图 2-24）。

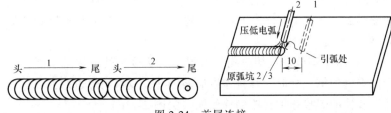

图 2-24　首尾连接

2）首首连接，如图 2-25 所示。要求先焊好的起头处要略低一些，连接时在先焊焊道的起头稍前处引弧，并稍微拉长电弧，将电弧移到先焊焊道起头处，压低电弧，覆盖熔合好端头处即向前移动进入正常焊接。

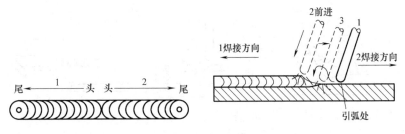

图 2-25　首首连接

3）尾尾连接，如图 2-26 所示。后焊焊道从接头的另一端引弧，焊到前焊焊道的结尾处，焊接速度略慢，以填满焊道的弧坑，然后以较快的速度向前熄弧。

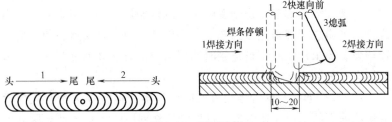

图 2-26　尾尾连接

4）尾首连接，如图 2-27 所示。后焊焊缝的收尾与先焊焊缝起头处连接。要求先焊焊缝起头处较低，最好呈斜面，后焊焊缝焊至先焊焊缝始端时，改变焊条角度，将前倾改为后倾，使焊条指向先焊焊缝的始端。拉长空弧，待形成熔池后，再压低电弧并往返移动，最后返回至原来的熔池收尾处。

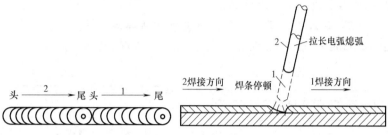

图 2-27　尾首连接

2.1.6　长焊缝焊接操作要点

在焊接金属结构时，为保证焊缝的连续性、减小焊接变形，焊缝长度不同，采用的焊接顺序也有所不同。一般 500mm 以下的焊缝为短焊缝，500~1000mm 的焊缝为中等长度焊缝，1000mm 以上的焊缝为长焊缝。

（1）直通焊接法　从焊缝起点始焊一直到终点，焊接方向始终保持不变，适用于短焊缝的焊接，长焊缝若用此种方法焊接，焊后变形较大。

（2）对称焊接法　以焊缝中点为始点，交替向两端进行直通焊。由于每条焊缝所引起的变形可以互相抵消，焊后变形可大为减少（见图 2-28）。适用于中等长度焊缝的焊接。

（3）分中逐步退焊法　从焊缝中点向两端逐步退焊（见图 2-29）。此法应用较为广泛，可由两名焊工对称焊接。焊缝全长受温度影响产生的应力较小，引起的焊接变形也相应减小。适用于长焊缝的焊接。

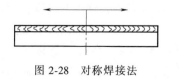

图 2-28　对称焊接法

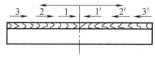

图 2-29　分中逐步退焊法

（4）分段退焊法　这种方法的关键在于预留距离要合适，最好等于一根焊条所焊的焊缝长度，以节约焊条（见图 2-30）。焊缝全长受温度影响产生的应力较小，引起的焊接变形也相应减小。适用于中等长度焊缝的焊接。

（5）跳焊法　朝着一个方向进行间断焊接，每段焊接长度以 200～300mm 为宜（见图 2-31）。适用于长焊缝的焊接。

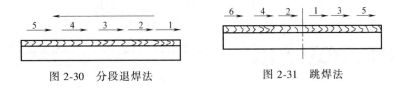

图 2-30　分段退焊法　　　　　　图 2-31　跳焊法

2.2　常用操作要点

2.2.1　平焊操作要点

1. 平焊的特点

平焊时，熔滴金属由于重力作用向熔池自然过渡，操作技术简单，比较容易掌握。熔池金属和熔池形状容易保持，允许使用较大的焊条直径和焊接电流，生产效率较高。但熔渣和液态金属容易混合在一起，较难分清，有时熔渣会超前形成夹渣。

2. 平焊操作要点

1）平焊一般采用蹲姿，且距工件的距离较近，有利于操作和观察熔池，两脚呈 70°～80°角，间距 250mm 左右，操作中持焊钳的胳膊可有依托或无依托，如图 2-32 所示。

2）正确控制焊条角度，使熔渣与液态金属分离，防止熔渣前流，尽量采用短弧焊接。搭接平焊时，为避免产生焊缝咬边、未焊透或焊缝夹渣等缺欠，应根据两板的厚薄来调整焊条的角度，同时电弧要偏向厚板一边，以便使两边熔透均匀。焊条倾角过大或过小都会使焊缝成形不良。对于不同厚度的 T 形、角接、搭接的平焊接头，在焊接时应适当调整焊条角度，使电弧偏向工件较厚的一

a)   b)

图 2-32   平焊姿势

a) 有依托   b) 无依托

侧，保证两侧受热均匀。

搭接平焊的焊条角度如图 2-33 所示。

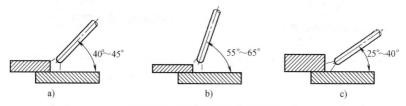

a)   b)   c)

图 2-33   搭接平焊的焊条角度

a) 两板厚度相同   b) 下板较厚   c) 上板较厚

对接平焊的焊条角度如图 2-34 所示，角接平焊的焊条角度如图 2-35 所示，T 形平焊的焊条角度如图 2-36 所示。船形平焊的焊条角度如图 2-37 所示。

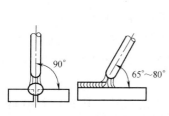

图 2-34   对接平焊的焊条角度

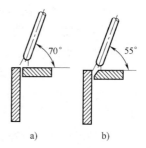

a)   b)

图 2-35   角接平焊的焊条角度

a) 不开坡口   b) 开坡口

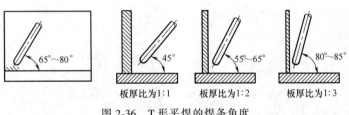

图 2-36　T 形平焊的焊条角度

3）对于多层多道平焊应注意焊接层次及焊接顺序（见图 2-38）。

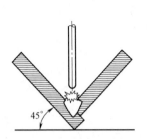

图 2-37　船形平焊的焊条角度

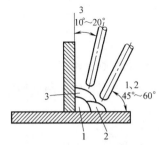

图 2-38　多层多道平焊的焊接
层次、焊接顺序及焊条角度

焊接第 1 道焊缝时，可用 φ3.2mm 的焊条和较大的焊接电流，用直线形运条法，收尾时要特别注意填满弧坑，焊完后将焊渣清除干净。

焊接第 2 条焊道时，应覆盖第 1 层焊缝的 2/3 以上，焊条与水平板的角度要稍大些，一般在 45°~55°，以使熔化金属与水平板熔合良好。焊条与焊接方向的夹角为 65°~80°，运条时采用斜圆圈形运条法，运条速度与多层焊时相同。

焊接第 3 条焊道时，应覆盖第 2 条焊道的 1/3~1/2，焊条与水平板的角度为 70°~80°。如果角度太大易产生焊脚下偏现象。运条仍用直线形，速度要保持均匀，但不宜太慢，否则易产生焊瘤，影响焊缝成形。

如果焊脚尺寸大于 12mm 时，可采用 3 层 6 道或 4 层 10 道焊接。焊脚尺寸越大，焊接层数、焊接道数就越多（见图 2-39）。

4）选择合适的运条方法，获取满意的焊接质量。

对于厚度小于 6mm 且不开坡口的对接平焊的正面焊缝，采用直线形运条，熔深尽量大些，反面焊缝也采用直线形运条。为了保证焊透，可采用较大焊接电流，运条速度也随之增大。

对于开坡口的对接平焊和船形平焊，可采用多层焊或多层多道焊，打底焊时采用直线形运条，焊条直径和焊接电流均小些。多层焊时其余各层焊道应根据

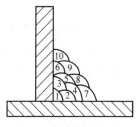

图 2-39　多层多道焊
的焊道排列

要求采用直线形、锯齿形、月牙形运条，多层多道焊时可采用直线形运条。

对于焊脚尺寸较小的 T 形接头、角接接头、搭接接头，可采用单层焊，并采用直线或斜锯齿形或斜环形运条，如图 2-40 所示。当焊条从 a 点移动至 b 点时，速度要稍慢些，以保证熔化金属和横板熔合良好；从 b 点至 c 点的运条速度稍快，以防止熔化金属下淌，并在 c 点稍作停留，以保证熔化金属和立板熔合良好；从 c 点至 d 点的运条速度又要稍慢些，才能避免产生夹渣现象并保证焊透；由 d 点至 e 点的运条速度要稍快些，到 e 点处也稍作停留。在整个运条过程中都应采用短弧焊接，最后在焊缝收尾时要注意填满弧坑，以防止出现弧坑裂纹。

焊脚尺寸较大时，一般采用多层焊或多层多道焊，第 1 层采用直线形运条，其余各层可采用斜环形、斜锯齿形运条。

5）对于板厚小于等于 3mm 的工件，焊接时经常会发生烧穿的现象。此时可将工件一头垫起，使焊缝倾角呈 5°～10°，从高往低进行下坡焊（见图 2-41），这样可以提高焊接速度和减小熔深，防止烧穿，并且焊成的焊缝表面比较光滑平整。但是焊缝倾角也不能太大，否则焊接时熔渣会流向电弧前方，甚至熔化金属向下漫流，影响焊缝质量。

6）焊接时，若发现熔渣与金属液距离很近或全部覆盖了金属液，则说明将要产生熔渣超前现象，如不及时克服，将会产生夹渣缺欠。解决的办法是立即减小焊条的倾角（见图 2-42）。必要时增

大焊接电流，或选用 φ2.5mm 的焊条。

7）当遇到间隙较大的焊缝时，其焊接方法是先将两板的边缘用直线或直线往复运条进行敷焊，清渣后再用锯齿形运条进行连接焊，焊接方法及顺序如图 2-43 所示。

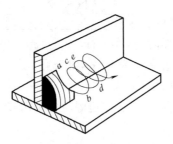

图 2-40 T形接头平焊的
斜环形运条

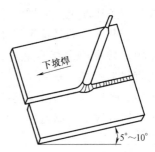

图 2-41 下坡焊操作示意

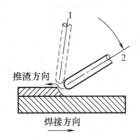

图 2-42 减小焊条倾角
避免产生夹渣

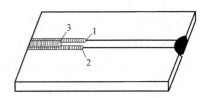

图 2-43 较大间隙时的焊接
方法及顺序

3. 平焊续接的方法及位置

焊接示例：板厚为 12mm，填充后焊接坡口表面深 0.5~1mm，宽 12mm（见图 2-44），选用 φ3.2mm 或 φ4.0mm 焊条，相对应的焊接电流的调节范围为 118~128A 或 165~175A。

图 2-44 焊接示例

（1）划擦续接法　一根焊条燃尽后，在灭弧处或续接点前10~20mm处，用新的焊条划燃电弧，划擦应使用正70°划擦法或反80°划擦法。

1）正70°划擦法是指电弧以正70°从续接点前端10~20mm处引弧，向前稍作回带，再拔高电弧带向续接点。电弧带入续接点后，焊条角度由划擦时的70°，改为垂直焊缝（见图2-45）。

2）反80°划擦法是指电弧从续接点前10~20mm处成顺弧方向80°使电弧引燃，再拔高带向续接点（见图2-46）。

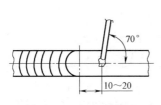 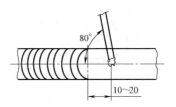

图 2-45　正70°划擦法　　　　图 2-46　反80°划擦法

（2）触弧续接法　一根焊条燃尽后，在熔池呈液态光亮状态时，快速将续接的焊条呈90°直插熔池中心，电弧引燃后应拔高稍作前移至熔池前端的最佳续接点。

（3）电弧摆动　电弧移入最佳续接点后，仍采用长弧，根据熔坑的宽度、长度、深度，由窄至宽，使电弧作微量横向摆动，摆动时，观察熔池宽度外扩时覆盖坡口两侧边线的位置，并使其熔滴过渡表面平滑，与续接位置光滑过渡（见图2-47）。

4. 平焊续接时所蹲的位置

根据焊条的直径、长度，焊缝成形的宽度、厚度，焊接时所蹲的位置有以下3种状态。

1）所蹲位置两眼垂直线偏于续接点的右侧，焊条续入续接点后会使操作者身体重心偏斜而失于稳定，两眼对续接位置俯视点及熔池的外扩延伸线观察不清（见图2-48）。此种方法不宜采用。

图 2-47　平焊续接的电弧摆动

2）所蹲位置两眼垂直线偏于续接点的左侧，焊条顺利地续入续接点，但焊条熔化熔池延伸线的长度使两眼俯视观察熔池过偏，身体重心易失去稳定（见图2-49）。此种方法不宜采用。

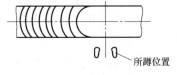

图 2-48　续接位置偏右

3）所蹲位置两眼垂直线向左稍偏于续接点，焊条直插续接的位置，焊条熔化过程中身体重心平稳，视线清晰（见图2-50）。此种方法宜于采用。

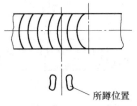

图 2-49　续接位置偏左

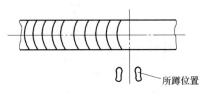

图 2-50　续接位置正确

5. 平焊运条方法

（1）直线形运条法　电弧移动使熔池厚度及宽度呈直线形。适当加快或减慢焊接速度，使熔池的外扩线同两板的组对线平行（见图2-51）。直线形运条法只适合于工件较薄、熔池成形较窄的结构钢焊接。

（2）小圆形运条法　将熔池的厚度和宽度与被焊线比较，适当加大或缩小焊条小圆形摆动的范围，加快或减慢电弧移动的速度（见图2-52）。此种方法只适合于焊缝成形较窄的平焊。

图 2-51　直线形运条法

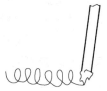

图 2-52　小圆形运条法

（3）锯齿形运条法　电弧移动使熔池成形宽度加大，或缩小横向锯齿形摆动的宽度（见图2-53）。此种方法适合于熔池成形较宽、较厚的填充层及盖面层焊接。

（4）正月牙形运条法 熔池一侧成形后，呈弧状月牙形带弧至坡口的另一侧，并根据熔池成形的厚度适当回推，改变焊条与中心熔池的角度（见图2-54a）。此种方法适合于熔池成形较宽、较厚的填充层及盖面层焊接。

图 2-53 锯齿形运条法

（5）反月牙形运条法 电弧以反月牙弧状向前移动，适当加快或放慢反月牙形移动的速度，保证熔池成形的厚度及宽度（见图2-54b）。此种方法适合于焊条直径较粗、熔池成形较宽、较厚的填充层及盖面层焊接。

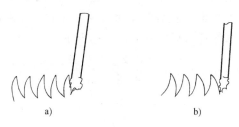

a)   b)

图 2-54 月牙形运条法
a）正月牙形运条法 b）反月牙形运条法

（6）正月牙形外移电弧连续运条法 此种方法多在正月牙形运条时运用，在电弧外推外侧坡口边线时，稍作两次电弧前移，然后电弧回带内侧坡口边线稍作一次大的前移。此种方法适合于焊条直径较粗、熔池成形较厚且较宽的平焊盖面层焊接。

6. 焊补操作要点

如果发生烧穿现象，应进行焊补。

1）当发生烧穿时，应立即熄灭电弧，但不要挪开面罩去看，等待烧穿部位稍加冷却，并做好再次引弧的准备。

2）当烧穿部位冷却到较低温度但小区域仍为红热状态时，再次在相应的位置引弧，采用灭弧法（俗称点焊）进行焊补。焊接时，要先焊外后焊内，并使接弧位置及温度分布对称均匀，接弧位置及焊补焊点的重叠及连接顺序如图2-55所示。

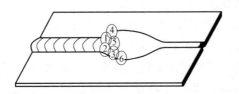

图 2-55 接弧位置及焊补焊点的重叠及连接顺序

3）焊补时，还要根据烧穿部位的温度及分布情况，合理选择接弧的位置（包括重叠量）、焊接时间（即引弧-焊接-灭弧所经过的时间），不要急于求成，从而减少接弧的重叠量，或增加焊接时间以及加快焊接速度，那样会因温度过高而降低焊补的效率，甚至会产生新的烧穿。也不能怕烧穿而减少焊接时间或降低焊接速度，造成每次的接弧温度过低，进而产生熔合不良或夹渣缺欠。

4）焊补时，如果熔渣较多或更换焊条时，可进行必要的清渣后再继续补焊，焊补好的焊缝如图 2-56 所示。

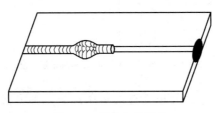

图 2-56 焊补好的焊缝

2.2.2 立焊操作要点

1. 立焊的特点

立焊时液体和熔渣因重力作用下坠，因此二者容易分离。然而当熔池温度过高时，容易形成焊瘤，焊缝表面不平整（见图 2-57）。对于 T 形接头的立焊，焊缝根部容易焊不透。立焊的优点是容易掌握焊透情况，焊工可以清晰地观察到熔池的形状和状态，

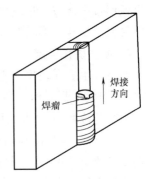

图 2-57 立焊时易产生
焊瘤缺欠

便于操作和控制熔池。

2. 立焊操作要点

1）立焊操作时，为便于操作和观察熔池，焊钳握法有正握法和反握法两种，如图 2-58 所示。

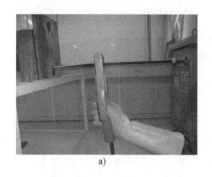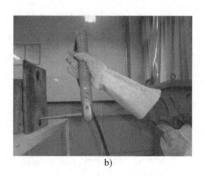

a)   b)

图 2-58 焊钳握法

a）正握法 b）反握法

2）立焊的基本姿势有蹲姿、坐姿和站姿 3 种，如图 2-59 所示，焊工的身体不要正对焊缝，要略偏向左侧，以使握钳的右手便于操作。

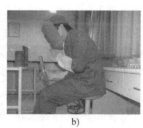

a)   b)   c)

图 2-59 立焊的基本姿势

a）蹲姿 b）坐姿 c）站姿

3）电弧长度应短于焊条直径，利用电弧的吹力托住金属液，缩短熔滴过渡到熔池中的距离，使熔滴能顺利到达熔池。

4）焊接时要注意熔池温度不能太高，焊接电流应比平焊时小

10%～15%，尽量采用较小的焊条直径。

5）尽量采用短弧焊接，有时要采用挑弧焊接来控制熔池温度，这样容易产生气孔，所以，在挑弧焊接时只将电弧拉长而不灭弧，使熔池表面始终得到电弧的保护。

6）要保持正确的焊条角度，一般应使焊条角度向下倾斜60°～80°，电弧指向熔池中心。图2-60所示是对接接头立焊时的焊条角度，图2-61所示是T形接头立焊时的焊条角度。

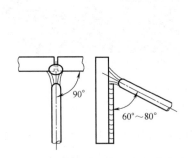
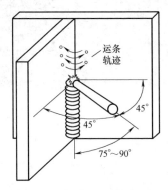

图 2-60 对接接头立焊时的焊条角度　　图 2-61　T形接头立焊时的焊条角度

7）合理的运条方式也是保证立焊质量的重要手段。对于不开坡口的对接立焊，由下向上焊接时，可采用直线形、锯齿形、月牙形及挑弧法；开坡口的对接立焊常采用多层或多层多道焊，第1层常采用挑弧法或摆幅较小的三角形、月牙形运条；有时为了防止焊缝两侧产生咬边、根部未焊透等缺欠，电弧在焊缝两侧及坡口顶角处要有适当的停留，使熔滴金属充分填满焊缝的咬边部分。弧长尽量缩短，焊条摆动的宽度不超过焊缝要求的宽度。不同接头的立焊焊条角度及运条方法如图2-62所示。

8）更换焊条要迅速，焊缝接头处出现金属液拉不开或熔渣金属液混在一起的情况时，要将电弧稍微拉长，适当延长在接头处的停留时间，增大焊条与焊缝的角度，使熔渣自然滚落下来。

9）运条至焊缝中心时，要加快运条速度，防止熔化金属下淌形成凸形焊缝或夹渣。

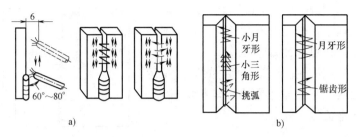

图 2-62　不同接头的立焊焊条角度及运条方法

a）不开坡口　b）开坡口

10）如果待焊接工件整条缝隙局部有较大的间隙时，应先用向下立焊法使熔化金属将过大的间隙填满后，再进行正常焊接。

11）焊接中要注意控制熔池温度，若发现熔池呈扁平椭圆形（见图 2-63a），则说明熔池温度合适。若发现熔池的下方出现鼓肚变圆（见图 2-63b），则说明熔池温度已稍高，应立即调整运条方法，使焊条在坡口两侧的停留时间增加，加快中间过渡速度，并尽量缩短电弧长度。若不能把熔池恢复到扁平状态，而且鼓肚有增大时（见图 2-63c），则说明熔池温度已过高，应立即灭弧，使熔池冷却一段时间，待熔池温度下降后再继续焊接。

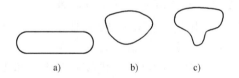

a）　　　　　　b）　　　　　　c）

图 2-63　不同温度对应的熔滴形态

a）温度正常　b）温度稍高　c）温度过高

3. 立焊易产生的缺欠及防止措施

1）接头处焊缝波纹粗大是最常见的缺欠，一般情况下是因为引弧位置过于偏上，正确的引弧位置应与前一熔池重叠 1/3 ~ 1/2（见图 2-64）。

2）易出现焊缝过宽、过高，产生的原因是横向摆动时手腕僵硬不灵活，速度过慢等。

3）易出现烧穿和焊瘤，产生的原因是运条过慢，无向上意识，灭弧不利落，接弧温度过高等。

4）易产生夹渣，产生的原因是运条无规律，热量不集中，焊接时间短，焊接电流过小等。

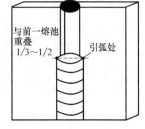

图 2-64　接头处引弧位置

2.2.3　横焊操作要点

1. 横焊的特点

横焊时，熔化金属在重力作用下发生流淌，操作不当则会在上侧产生咬边，下侧因熔滴堆积而产生焊瘤或未焊透等缺欠（见图 2-65）。因此开坡口的厚板多采用多层多道焊，较薄板横焊时也常常采用多道焊。

2. 横焊操作要点

1）施焊时应选择较小直径的焊条和较小的焊接电流，可以有效地防止金属的流淌。

2）以短路过渡形式进行焊接。

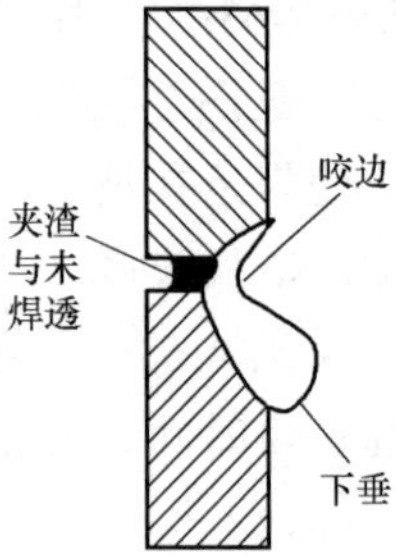

3）采用适当的焊条角度，以使电弧推力对熔滴产生承托作用，获得高质量的焊缝。图 2-66a 所示是不开坡口横焊时的焊条角度，图 2-66b 所示是开坡口多层横焊时的焊条角度和焊道先后顺序。

图 2-65　横焊时易
产生的缺欠

4）采用正确的运条方法，对于不开坡口的对接横焊，薄板正面焊缝选用往复直线式运条方法。较厚工件采用直线或斜环形运条方法，背面焊缝采用直线形运条方法。开坡口的对接横焊，若采用多层焊时，第 1 层采用直线形或往复直线形运条方法，其余各层采用斜环形运条方法，斜环形运条方法如图 2-67 所示。运条速度要稍慢且均匀，避免焊条的熔滴金属过多地集中在某一点上形成焊瘤和咬边。

5）由于焊条的倾斜以及上下坡口的角度影响，造成上下坡口

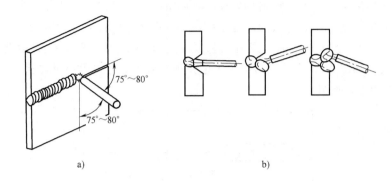

图 2-66　横焊的焊条角度

a）不开坡口　b）开坡口

图 2-67　斜环形运条方法

的受热不均匀。上坡口受热较好，下坡口受热较差，同时熔池金属因受重力作用下坠，极易造成下坡口熔合不良，甚至冷接。因此，应先击穿下坡口面，后击穿上坡口面，并使击穿位置相互错开一定距离（0.5~1 个熔孔距离），使下坡口面击穿熔孔在前，上坡口面击穿熔孔在后。焊条角度的变化如图 2-68 所示，焊缝形状及熔孔如图 2-69 所示。

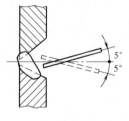

图 2-68　焊条角度的变化

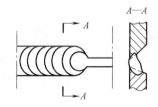

图 2-69　焊缝形状及熔孔

6）厚板的横焊，适合采用多层多道焊，每道焊缝均应采用直线形运条法，但要根据各焊缝的具体情况，始终保证短弧和适当的焊接速度，同时焊条的角度也应该根据焊缝的位置进行调节。

7）当熔渣超前，或有熔渣覆盖熔池倾向时，采用拨渣运条法，如图 2-70 所示。其中 1 为电弧的拉长，2 为向后斜下方推渣，3 为返回原处。

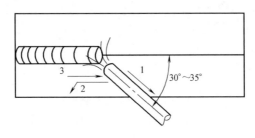

图 2-70　拨渣运条法

3. 对接横焊的工艺参数

对接横焊的工艺参数见表 2-1。

表 2-1　对接横焊的工艺参数

焊缝横断面形式	焊件厚度或焊脚尺寸 /mm	第一层焊缝		其他各层焊缝		封底焊缝	
		焊条直径 /mm	焊接电流 /A	焊条直径 /mm	焊接电流 /A	焊条直径 /mm	焊接电流 /A
	2	2	45～55	—	—	2	50～55
	2.5	3.2	75～110	—	—	3.2	80～110
	3～4	3.2	80～120	—	—	3.2	90～120
		4	120～160	—	—	4	120～160
	5～8	3.2	80～120	3.2	90～120	3.2	90～120
				4	120～160	4	120～160
	>9	3.2	90～120	4	140～160	3.2	90～120
		4	140～160			4	120～160
	14～18	3.2	90～120	4	140～160		
		4	140～160				
	>19	—	140～160		140～160	—	

2.2.4　仰焊操作要点

仰焊是消耗体力最大、难度最高的一种特殊位置焊接方法，如图 2-71 所示。

1. 仰焊的特点

1）仰焊时，熔池倒悬在工件下面，焊缝成形困难，容易在焊缝表面产生焊瘤，背面产生塌陷，还容易出现未焊透、弧坑凹陷现象。

2）熔池尺寸较大，温度较高，清渣困难，有时易产生层间夹渣。

2. 仰焊操作要点

1）仰焊时一定要注意保持正确的操作姿势，焊接点不要处于人的正上方，应为上方偏前，且焊缝偏向操作人员的右侧（见图 2-72），仰焊的焊条夹持方式与立焊相同。

图 2-71　仰焊

图 2-72　仰焊的正确操作姿势

2）采用小直径焊条、小焊接电流，一般焊接电流在平焊与立焊之间。

3）采用短弧焊接，以利于熔滴过渡。

4）保持适当的焊条角度和正确的运条方法（见图 2-73）。对于不开坡口的对接仰焊，间隙小时宜采用直线形运条，间隙大时宜采用往复直线形运条。开坡口对接仰焊采用多层焊时，第 1 层焊缝根据坡口间隙大小选用直线形或直线往复形运条方法。其余各层均采用月牙形或锯齿形运条方法。多层多道焊宜采用直线形运条。对于焊脚尺寸较小的 T 形接头采用单层焊，选用直线形运条方法；

焊脚尺寸较大时，采用多层焊或多层多道焊，第1层宜选用直线形运条，其余各层可采用斜环形或三角形运条方法。

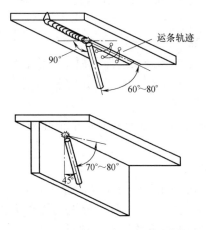

图 2-73　仰焊时的焊条角度和运条轨迹

5）当熔池的温度过高时，可以将电弧稍稍抬起，使熔池温度降低。

6）仰焊时由于焊枪和电缆的重力等作用，操作人员容易出现持枪不稳等现象，所以有时需要双手握枪进行焊接。

7）T形接头仰焊时，采用斜圆圈运条，有意识地让焊条端头先指向上板，使熔滴先与上板熔合，由于运条的作用，部分金属液会自然地被拖到立面的钢板上来，这样两边就能得到均匀的熔合。

8）直线形运条时，要保持 0.5～1mm 的短弧焊接，不要将焊条端头搭在焊缝上拖着走，以防出现窄而凸的焊道。

9）保持正确的焊条角度和均匀的焊接速度，并采用短弧焊接，向上送进速度要与焊条燃烧速度一致。

10）施焊中，所看到的熔池表面为平直或稍凹时最佳，当温度较高时熔池会表面外鼓或凸起，严重时将出现焊瘤，解决的方法是加快向前摆动的速度和两侧停留时间，必要时减小焊接电流。

11）多道焊时，除注意层间仔细清渣外，可按图 2-74 所示的顺序焊接，使后一道焊的焊条中心指向前一道焊道 1/3 或 1/2 的边缘作为焊接的参照线。操作时，焊条角度必须正确，速度要均匀，电弧要短。

12）起头和接头在预热过程中很容易出现熔渣与金属液混在一起和熔渣越前现象，这时应将焊条与上板的夹角减小以增大电弧吹力，千万不能灭弧，如果起焊处已过高或产生焊瘤，应用电弧将其割掉。

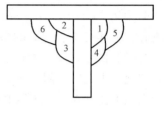

图 2-74 仰焊时的焊接顺序

2.2.5 灭弧焊操作要点

灭弧焊是通过控制电弧的燃烧和熄灭的时间，以及运条动作来控制熔池的形状、温度和熔池中液态金属厚度的一种单面焊双面成形的焊接技术。焊接过程中比较容易控制熔池状态，对工件的装配质量及焊接参数的要求较低。但是它对焊工的操作技能要求较高，如果操作不当，会产生气孔、夹渣、咬边、焊瘤，以及焊道外凸等缺欠。灭弧焊常用的操作方法有一点法和两点法，如图 2-75 所示。一点法适用于薄板、小直径管（≤ϕ60mm）及小间隙（1.5~2.5mm）对接条件下的焊接，两点法适用于厚板、大直径管、大间隙对接条件下的焊接。

1. 两点法的基本操作要点

先是在始焊端前方约 10~15mm 处的坡口面上引燃电弧，然后将电弧拉回至开始焊接处，稍加摆动对工件进行预热 1~1.5s 后，将电弧压低，当听到电弧穿透坡口发出"噗"声时，可看到定位焊缝以及相接的坡口两侧开始熔化，当形成

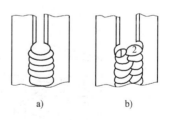

图 2-75 灭弧焊常用的操作方法
a）一点法 b）两点法

第 1 个熔池时快速灭弧，第 1 个熔池常称为熔池座。当第 1 个熔池尚未完全凝固，熔池中心还处于半熔化状态时，重新引燃电弧，并在该熔池左前方的坡口面上以一定的焊条角度击穿工件根部。击穿时，压短电弧对工件根部加热 1~1.5s，然后再迅速将焊条沿焊接

反方向挑划，当听到工件被击穿发出"噗"声时，说明第 1 个熔孔已经形成，这时应快速地使一定长的弧柱（平焊时为 1/3 弧柱，立焊时为 1/3~1/2 弧柱，横焊和仰焊时为 1/2 弧柱）带着熔滴透过熔孔，使其与正、背面的熔化金属分别形成背面和正面焊道熔池。此时要快速灭弧，否则会造成烧穿。灭弧大约 1s 左右，即当上述熔池尚未完全凝固，出现与焊条直径大小相同的黄亮光点时，立即引燃电弧并在第 1 个熔池右前方进行击穿焊。如此反复，依照上述方法完成后面的焊接。

2. 一点法的基本操作要点

一点法建立第 1 个熔池的方法与两点法相同，施焊时应使电弧同时熔化两侧钝边，听到"噗"声后，果断灭弧。一般灭弧频率保持在每分钟 70~80 次左右。一点法的焊条倾角和熔孔向坡口根部的熔入深度与两点法相同，图 2-76 所示是各种位置灭弧焊时的焊条角度与坡口根部熔入深度。

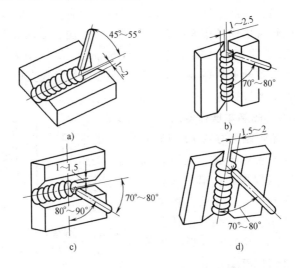

图 2-76　各种位置灭弧焊时的焊条角度与坡口根部熔入深度
a）平焊　b）立焊　c）横焊　d）仰焊

3. 灭弧焊注意事项

在开始焊接时，灭弧的时间可以短一些，随着焊接时间的延长，灭弧的时间要增加，可有效避免烧穿和产生焊瘤。进行灭弧焊时一定要注意熔池的形状，如果圆形熔池的下边缘由平直的轮廓逐渐鼓肚变圆时，表示熔焊温度过高，应立即移弧或灭弧，使熔池降温避免产生焊瘤等缺欠。

2.2.6 连弧焊操作要点

1. 连弧焊的特点

连弧焊是指在焊接过程中电弧稳定燃烧，中间不灭弧。一般连弧焊焊接采用较小的焊接参数，并在短弧条件下进行有规则的焊条摆动，使焊道始终处于缓慢加热和缓慢冷却的状态，焊缝成形良好，但是它对工件的装配质量和焊接参数有比较严格的要求。同时要求焊工有熟练的操作技术，否则容易产生烧穿或未焊透等缺欠。

2. 连弧焊基本操作要点

引燃电弧后迅速将电弧压低，然后在始焊处做小锯齿形横向摆动对工件预热，紧接着将焊条尽力往根部送下，等听到"噗"的一声后，快速将电弧移到任意一坡口面，然后在两坡口间以一定的焊条倾角（不同焊接位置的倾角不同）做似停非停的微小摆动，当电弧将两坡口根部两侧各熔化 1.5mm 左右时，将焊条提起 1～2mm，以小锯齿形运条法做横向摆动，使电弧以一定长度一边熔化熔孔前沿一边向前焊接，此时要保证焊条中心对准熔池的前沿与母材交界处，使熔池之间相互重叠。在焊接过程中，要严格控制熔孔的大小。熔孔过大，背面焊道过高，有的会产生焊瘤；熔孔过小，会产生未焊透或未熔合等缺欠。如果焊道需要接头，收弧时要注意缓慢地将焊条向熔池斜后方摆动一下后提起收弧；焊缝接头时先在距离弧坑 10～15mm 处引弧，然后将电弧移到弧坑的一半处，压低电弧，当听到"噗"的一声后，做 1～2s 的似停非停的微小摆动，再将电弧提起继续焊接。

（1）平焊的操作要点 平焊的操作难点是更换焊条，在焊道接头处容易产生冷缩孔或焊道脱节。一般收弧前首先在熔池前方做一熔孔，然后再将电弧向坡口一侧 10～15mm 处收弧。快速换好焊条后，在距离弧坑 10～15mm 处引弧，运条到弧坑根部，压低电弧，当听到"噗"声后停顿 2s 左右，再提起焊条继续焊接，工件背面应保持 1/3 弧柱长度。

（2）立焊的操作要点　立焊时，为了避免产生咬边，横向摆动向上的幅度要小些。做击穿动作时，焊条倾角要略大于 90°，出现熔孔后立即恢复到原角度（45°~60°）。在保证背面成形良好的情况下，焊道越薄越好。在焊道接头处，最好将其修磨成缓坡后再进行接头操作。焊接时，保证工件背面有 1/2 的弧柱长度。

（3）横焊的操作要点　首先在上坡口处引弧，然后将电弧带到上坡口根部，等坡口根部的钝边熔化后，再将金属液带到下坡口根部，形成第 1 个熔池后，再击穿熔池。为了防止金属液下淌，电弧从上侧到下侧的速度要慢一些，从下侧到上侧的速度要稍快一些。尽量采用短弧焊接，工件背面应保持 2/3 弧柱。

（4）仰焊的操作要点　必须采用短弧焊接，利用电弧吹力拖住金属液，同时将一部分金属液送入工件背面。新熔池要与前熔池重叠一半左右，并适当加快焊接速度，形成较薄的焊道。焊条与工件两侧夹角一般是 90°，与焊接方向成 70°~80°。焊接时，工件背面应保持 2/3 弧柱长度。

各种位置连弧焊法的焊接参数见表 2-2。

表 2-2　连弧焊法的焊接参数

焊接位置	板厚 δ/mm	焊条型号	焊条直径 d/mm	焊接电流 I/A
平焊	8~12	E5015	3.2	80~90
立焊	8~12	E5015	3.2	70~80
横焊	8~12	E5015	3.2	75~85
仰焊	8~12	E5015	3.2	75~85

2.2.7　挑弧焊操作要点

当电弧在工件上形成一个较小的熔池后，将电弧向前或向两侧移开，电弧移动的距离要小于 12mm，弧长不超过 6mm（见图 2-77）。这时熔化金属迅速冷却、凝固形成一个台阶，当熔池缩小到焊条直径的 1~1.5 倍时，再将电弧移到台阶上面，在台阶上面形成新的熔池。这样不断重复熔化、冷却、凝固，就能堆集成一条焊缝。挑弧焊多用于立焊操作。

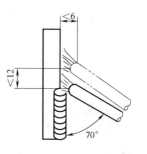

图 2-77 挑弧焊示意

2.2.8 平角焊操作要点

1. 焊前准备

工件尺寸为 300mm×150mm×12mm 和 300mm×75mm×12mm 各 1 块，材质为 Q345。接头形式为 T 形，无坡口（见图 2-78）。焊接材料为 E5015，$\phi 3.2$mm、$\phi 4.0$mm 焊条，烘干 350~380℃，恒温 1~2h，温度降至 120~150℃，放入保温桶待用。

将水平板的正面中心向两侧 50~60mm 处清理干净铁锈、油污等，再将垂直板接口边缘 15~20mm 内的铁锈、油污清理干净（见图 2-79）。

图 2-78 工件组对

图 2-79 工件清理范围

2. 定位焊

应按照图 2-80 所示进行角焊缝定位焊，定位焊缝长度为 5~10mm，焊点位置如图 2-80b 所示，焊接顺序为 1→2→3→4→…→12。

3. 焊接工艺参数

焊接工艺参数见表 2-3。

4. 第 1 层焊接

第 1 层在距离焊缝前方 10~15mm 处引弧，然后回拉至试件端部，压低电弧，焊芯对准垂直板和水平板的交界线，开始焊接（见图 2-81）。

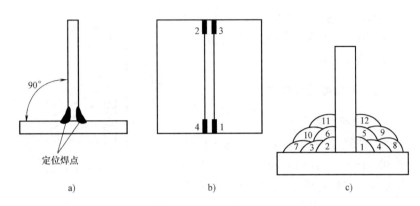

图 2-80　角焊缝定位焊

a）定位焊点　b）定位焊点位置　c）焊接顺序

表 2-3　焊接工艺参数

母材	焊材	焊缝层次		焊接道数	焊条直径/mm	焊接电流/A	焊角高度/mm
Q345	E5015	第一层	连弧	1	φ4.0	120~130	5
		第二层	连弧	2	φ4.0	140~160	6
		第三层	连弧	3	φ4.0	140~160	6

第 1 层焊接时，焊条前倾角度为 80°~90°（见图 2-82a），焊条下倾角度为 40°~45°（见图 2-82b）。

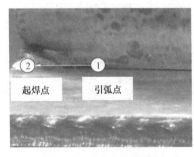

图 2-81　第 1 层引弧

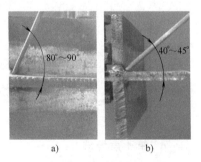

图 2-82　第 1 层焊条角度

接头焊接时，从焊缝前方 10~15mm 处引弧，回拉至收弧弧坑处，电弧沿弧坑边缘画圆圈，进行接头，然后进行直线运弧向前焊接（见图 2-83）。

第 2 层、第 3 层焊缝接头的工艺相同。焊缝最终收弧方法有两种：一种是回焊收弧法；一种是反复断弧收弧法。图 2-84 所示为回焊收弧法，即在收弧时，将焊条前倾角度逐渐变大，由"1"位置逐渐到"2"位置，以填满弧坑的方法。

图 2-83 平角焊接头

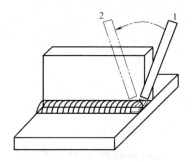

图 2-84 回焊收弧法

5. 第 2 层焊接

第 2 层焊缝的第 1 道焊道和第 2 道焊道的焊条下倾角度为 40°~45°，焊条前倾角度与第 1 层相同（见图 2-85）。

第 2 层共两道，第 1 道焊接时比第 1 层焊道熔池下边缘增宽 2~3mm 为宜，且平行于第 1 层焊道下边缘的线为基准。第 2 道焊接时焊芯中心对准第 1 层焊道上边缘，焊接过程中注意观察焊道下边缘，焊缝成形以第 2 道压住第 1 道中线或距离 1mm 为最好（见图 2-86）。

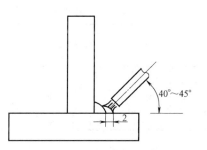

图 2-85 第 2 层第 1 道焊接

6. 第 3 层焊接

第 3 层焊缝第 1 道焊道和第 3 道焊道与第 2 层焊道基本相同，第 2 道焊道焊条角度为 60°~70°。其他操作与第 1 层、第 2 层相同

（见图 2-87）。

图 2-86　第 2 层第 2 道焊接　　　图 2-87　第 3 层第 2 道焊接

2.2.9　立角焊操作要点

1. 焊前准备

工件材质为 Q345，接头为 T 形，无坡口。工件尺寸为 300mm×150mm×12mm 和 300mm×75mm×12mm 各 1 块。焊接材料为 E5015，ϕ3.2mm、ϕ4.0mm 焊条，烘干 350~380℃，恒温 1~2h，温度降至 120~150℃，放入保温箱待用。

2. 立角焊焊接工艺参数（见表 2-4）

表 2-4　立角焊焊接工艺参数

母材	焊材	焊缝层次		焊接道数	焊条直径/mm	焊接电流/A	焊角高度/mm
Q345	E5015	第一层	断弧	1	ϕ3.2	110~130	5
		第二层	连弧	1	ϕ3.2	100~120	5
		第三层	连弧	1	ϕ4.0	140~160	5

3. 第 1 层焊接

立角焊第 1 层焊接时，在起焊点上方 10~15mm 处引弧，将电弧下拉至起焊点（见图 2-88），做直线形或三角形运条，立角焊第 1 层焊接采用断弧法。接头和引弧方法一样。

立角焊第 1、2、3 层的焊条倾角一样（见图 2-89）。焊条与焊缝方向的倾角为 50°~70°，焊条左右倾角均为 45°。

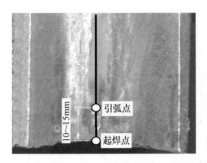

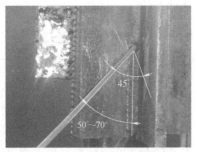

图 2-88　立角焊引弧

图 2-89　立角焊的焊条倾角

　　焊缝中间接头时，在距离收弧点上方 10～15mm 处引弧（见图 2-90），将电弧拉至收弧弧坑处，焊条药皮边缘压住弧坑边缘，焊条作一字形或三角形摆动接头，然后开始焊接。

4. 第 2 层和第 3 层焊接

　　第 2 层和第 3 层焊接采用连弧焊，焊条角度与第 1 层一样。运条方法包括锯齿形、月牙形（见图 2-91）。

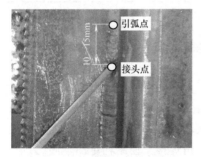

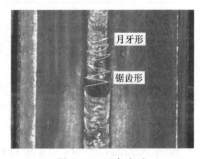

图 2-90　第 1 层的焊条角度

图 2-91　运条方法

　　第 2 层、第 3 层焊接时为保证焊缝左右两边熔合良好，不产生咬边，运弧时两边稍作停顿，中间摆动较快。

　　焊接时，眼睛时刻观察熔池形状及大小，用余光观察焊缝两边是否平齐。

　　焊接时易出现的缺欠：焊缝两侧咬边并出现夹角，焊道中间高，不平整或不平滑过渡，这主要是运弧方法不正确，焊接电弧在两边没有停留时间，电弧的长度在两侧压得太低而中间电弧又较长所造成的。

2.2.10 仰角焊操作要点

1. 焊前准备

工件尺寸为 300mm×150mm×12mm 和 300mm×75mm×12mm 各 1 块,材质为 Q345。接头形式为 T 形,无坡口。焊接材料为 E5015,ϕ3.2mm、ϕ4.0mm 焊条,烘干 350~380℃,恒温 1~2h,温度降至 120~150℃,放入保温箱待用。

2. 仰角焊焊接工艺参数 (见表 2-5)

表 2-5　仰角焊焊接工艺参数

母材	焊材	焊缝层次		焊接道数	焊条直径/mm	焊接电流/A	焊角高度/mm
Q345	E5015	第一层	连弧	1	ϕ4.0	120~150	5
		第二层	连弧	2	ϕ4.0	120~150	6
		第三层	连弧	3	ϕ4.0	120~150	6

3. 第 1 层焊接

仰角焊第 1 层焊接时,焊条下倾角度为 30°~40° (见图 2-92),运条以直线形或斜锯齿形进行。

仰角焊时焊条前倾角度正常为 60°~70° (见图 2-93),焊接过程中,快到焊缝末端时,会发生电弧偏吹现象,因此需要将焊条角度逐渐加大,以克服电弧的磁偏吹现象,或采用断弧焊接。在工程中遇到一些角焊缝都应注意进行包角焊接,使结构更加牢固。

图 2-92　仰角焊焊条下倾角

图 2-93　仰角焊焊条倾角

第1层焊接在距离焊缝始端10~15mm处引弧，迅速将电弧拉至始焊部位，压低电弧，电弧长度保持1~2mm，开始焊接。具体操作如图2-94所示。由于起焊部分温度低，熔池宽度小，因此起头前5mm摆动宽度比后面焊条摆动宽度要宽，否则会出现起头处与其他地方宽窄高低不一致。

第1层焊条运弧方法包括直线形、直线往复形和斜锯齿形。直线往复形主要用于对口间隙较大的角焊缝（见图2-95）。

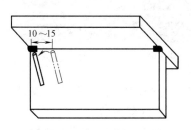

图2-94　第1层焊接操作

4. 第2层焊接

第2层第1道焊接时，焊条焊芯对准第1层焊缝边缘，焊缝宽度以上边缘压住第1层4/5，下边缘超出第1层3mm左右为宜（见图2-96）。

图2-95　仰角焊运条方法

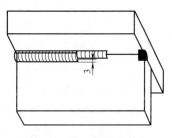

图2-96　第2层焊道分布

第2层第1道焊接时焊芯对准第1层焊缝的边缘，第2道焊缝成形以下边缘压住第1道焊缝中心线为准（见图2-97）。

第2层第1道焊缝焊条下倾角度为30°~40°，第2道焊缝焊条下倾角度为20°~30°（见图2-98）。焊条前倾角度与第1层一样。每层最后一道焊芯朝上，使上板过渡较多金属液，防止上板咬边。

2.2.11　T形接头焊接要点

T形接头是比较常用的接头之一，下面以板厚为10~12mm的

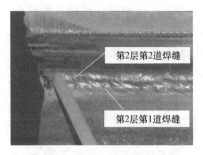

图 2-97 第 2 层焊缝焊道分布

图 2-98 第 2 层焊缝焊条下倾角度

Q345 钢板为例，介绍空间位置的 T 形角焊缝的焊接特点。

1. 焊前准备

1）将 Q345 钢板切割加工成尺寸为 200mm×100mm×10mm 的试板，并将其中一块试板的一个断面用刨床加工成平面。

2）用锉刀、砂布、钢丝刷等工具清理焊接区的铁锈、油污、氧化皮等杂质。

3）在试板装配前用锉刀修整平齐，接头处必须严密无缝，然后进行定位焊，否则焊接的熔渣易进入缝内形成夹渣。定位焊在角焊缝背面的两端头，其长度约为 10mm。

4）焊接时选用 E5015（J507）碱性焊条，焊前严格按规定检验焊条质量，电源采用直流反接法。

2. 各种位置的操作技术

（1）横角焊 平板 T 形接头的横角焊的焊接操作比较容易掌握，但施焊时，易产生根部未焊透、焊偏及垂直板咬边等缺欠，因此，在焊接过程中要注意调整焊条角度。当垂直板和水平板不同时，电弧应偏向厚板的一边，使两板受热均匀。当焊脚尺寸小于 8mm 时，通常采用单层焊；当焊脚尺寸为 8~10mm 时，采用两层焊；当焊脚尺寸为 10~12mm 时，一般采用 2 层 3 道焊；当焊脚尺寸大于 12mm 时，采用多层多道焊。

第 1 层焊接时，焊条与水平面的夹角为 45°，与焊接前进方向的夹角经过两次变化。始焊端由于存在磁偏吹，焊条与前进方向的夹角为 45°，随着焊接向前进行，磁偏吹减弱，焊条角度逐渐变大，约到离始焊端 30mm 处，夹角为 90°，中间段焊条夹角不变，待电弧到达离终焊端约 30mm 处，开始出现磁偏吹，继续增大焊条夹角，到达终焊端时，焊条夹角为 135°（见图 2-99）。

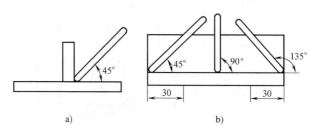

图 2-99　横角焊打底焊接时的焊条倾角

a）第 1 层焊接时的焊条倾角　b）与焊接前进方向夹角的角度变化

第 2 层第 1 焊道焊接时，电弧中心对准第 1 层焊缝的下边缘，焊条与水平面夹角增至 60°（见图 2-100a）。与焊接前进方向的夹角与第 1 层相同，焊条做不横向摆动的直线运条，焊接速度比第 1 层稍快。

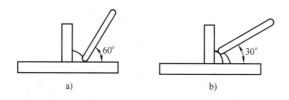

图 2-100　第 2 层焊接时的焊条倾角

a）第 1 道焊条倾角　b）第 2 道焊条倾角

第 2 层第 2 道焊接时，电弧中心对准第 1 道焊缝的上边缘，焊条与水平面夹角为 30°（见图 2-100b）。与焊接前进方向夹角的角度及运条方法与第 1 道相同。

（2）立角焊　采用两层两道焊，焊接方向由下向上，焊条的下倾角为 60°~70°，左、右夹角均为 45°，采用三角形运条法（见图 2-101）。接头时，焊条下倾角增大，接完头后恢复原来的角度。第 2 层焊接时采用横向摆动的月牙形运条方法进行焊接。

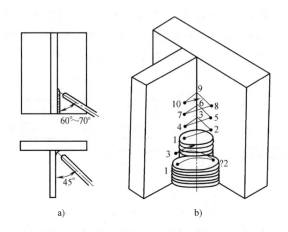

图 2-101　立角焊接时的焊条倾角及运条方法

a) 焊条倾角　b) 运条方法

（3）仰角焊　仰角焊比对接仰角焊容易操作。当焊脚尺寸小于 6mm 时，一般采用单层焊；当焊脚尺寸大于 6mm 时，可采用多层焊或多层多道焊。焊接方向自左向右。第 1 层打底焊接时，焊条倾角及随焊接过程的变化与横角焊相同（见图 2-102）。

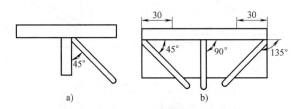

图 2-102　仰角焊第 1 层焊接时的焊条倾角

a) 第 1 层焊接时的焊条角度　b) 与焊接前进方向夹角的角度变化

焊接时，电弧中心对准焊缝，焊接电流稍大些，压住电弧做不横向摆动的直线运条。盖面焊时，先焊下面的焊道，后焊上面的焊道。焊下面的焊道时，电弧对准打底焊道的下沿，焊上面的焊道时，电弧对准打底焊道的上沿，保证盖面焊表面平整、无咬边等缺欠（见图 2-103a）。此外，盖面焊第 2 道时，焊条的下倾角减小为20°（见图 2-103b）。

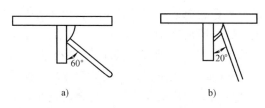

图 2-103　第 2 层焊接时的焊条倾角

a) 第 1 道焊条倾角　b) 第 2 道焊条倾角

2.3　操作注意事项

1) 应在焊缝中引弧，要做到"一引便着"，"一落便准"。由于电缆及焊钳对手腕存在一个重力矩，焊工手持焊钳时不易稳定，因此引弧时焊工要蹲稳或站稳，手臂要用力持钳，手腕微微用力做点划动作。另外焊工不要紧张，紧张会使身体僵硬，僵硬会使动作机械且抖动幅度大，极易产生"粘住"和"灭弧"现象。初级焊工首先应从划擦法开始操作，逐渐缩短划动距离及焊条端头与工件面的距离。轻落轻起，克服惯性，快慢适中，使焊钳运动轨迹逐渐达到近似垂直的效果。

2) 焊条在空间的 3 个方向均有运动，向熔池方向递进的速度要与熔化速度一致，以保持弧长不变。递进速度快了会使弧长缩短，甚至"粘住"；递进速度慢了会使弧长拉长，增加飞溅，降低保护作用，影响熔滴过渡。横向运动的目的在于搅拌熔池，以增加熔宽，摆动时应中间快两端慢。它与向前活动紧密相连，变化很多，应视熔池的形状及熔敷金属量来确定。只有将 3 个方向上的运动有机结合，才能确保焊缝的高度和宽度，确保焊缝的良好质量。

3) 分清熔渣和金属液是提高操作技能的一个关键，一般金属液超前、熔渣滞后，电弧下的金属液温度高，油光发亮，处于下层。而熔渣温度低，颜色较暗，在金属液上游动。若分不清熔渣和金属液，就不能看清焊缝边缘及熔合情况，焊接盲目性较大。

4) 更换焊条要快，接头要准，因为它的好坏将直接影响焊缝的质量。快是指在前道焊缝收尾处尚处于红热状态时立即引弧，这样前后焊道易于熔合，能够有效地避免气孔和夹渣等缺欠。准是指接头恰到好处，回行距离在 10~20mm，在弧坑上运行的速度稍快（熔敷金属的量较少）。回行距离过长时不易摸准位置，反而容易重叠和脱离。运弧时间掌握不好，接头就会偏高或偏低。另外，收弧时弧坑应力球呈圆形，应避免尖形，且焊肉厚度适中，不能太深或太浅，便于焊缝接头。

5）准确地调节焊接电流，尤其是立、横、仰位置焊接，合适的焊接电流对于获得良好的焊接内在质量和美观的焊缝至关重要。调节焊接电流时要一听、二看、三比较，即听电弧声音、看电弧燃烧状况、比较熔池形状及焊缝成形状况。

6）要克服重力对焊缝成形的不利影响，焊接时，熔融的金属液和熔渣始终受重力作用，且这个作用力总是垂直向下的，但不一定都通过焊缝中心。为此，焊工可以通过调节焊条的角度、改变熔池的形状、采用电弧在熔池上部压低和稍作停留等方法来克服重力产生的不利影响。

7）焊工应掌握多种运条方法，运条是焊工技术的具体表现，焊缝质量好坏和外形的优劣主要由运条方法来决定，焊工应懂得各种运条方法的特点与区别，做到得心应手，运用自如。

8）要有热量的概念，要善于观察温度变化，做到有效地控制熔池的形状及其相对位置。温度对焊接的影响很大，温度低，则熔池小且金属液颜色较暗、流动性差，易产生夹渣和虚焊；温度高，则熔池大且金属液颜色明亮、流动性好，易于熔合；但过高易下淌，成形难控制，且接头塑性下降。温度和焊接电流大小、运条方式（如圆圈形运条的温度高于月牙形，月牙形运条的温度又高于锯齿形运条）、焊条夹角大小、电弧停留时间长短等均有密切关系。

9）收弧要求焊缝饱满，无裂纹、气孔及夹渣等缺欠，弧坑深、焊肉薄、应力集中等极易产生裂纹。采用反复断弧"收尾法"，又叫点弧法，可克服收尾温度高、难以填满的困难，但易产生气孔，尤其是采用碱性焊条时产生气孔的倾向更大。因此使用酸性焊条时，可用"划圈收尾法"和"点弧法"；而使用碱性焊条时，可用"划圈收尾法"和"回焊收尾法"，回焊的距离视结尾处温度高低而定。

2.4　常见焊接缺欠及防止措施

常见焊接缺欠有未熔合、未焊透、气孔、裂纹、夹渣和其他缺欠。

2.4.1　未熔合的产生原因及防止措施

未熔合是指焊缝金属与母材金属，或焊缝金属之间未熔化结合在一起的缺欠。按其所在部位，未熔合可分为坡口未熔合、层间未熔合和根部未熔合3种。未熔合是一种面积型缺欠，坡口未熔合和根部未熔合对承载截面积的减小都非常明显，应力集中也比较严重，其危害性非常大。

1. 产生未熔合缺欠的原因

1）焊接电流过小。

2）焊接速度过快。

3）焊条角度不对。

4）产生了磁偏吹现象。

5）焊接处于下坡焊位置，母材未熔化时已被金属液覆盖。

6）母材表面有污物或氧化物，影响熔敷金属与母材间的熔化结合。

2. 防止未熔合的措施

1）采用较大的焊接电流。

2）注意坡口部位的清洁。

3）正确进行施焊操作。

4）用交流代替直流以防止磁偏吹现象。

2.4.2　未焊透的产生原因及防止措施

未焊透是指母材金属未熔化，焊缝金属没有进入接头根部的现象，未焊透的危害之一是减少了焊缝的有效截面积，使接头强度下降。其次，未焊透引起的应力集中所造成的危害，比强度下降的危害大得多。

1. 产生未焊透的原因

1）焊接电流小，熔深浅。

2）坡口和间隙尺寸不合理，钝边太大。

3）产生了磁偏吹现象。

4）焊条未对中。

5）层间及焊根清理不良。

2. 防止未焊透的措施

1）使用较大的焊接电流。

2）用交流代替直流以防止磁偏吹现象。

3）合理设计坡口并加强清理。

4）采用短弧焊接。

2.4.3 气孔的产生原因及防止措施

在焊接过程中，熔池金属中的气体在金属冷却之前未能来得及逸出而残留在焊缝金属的内部或表面所形成的孔穴称为气孔。

气孔种类繁多，按其形状及分布可分为球形气孔、均布气孔、局部密集气孔、链状气孔、条形气孔、虫形气孔、皮下气孔、缩孔、表面气孔等。

1. 产生气孔的原因

1）焊条及待焊处母材表面的水分、油污、氧化物，尤其是铁锈，在焊接高温作用下分解出气体，如氢气、氧气、一氧化碳气体和水蒸气等，溶解在熔滴和焊接熔池金属中。

2）焊接电弧和熔池保护不良，空气进入电弧和熔池。

3）焊接时冶金反应产生较多的气体。

4）气体在焊接过程中侵入熔滴和熔池后，参与冶金反应，有些原子状态的气体能溶于液态金属中，当焊缝冷却时，随着温度下降，其在金属中的溶解度急剧下降，析出来的气体要浮出熔池，如果在焊缝金属凝固期间，未能及时浮出而残留在金属中，则形成气孔。

2. 防止气孔的措施

1）清除焊丝、工件坡口及其附近表面的油污、铁锈、水分和杂物。

2）采用碱性焊条、焊剂，并彻底烘干。

3）采用直流反接并用短弧施焊。

4）焊前预热并减缓冷却速度。

5）用偏强的焊接规范施焊。

6）向下立焊比向上立焊易产生气孔，尽量采用向上立焊法施焊。

7）长弧焊比短弧焊易产生气孔，尽量采用短弧焊接。

8）给电弧加脉冲可有效减少气孔的产生。

2.4.4　裂纹的产生原因及防止措施

焊缝中原子结合遭到破坏，形成新的界面而产生的缝隙称为裂纹。

1. 产生裂纹的原因

1）接头内有一定的氢元素。

2）淬硬组织（马氏体）减小了金属的塑性。

3）接头存有残余应力。

4）冷却速度太大。

2. 防止裂纹的措施

1）采用低氢型碱性焊条，严格烘干，在 $100 \sim 150℃$ 下保存，随取随用。

2）提高预热温度，采用焊后热处理措施，并保证层间温度不小于预热温度，选择合理的焊接规范，避免焊缝中出现淬硬组织。

3）选用合理的焊接顺序，减少焊接变形和残余应力。

4）焊后及时进行消氢热处理。

5）采用熔深较浅的焊缝，改善散热条件使低熔点物质上浮在焊缝表面，而不存在于焊缝中。

6）采用合理的装配次序，减小焊接应力。

2.4.5　夹渣的产生原因及防止措施

夹渣是指未熔的焊条药皮或焊剂、硫化物、氧化物、氮化物残留于焊缝之中，冶金反应不完全，脱渣性不好。有单个点状夹渣、条状夹渣、链状夹渣和密集夹渣几种类型。它的存在削减了焊缝的截面积，降低了焊缝强度。

1. 产生夹渣的原因

1）坡口尺寸不合理。

2）坡口有污物，焊前坡口及两侧油污、氧化物太多，清理不彻底。

3）运条方法不正确，熔池中的熔化金属与熔渣无法分清。

4）焊接电流太小。

5）熔渣黏度太大。

6）多层多道焊时，前道焊缝的焊渣未清除干净。

7）焊接速度太快，导致焊缝冷却速度过快，熔渣来不及浮到焊缝表面。

8）焊缝接头时，未先将接头处焊渣敲掉或加热不够，造成接头处夹渣。

9）收弧速度太快，未将弧坑填满，熔渣来不及上浮，造成弧坑夹渣。

2. 防止夹渣的措施

1）焊接过程中始终要保持熔池清晰、熔渣与液态金属良好分离。

2）彻底清理坡口及两侧的油污、氧化物等。

3）按焊接工艺规程正确选择焊接规范。

4）选用焊接工艺性好、符合标准要求的焊条。

5）接头时要先清渣且充分加热，收弧时要填满弧坑、将熔渣排出。

2.4.6　其他焊接缺欠的产生原因及防止措施

焊接缺欠除未熔合、未焊透、气孔、裂纹和夹渣外，还经常出现咬边、背面内凹、焊瘤、弧坑、电弧擦伤、烧穿及焊缝成形不良等。

1. 咬边

在焊接过程中，焊缝边缘母材被电弧烧熔而出现的凹槽称为咬边，咬边多出现在立焊、横焊、仰焊、平角焊等焊缝。咬边具有很大的危害性，会造成应力集中，尤其是在脉动载荷下，往往是裂纹的萌发处，会造成严重事故。

（1）产生咬边的原因　使用了过大的焊接电流、电弧太长、焊条角度不对、运条不正确、在坡口两侧停留时间太短或太长、电弧偏吹等因素都会造成咬边。

（2）防止产生咬边的措施　正确选用焊接参数，不要使用过大的焊接电流，要采用短弧焊接，坡口两边运条稍慢、焊缝中间稍快，焊条角度要正确。

2. 背面内凹

根部焊缝低于母材表面的现象称为背面内凹。这种缺欠多发生在单面焊双面成形，尤其是焊条电弧焊仰焊易产生内凹。内凹减少了焊缝横截面积，降低了焊接接头的承载能力。

（1）产生背面内凹的原因　在仰焊时，背面形成熔池过大，金属液在高温时表面张力小，液体金属因自重而下沉形成背面内凹。

（2）防止产生背面内凹的措施　焊接坡口和间隙不宜过大，焊接电流大小要适中，尤其要控制好熔池温度。电弧要托住熔池，电弧要压短些，随时调节好熔池的形状和大小。坡口两侧要熔合好，电弧要稳定，中间运条要迅速均匀。

3. 焊瘤

除正常焊缝外，多余的焊着金属称为焊瘤。焊瘤易在仰焊、立焊、横焊时产生，平焊第1层时在反面也有发生。

（1）产生焊瘤的原因　仰焊时，第1层多采用灭弧焊法，常因焊接时灭弧的周期时间掌握不当，使熔池温度过高而产生焊瘤，或各层因焊接电流过大、两侧运条速度过快而中间运条速度过慢，使熔池金属因自重而下坠形成焊瘤。若焊接电流过小，不得不降低焊接速度，使熔池中心温度过高，则也会产生焊瘤。立焊时的单面焊双面成形，第1层为了焊透，多采用击穿焊法。一旦失去对熔池温度的控制，会在背面或正面产生焊瘤，正面焊瘤纯属熔池温度过高导致的。背面焊瘤除因熔池温度过高外，还会因焊条伸入过深、熔池金属被推挤到背面过多而造成。

（2）防止产生焊瘤的措施　选用比平焊电流小10%～15%的焊接电流，焊条左右运条时，中间稍快，坡口两边稍慢且有停留动作。尽量用短弧焊接，注意观察熔池，若有下坠迹象，应立即灭弧，让熔池稍冷再引弧焊接。控制熔池金属温度时，可采用跳弧焊、灭弧焊降温。对间隙大的坡口，应采用多点焊法，以后各层焊时要用两边稍慢中间稍快的运条方法，控制熔池形状为扁椭圆形，熔池金属液与熔渣要分离，一旦熔池下部出现"鼓肚"现象，应采用跳弧或灭弧降温。

4. 弧坑

焊缝收尾时，未将焊缝填满而留下的凹坑称为弧坑，弧坑是因为收弧太快未填满而造成的。

防止产生弧坑的措施包括：

1）收尾时稍作停留，若是宽焊缝，就在收尾时多绕几下圆圈或通过灭弧-引弧多次将弧坑填满。但要注意，采用碱性焊条时不宜用此法，以防产生气孔。

2）选用有电流衰减系统的焊机。

3）尽量在平焊位置施焊。

4）选用合适的焊接规范。

5. 电弧擦伤

焊条前端裸露部分与母材表面接触使其短暂引弧，几乎不带焊着金属，只在母材表面留下擦伤痕迹，叫作电弧擦伤。电弧擦伤处，在引弧的一瞬间，没有熔渣和气体保护，空气中的氮在高温下形成氮化物，快速进入工件。加上擦伤处冷却速度很快，造成此处硬度很高，产生硬脆现象。

一旦有电弧擦伤，应仔细把硬脆层打磨掉，若打磨后造成板厚减薄过限，应进行焊补。

6. 烧穿

在焊接过程中，熔化金属自坡口背面流出形成穿孔的缺欠叫作烧穿。烧穿使该处焊缝强度显著减小，也影响外观，必须避免。烧穿产生的主要原因是焊接电流过大、焊接速度过慢和工件间隙过大。

7. 焊缝成形不良

焊缝成形不良是指焊缝的几何尺寸不符合设计规定，如焊缝过窄、过宽，焊缝余高太大，焊缝过低，焊脚不对称，焊缝接头不良等，都会给焊缝综合性能带来不良影响。

（1）产生焊缝成形不良的原因　产生焊缝成形不良的原因有很多，如坡口过宽或过窄、装配间隙不均匀、焊条角度不正确、焊接速度时快时慢、电弧偏吹、焊条偏心、组装时错位、定位焊点未焊牢、定位焊缝过高、焊工操作技术差等。

（2）防止产生焊缝成形不良的措施　焊前认真组装，检验组装质量合格后再焊接。定位焊焊缝要焊透焊牢，对高度过大的定位焊缝，要打磨修整好后再焊。不使用偏心焊条，防止电弧偏吹，始终保持好焊条角度。运条速度要均匀，安排多层焊时每层厚度要合适等。

2.5　常见焊接变形及矫正技巧

2.5.1　焊接变形的种类

焊接变形可分为局部变形和整体变形两大类。

1. 局部变形

局部变形仅发生在焊接结构的某一局部，如收缩变形、角变形、波浪变形。

（1）收缩变形　两板对接焊以后发生了长度缩短和宽度变窄的变形，这种变形是由焊缝的纵向收缩和横向收缩引起的（见图2-104）。

（2）角变形　角变形是由于焊缝截面上宽下窄，使焊缝的横向收缩量上大下小而引起的（见图 2-105）。

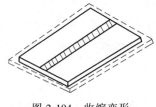

图 2-104　收缩变形

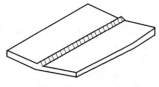

图 2-105　角变形

（3）波浪变形　波浪变形又称失稳变形，主要出现在薄板焊接结构中，产生的原因是焊缝的纵向收缩对薄板边缘造成了压应力（见图 2-106）。

2. 整体变形

整体变形是指焊接时产生的遍及整个结构的变形，如弯曲变形和扭曲变形。

图 2-106　波浪变形

（1）弯曲变形　弯曲变形主要是由焊缝的位置在工件上不对称引起的（见图 2-107）。

（2）扭曲变形　装配质量不好、工件搁置不当、焊接顺序和焊接方向不合理，都可能引起扭曲变形，但根本原因还是焊缝的纵向收缩和横向收缩（见图 2-108）。

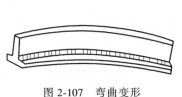

图 2-107　弯曲变形

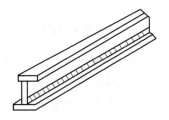

图 2-108　扭曲变形

2.5.2　焊接变形的矫正技巧

各种矫正方法就其本质来说，都是设法造成新的变形去抵消已经产生的焊接变形。生产中常用的矫正方法有机械矫正法和火焰矫正法。

1. 机械矫正法

机械矫正法是利用机械力的作用来矫正变形。可采用辊床、液压压力机、矫直机和锤击等进行矫正。机械矫正的基本原理是将工件变形后尺寸缩短的部分加以延伸，并使之与尺寸较长的部分相适应，恢复到所要求的形状，因此只有对塑性材料才适用。

薄板波浪变形，主要是由于焊缝区的纵向收缩所致，因而沿焊缝进行锻打，使焊缝得到延伸即可达到消除薄板焊后波浪变形的目的（见图 2-109）。

2. 火焰矫正法

火焰矫正法常用于薄板结构的变形矫正，它是使用气焊火焰的中性焰在工件适当的部位加热，利用金属局部的收缩所引起的新变形去矫正各种已产生的焊接变形，从而达到使工件恢复正确形状、尺寸的目的。火焰矫正法主要用于低碳钢和低合金钢，一般加热温度为 $600 \sim 800℃$。

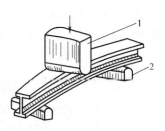

图 2-109 机械矫正法
1—压头 2—支承

火焰矫正是一项技术性很强的操作，要根据结构特点和矫正变形的情况，确定加热方式和加热位置，并要目测控制加热区的温度，才能获得较好的矫正效果。常用的加热方式有点状加热、线状加热和三角形加热 3 种。

（1）点状加热 为了消除板结构的波浪变形，可在凹陷或凸出部位的四周加热几个点，加热处的金属受热膨胀，但周围冷金属阻止其膨胀，加热点的金属便产生塑性变形。然后在冷却过程中，在加热点的金属体积收缩，将相邻的冷金属拉紧，这样凹凸部位周围各加热点的收缩就能将波浪形拉平（见图 2-110）。

加热点的大小和数量取决于板厚和变形的大小。厚度较大时，加热点的直径应大些；厚度较小时，加热点的直径应小些。变形量大时，加热点的距离应小些，一般在 $50 \sim 100mm$。

（2）线状加热 线状加热
主要用于矫正角变形和弯曲变
形。加热火焰做直线运动，或
者同时做横向摆动，从而形成
一个加热带。

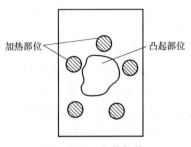

加热部位

凸起部位

图 2-110 点状加热

首先找出凸起的最高处，
用火焰进行线状加热，加热深
度不超过板厚的 2/3，使钢板
在横向产生不均匀的收缩，从
而消除角变形和弯曲变形。图 2-111 所示为均匀弯曲钢板线状加热
矫正的实例。在最高处进行线状加热，加热温度为 500～600℃。第
1 次加热未能完全矫平时，可再次加热，直到矫平为止。

图 2-111 线状加热

对于直径和圆度都有严格要求的厚壁圆筒，矫正方法是在平台
上用木块将圆筒垫平竖放。先矫正圆筒的周长，当周长过大时，用
两个气焊火焰同时在筒体内、外沿纵缝进行线状加热，每加热一
次，周长可缩短 1～2mm。

矫正椭圆度时，先用样板检查，如圆筒外凸，则沿该处外壁进
行线状加热，可多次加热，直至矫圆为止。如圆筒弧度不够，则沿
该处内壁加热，图 2-112 所示为圆筒火焰矫正时的加热位置。

（3）三角形加热 三角形加热常用于矫正厚度较大、刚度较
大的工件的弯曲变形，可用多个气焊火焰同时进行加热。加热区呈
三角形，利用其横向宽度不同产生收缩不同的特点矫正变形。如 T
形梁由于焊缝不对称产生弯曲时，可在腹板外缘处进行三角形加热
（见图 2-113）。若第 1 次加热后还有上拱，则须进行第 2 次加热，

第 2 次加热位置应选在第 1 次加热区之间。

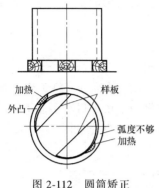

图 2-112 圆筒矫正

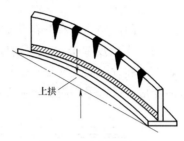

图 2-113 三角形加热

2.5.3 防止焊接变形的措施

1. 热调整法

减少焊接热影响区的宽度，降低不均匀加热的程度，都可以减少焊接变形。

1）采用能量高的焊接方法，如用二氧化碳气体保护焊代替焊条电弧焊。

2）用多层焊代替单层焊。

3）用小直径焊条代替大直径焊条。

4）用小电流快速不摆动焊代替大电流慢速摆动焊。

2. 刚性固定法

一般刚度大的工件，焊后变形都较小。如果焊接之前能加大工件的刚度，工件焊后的变形就可以减小，这种防止变形的措施称为刚性固定法。加大刚度的办法有使用夹具和支撑、使用专用胎具、临时将工件点固定在刚性平台上、采用压铁等。

3. 强制冷却法

采取强制冷却来减少受热区的宽度，能达到减少焊接变形的目的。

1）将焊缝四周的工件浸在水中。

2）用铜块增加工件的热量损失。

4. 焊前预热法

对于焊接性较差的材料，如中碳钢、铸铁等通常采用预热来减少焊接变形。

5. 反变形法

常用的反变形法有下料反变形法和装配反变形法。

（1）下料反变形法 在刚度较大的工件下料时，将工件制成预定大小和方向的反变形。如桥式起重机的主梁焊后会引起下挠的弯曲变形，通常采用腹板预制上拱的方法来解决（见图 2-114）。

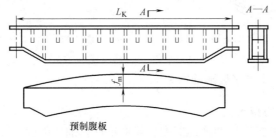

图 2-114 下料反变形法

（2）装配反变形法 在焊前进行装配时，为抵消或补偿焊接变形，先将工件向与焊接变形的相反方向进行人为的变形。焊接后，由于焊缝本身的收缩，会将工件恢复到预定的形状和位置。这种方法叫作装配反变形法，板材对焊的焊接变形如图 2-115 所示。

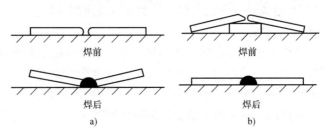

图 2-115 板材对焊的焊接变形

a）未采取措施 b）采取装配反变形法

6. 控制顺序法

同样的焊接结构，如果采用不同的焊接顺序，产生的焊后变形则不相同。

（1）采用对称的焊接顺序　采用对称的焊接顺序能有效地减少焊接变形（见图2-116）。

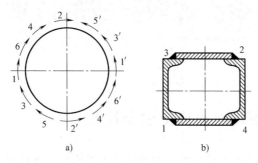

图 2-116　对称的焊接顺序

a）圆形　b）矩形

（2）长焊缝的焊接顺序　长焊缝焊接时，应采取对称焊、逐步退焊、分段逐步退焊、跳焊等焊接顺序。

（3）先焊收缩量大的焊缝　因为对接焊缝比角焊缝的收缩量大，如果一个结构中既有对接焊缝，又有角焊缝，则应先焊对接焊缝，后焊角焊缝。

第 3 章

单面焊双面成形技术

3.1 单面焊双面成形的操作要点

单面焊双面成形是指焊工以特殊的操作方法在坡口一侧进行焊接后，在焊缝正、背面都能得到均匀、整齐、无缺欠的焊道（见图 3-1）。

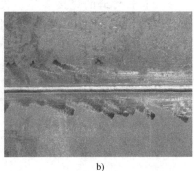

a)   b)

图 3-1 单面焊双面成形

a）正面 b）背面

1. 打底焊

1）打底焊时采用一点击穿灭弧法，短弧焊接，焊条与焊接方向的夹角为 $30° \sim 50°$，与两侧工件夹角为 $90°$（见图 3-2）。

2）从间隙较小一端定位焊缝处引弧，稍拉长电弧预热，然后压低电弧，可以看到定位焊缝及坡口两侧金属开始熔化形成熔池，并听到"噗噗"声，此时立即将电弧熄灭，以防熔池温度过高而形成焊瘤（见图 3-3）。

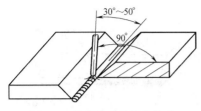

图 3-2 打底焊时的焊条角度

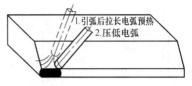

图 3-3 打底焊的起头

3）起头焊电弧熄灭后，熔池温度瞬间下降，通过护目镜可以清楚地看见原先的白亮金属熔池迅速凝固，当亮点缩小到焊条直径大小时，在亮点的中心处重新引燃电弧。这样电弧一半将前方坡口完全熔化，另一半将已凝固熔池的一部分重新熔化，形成另一个新熔池和熔孔，听到"噗噗"声再立即熄灭电弧（见图3-4）。这样周而复始，直至完成打底焊。

4）焊接中应做到"一看、二听、三准"。"一看"是指看清熔池的形状和熔孔的大小。要注意将熔渣与液态金属分开。熔孔位置以深入每侧母材 0.5 ~ 1mm 为佳（见图3-5）。熔孔过大，背面焊缝会过高，甚至形成

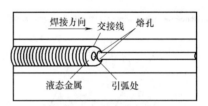

图 3-4 打底焊的正式焊接

焊瘤；熔孔过小，坡口两侧根部容易造成未焊透。"二听"是指焊接中电弧击穿工件坡口根部时发出"噗噗"声响，表明焊缝熔透良好。如果没有发出"噗噗"声，表明根部没有被电弧击穿，这时会造成未焊透缺欠。故在焊接中要听电弧击穿坡口根部发出的"噗噗"声。"三准"是焊接中要准确地掌握好熔孔的形状及尺寸，使每一个新焊点与前一个焊点搭接 2/3，保持电弧的 1/3 部分在工件背面燃烧，用于加热和击穿坡口根部钝边，形成新焊点（见图3-6）。与此同时，电弧还要将坡口两侧钝边完全熔化并深入每侧母材 0.5~1mm。

5）更换焊条或停焊时，将焊条下压使熔孔稍增大些，灭弧后再快速向熔池过渡两滴液态金属（见图3-7），这样做可以使背面

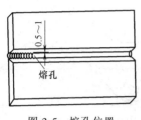

图 3-5　熔孔位置

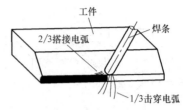

图 3-6　电弧分配原则

焊缝饱满，防止形成冷缩孔，随后灭弧。

6）焊缝接头的连接如图 3-8 所示，接头时在图中 1 的位置重新引弧，引弧后将电弧移到搭接末尾焊点 2/3 处的 2 的位置，以长弧摆动两个来回，等该处金属有了"出汗"现象之后，在 7 位置压低电弧，并停留 1~2s，等末尾焊点重新熔化并听到"噗噗"声时，迅速将电弧沿坡口侧后方拉长并熄灭，然后继续下一个焊点的焊接。

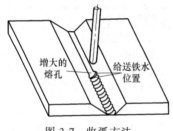

图 3-7　收弧方法

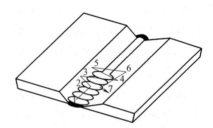

图 3-8　焊缝接头的连接

2. 填充层焊接

填充层焊道焊接时，在距离焊缝端头 10mm 左右处引弧，将电弧拉长并移到端头处压低电弧施焊，做锯齿形横向摆动运条，在坡口两侧稍做停留，以保证熔池及坡口两边温度均衡，并有利于良好的熔合及排渣。焊条角度与焊接前进方向的夹角为 80°~85°，与两侧工件的夹角为 90°（见图 3-9），用短弧焊接，最后一道填充层焊完后，其表面应距工件的表面 1~1.5mm，为盖面层焊接打下基础。

3. 盖面层焊接

盖面层焊接的引弧要领与填充层焊接相同，焊条做锯齿形摆动，幅度为焊条中心到达工件边缘处，在此处应稍做停留，以熔化坡口边缘母材 1.5~2mm，还能填满边缘处以防产生咬边，再运条至另一侧，前进速度要均匀一致，使焊缝高低平整。接头时在弧坑前 10mm 处引弧，拉长电弧移至弧坑中心时先左后右，使焊缝与弧坑边缘接上，防止接头脱节或过高，最末端收尾时应填满弧坑（见图 3-10）。

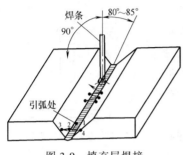

图 3-9 填充层焊接

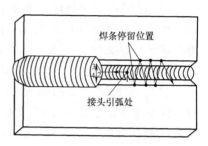

图 3-10 盖面层焊接

4. 焊后检验

焊接完毕等工件冷却后，用錾子敲去焊缝表面的焊渣及焊缝两侧的飞溅物，用钢丝刷清洁工件表面。然后目测焊缝外观质量，焊缝两侧应圆滑过渡至母材金属，表面不得有裂纹、未熔合、夹渣、气孔和焊瘤等缺欠。

5. 注意事项

1）定位焊应放在工件的两端，焊点长不超过 10mm（见图 3-11）。

2）在单面焊双面成形过程中应牢记"眼精、手稳、心静、气匀"的操作要领。"眼精"是指焊工的眼睛要时刻注意观察焊接熔池

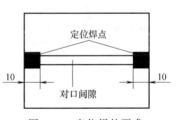

图 3-11 定位焊的要求

的变化，注意熔孔的尺寸、后面的焊点与前一个焊点重合面积的大小、熔池中液态金属与熔渣的分离等。"手稳"是指眼睛看到何处，焊条就应该按选用的运条方法及合适的弧长准确无误地送到此处，以保证正、背两面焊缝表面成形良好。"心静"是要求焊工在焊接过程中，专心焊接。"气匀"是指在焊接过程中，无论是站姿

施焊、蹲姿施焊还是坐姿施焊，都要求焊工能保持呼吸平稳均匀。既不要大憋气，以免焊工因缺氧而烦躁，影响发挥焊接技能；也不要大喘气，以免焊工身体上下浮动而影响手稳。"心静、气匀"是前提，只有做到"心静、气匀"，焊工的"眼精、手稳"才能发挥作用。

3）选用直流焊机时，要消除磁偏吹对焊接质量的影响。磁偏吹是指焊条电弧焊时，因受焊接回路所产生的电磁作用而产生的电磁偏吹现象（见图 3-12）。磁偏吹产生的原因之一是连接工件电缆线的位置不正确。这时要改变接地线的部位，同时接于工件两侧，可以克服磁偏吹现象（见图 3-13a）。此

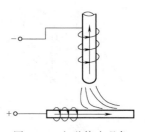

图 3-12 电磁偏吹现象

外，操作中还可适当调整焊条角度，使焊条向偏吹一侧倾斜（见图 3-13b）。或采用短弧焊接，均能克服电弧偏吹（见图 3-13c）。

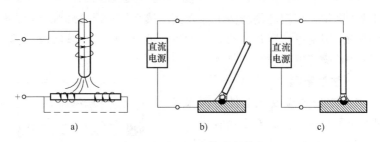

a)   b)   c)

图 3-13 防止电磁偏吹的措施
a）改变接地线位置 b）调整焊条角度 c）采用短弧焊接

3.2 单面焊双面成形断弧焊技术

3.2.1 低碳钢板平焊单面焊双面成形断弧焊

1. 焊前准备

Q235 钢板（$\delta=12mm$），焊接材料为 E4303，选择 $\phi3.2mm$ 或

φ4.0mm 焊条，按规定进行烘干处理；交、直流弧焊机，采用直流正接法。

2. 试件组对尺寸

试件组对尺寸见表 3-1，试板组对及试板反变形分别如图 3-14 及图 3-15 所示。

表 3-1 试件组对尺寸

试件(组)尺寸/mm	坡口角度/(°)	组对间隙/mm	钝边/mm	反变形量/mm	错边量/mm
12×250×300	60~65	起弧处:3.2 完成处:4.0	1.2~1.5	3.5	≤1

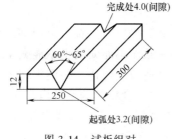

图 3-14 试板组对

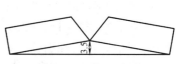

图 3-15 试板反变形

3. 焊接工艺参数（见表 3-2）

表 3-2 焊接工艺参数

焊接层次	名称	焊条直径/mm	焊接电流/A	焊条与试板面的角度/(°)	焊条运动方式
1	打底层	3.2	100~115	45~50	断弧，一点式或两点式
2	填充层	3.2	130~135	75~85	连弧，锯齿形
3	填充层	4	190~210	80~85	连弧，锯齿形
4	填充层	4	190~210	80~85	连弧，锯齿形
5	盖面层	4	175~180	80~85	连弧，锯齿形

4. 施焊技术

1）打底焊是保证单面焊双面成形焊接质量的关键。施焊中要严格遵守"看""听""准"3项要领，并相互配合同步进行。具体做法是在定位焊起弧处引弧，待电弧引燃并稳定燃烧后再把电弧运动到坡口中心，电弧往下压，并做小幅度横向摆动，"听"到"噗噗"声，同时能"看"到每侧坡口边各熔化 1~1.5mm，并形成第 1 个熔池（一个比坡口间隙大 2~3mm 的熔孔），此时应立即断弧，断弧的位置应在形成焊点坡口的两侧，不可断弧在坡口中心，断弧动作要果断，以防产生缩孔，待熔池稍微冷却（大约2s），透过护目镜观察熔池液态金属逐渐变暗，最后只剩下中心部位一点亮点时，将电弧（电焊条端）迅速做小幅度横向摆动至熔孔处，有手感地往下压电弧，同时也能"听"到"噗噗"声，又形成一个新的熔池，这样往复类推，采用断弧焊将打底焊层完成。需要注意以下事项：

① 打底焊时的 3 项原则"看""听""准"。"看"，就是看熔孔的大小，从起焊到终了始终要保持一致，不能太大也不能太小。太大易烧穿，在背面形成焊瘤；太小易造成未焊透、夹渣等缺欠。"听"就是在打底焊的全过程中应始终有"噗噗"的悦耳声，证明已焊透。"准"就是在引弧、熄弧的断弧焊全过程中焊条的给送位置要"准"确无误，停留时间也应恰到好处。过早易产生夹渣；过晚又易造成烧穿，形成焊瘤。只有"看""听""准"相互配合得当，才能焊出一个外观美观，无凹坑、焊瘤、未焊透、未熔合、缩孔、气孔等缺欠的背面成形的好焊缝。

② 需要注意的是关于"接头"问题，首先应有一个好的熄弧方法，即在焊条还剩 50mm 左右时，就要有熄弧的准备，在将要熄弧时就应有意识地将熔孔做得比正常断弧时大一点，以利于接头。每根焊条焊完，换焊条的时间要尽量快，应迅速在熄弧处的后方（熔孔后）10mm 左右引弧，锯齿横向摆动到熄弧处的熔孔边缘，并透过护目镜看到熔孔两边沿已充分熔合，电弧稍往下压，"听"到"噗噗"声，同时也看到新的熔孔形成，立即断弧，接头焊条运动方式如图 3-16 所示，之后恢复正常断弧焊接。

2）第 2~4 层为填充层，填充层的焊接主要注意的是不要焊出中间高、两头有夹角的焊道，以防产生夹渣等缺欠。应焊出中间与

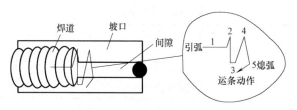

图 3-16　接头焊条运动方式

焊道两侧平整或中间略低、两侧略高的焊缝（见图 3-17）。

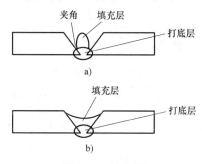

图 3-17　填充层

a）填充层不好的焊道　b）填充层好的焊道

施焊时要严格遵循中间快、坡口两侧慢的运条手法，运条要平稳，焊接速度要一致，以控制各填充层的熔敷金属的高度一致，并注意各填充层间的焊接接头要错开，认真清理焊渣，用钢丝刷处理露出金属光泽，再进行下一层的焊接。最后一层填充层焊后的高度要低于母材 1~1.5mm，并使坡口轮廓线保持良好，以利于盖面层的焊接。

3）盖面层焊接时焊接电流小些，运条方式采用锯齿形或月牙形。焊条摆动要均匀，始终保持短弧焊。焊条摆动到坡口轮廓线处应稍作停留，以防咬边和坡口边沿熔合不良等缺欠的产生，使表面焊缝成形美观、鱼鳞纹清晰。

3.2.2　低碳钢板立焊单面焊双面成形断弧焊

1）试件组对尺寸见表 3-3，立焊反变形如图 3-18 所示。

表3-3 试件组对尺寸

试件(组)尺寸 /mm	坡口角度 /(°)	组对间隙 /mm	钝边 /mm	反变形量 /mm	错边量 /mm
12×250×300	60~65	起弧处(上):3.2 完成处(下):4.0	1~1.5	4	≤1

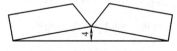

图 3-18 立焊反变形

2）焊接工艺参数见表3-4。

表3-4 焊接工艺参数

焊接 层次	名称	焊条直径 /mm	焊接电流 /A	焊条与试板面 的角度/(°)	焊条运动方式
1	打底层	3.2	100~110	60~70	三角形
2	填充层	3.2	100~120	70~80	锯齿形
3	填充层	3.2	100~120	70~80	锯齿形
4	盖面层	4	150~170	75~85	锯齿形

3）焊接打底层时，在起焊定位部位引弧，先用长弧预热坡口根部，电弧停留3~4s后，当坡口两侧出现汗珠状时，应立即压低电弧，使熔滴向母材过渡，形成一个椭圆形的熔池和熔孔。此时应立即把电弧拉向坡口边一侧（左右任意一侧，以焊工习惯为准）往下断弧，熄弧动作要果断，焊工透过护目镜观察熔池金属亮度，当熔池亮度逐渐下降变暗，最后只剩下中心部位一点亮点时，即可在坡口中心引弧，焊条沿已形成的熔孔边做小幅度的横向摆动，左右击穿，完成一个三角运动动作后，再往下在坡口一侧果断灭弧。这样依次类推，将打底层断弧焊完成，断弧焊的焊条摆动如图3-19所示。

施焊中要控制熔孔大小一致。熔孔过大，背面焊缝会出现焊瘤和焊缝余高超高；熔孔过小，则会产生未焊透等缺欠。熔孔的大小控制在焊条直径的1.5倍为好（坡口两侧熔孔击穿熔透的尺寸应

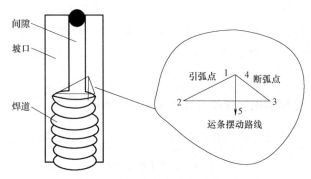

图 3-19 断弧焊的焊条摆动路线图

一致，每侧为 1.5~2mm）。

更换焊条时，要处理好熄弧及再引弧动作。当焊条还剩 10~20mm 时就应有熄弧前的心理准备，这时应在坡口中心熔池中多给 2、3 滴金属液，再将焊条摆到坡口一侧果断断弧，这样做可以延长熔池的冷却时间，并增加原熔池处的焊肉厚度，起到避免缩孔的作用。更换焊条速度要快，引弧点应在坡口一侧上方距熔孔接头部位 20~30mm 处，用稍长的电弧预热，电弧停留并做横向往上小幅度摆动，左右击穿，将电弧摆到熔孔处，电弧向后压，听到"噗噗"声，并看到熔孔处熔合良好，金属液和焊渣顺利流向背面，同时又形成一个和以前大小一样的熔孔后，果断向坡口一侧往下断弧，恢复上述断弧焊的方法，并完成打底层的焊接。

4）第 2、3 层为填充层。施焊中要注意分清金属液和熔渣，严禁出现坡口中间鼓而坡口两侧出现夹角的焊道，这样的焊道极易产生夹渣等缺欠。避免这种缺欠的方法是采用锯齿形摆动运条，并做到"中间快、两边慢"，即焊条在坡口两侧稍作停顿，给足坡口两侧金属液，避免产生两侧夹角，焊条向上摆动要稳，运条速度要均匀，始终保持熔池为椭圆形为好，避免产生金属液下坠、焊缝局部凹陷、两侧有夹角的焊道。同时，焊接最后 1 层填充层（第 4 层焊道）时应低于母材面 1~1.5mm，过高过低都不合适，并保留坡口轮廓线，以利于盖面层的焊接。

5）盖面层的焊接易产生咬边等缺欠，预防方法是保持短弧焊接，采用锯齿形或月牙形运条方式为好，手要稳，焊条摆动要均匀，焊条摆到坡口边沿要有意识地多停留一会，给坡口边沿填足金属液，并熔合良好，才能防止产生咬边等缺欠，使焊缝表面圆滑过渡，成形良好。

3.2.3 低碳钢板横焊单面焊双面成形断弧焊

1）试件组对尺寸见表 3-5。

表 3-5 试件组对尺寸

试件(组)尺寸/mm	坡口角度/(°)	组对间隙/mm	钝边/mm	反变形量/mm	错边量/mm
12×250×300	60~65	起弧处:3.5 完成处:4.0	1.2~1.5	5	≤1

2）横焊焊接工艺参数见表 3-6。

表 3-6 横焊焊接工艺参数

焊接层次	名称	焊条直径/mm	焊接电流/A	焊条角度/(°) 与前进方向	与试件后倾角度	运条方式
1	打底层	3.2	105~115	60~65	65~70	"先上后下"断弧焊
2	填充层(2道)	3.2	115~120	75~80	70~80	划椭圆连弧焊
3	填充层(3道)	4	160~180	75~80	70~80	划椭圆连弧焊
4	盖面层(5道)	4	160~180	75~80	70~80	划椭圆连弧焊

3）打底层的焊接时，在起焊处划擦引弧，待电弧稳定燃烧后，迅速将电弧拉至焊缝中心部位加热坡口，当看到坡口两侧达到半熔化状态时压低电弧，当听到背面电弧穿透"噗噗"声后，形成第1个熔孔，果断向熔池的下方断弧，待熔池护目玻璃中看到逐渐变成一个小亮点时，再在熔池的前方迅速引燃电弧，从下坡口边

往上坡口边运弧，始终保持短弧，并按顺序在坡口两侧运条，即下坡口侧停顿电弧的时间要比上坡口侧短。为保证焊缝成形整齐，应注意坡口下边缘的熔化稍靠前方，形成斜的椭圆形熔孔（见图 3-20~图 3-22）。

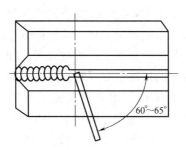

图 3-20　打底焊焊条角度

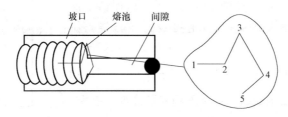

图 3-21　焊条运动

1—断弧起弧点　2—电弧停顿、向后压弧点　3—电弧向上运动线
4—电弧向下运动并再次压弧点　5—往下断弧点

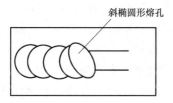

图 3-22　形成斜椭圆形熔孔（上大下小）

在更换焊条熄弧前，必须向熔池反复补送 2、3 滴金属液，然后将电弧拉到熔池后的下方果断灭弧。接头时，在熔池后 15mm 左右处引弧，焊到接头熔孔处稍拉长电弧，有手感往后压一下电弧，

听到"噗噗"声后稍作停顿，形成新的熔孔后，再转入正常的断弧焊接。如此反复地引弧→焊接→灭弧→准备→引弧……，以此类推地采用断弧焊方法完成打底层的焊接。

4）填充层的焊接。第 1 遍填充层为 ϕ3.2mm 焊条连弧堆焊 2 道而成，第 2 遍填充层为 ϕ4.0mm 焊条连弧堆焊 3 道而成。操作时下坡口应压住电弧，不能产生夹角，并保证熔合良好；运条速度要均匀，不能太快；各焊道要平直，焊缝光滑，相互搭接 2/3；在金属液与熔渣顺利分离的情况下堆焊焊肉应尽量厚些。较好的填充层表面平整、均匀、无夹渣、无夹角且低于或等于焊件表面 1mm，上、下坡口边缘平直、无烧损，以利于盖面层的焊接。

5）盖面层共由 5 道连续堆焊完成，施焊时第 1 道焊缝压住下坡口边，焊接速度稍快，第 2 道压住第 1 道的 1/3，第 3 道压住第 2 道的 2/3，第 4 道压住第 3 道的 1/2，第 5 道压住第 4 道的 1/3，焊接速度也应稍快，从而形成圆滑过渡的表面焊缝（见图 3-23）。

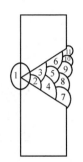

图 3-23　焊道堆列成形及外观成形

3.2.4　低碳钢板仰焊单面焊双面成形断弧焊

1）仰焊是焊工操作技术难度较大的焊位之一。操作时，由于焊缝处于仰焊位置，施焊时熔池在高温下表面张力小，而金属液在自重条件下产生下垂，熔池温度越高，表面张力越小，所以在试板下部易产生焊瘤，而试板的上部又容易产生凹陷，同时产生夹渣、气孔、未熔合等缺欠的机会也比在其他位置焊接时多。因此对焊件装配尺寸、焊接参数及焊工本身的操作技能的要求更为严格。

2）试板组对尺寸见表 3-7，反变形量如图 3-24 所示。

表 3-7　试板组对尺寸

试件（组）尺寸/mm	坡口角度/(°)	组对间隙/mm	钝边/mm	反变形量/mm	错边量/mm
12×250×300	60~65	起弧处：4.0 完成处：5.0	1~1.2	4	≤1

图 3-24　反变形量

3）仰焊焊接工艺参数见表 3-8。

表 3-8　仰焊焊接工艺参数

焊接层次	名称	焊条直径/mm	焊接电流/A	焊条与前进方向角度/(°)	运条方式
1	打底层	3.2	110~125	20~30	横向小幅度摆动
2	填充层	3.2	120~130	10~20	"8"字运条
3	填充层	3.2	120~130	10~20	"8"字运条
4	盖面层	3.2	120~130	10~20	"8"字运条

4）打底层焊接引弧时，应在起始定位处划擦引弧，电弧停留后将电弧运动到坡口中心，待定位焊点及坡口根部成半熔状态（可以通过护目玻璃很清楚地看到），迅速压低电弧将熔滴过渡到坡口的根部，并借助电弧的吹力将电弧往上顶，做一电弧停留动作和横向小幅度摆动使电弧的 2/3 穿透坡口钝边，作用于试板的背面，这时即能"看"到一个比焊条直径大的熔孔，同时又能"听"到电弧击穿根部的"噗噗"声。为防止熔池金属液下垂，这时应熄弧以冷却熔池，熄弧的方向应在熔孔的后面坡口一侧，熄弧动作应果断。在引弧时，待电弧稳定燃烧后，迅速做横向小幅度摆动（电弧在坡口钝边两侧稍停留），运条到坡口中心时还是尽力往上顶，使电弧的 2/3 作用于试件背面，使熔滴向熔池过渡，就这样引弧→电弧停留→小幅度摆动→电弧往上顶→熄弧，完成仰焊试板的打底焊。施焊应注意的是电弧穿透熔孔的位置要准确，运条速度要快，手要稳，坡口两侧钝边的穿透尺寸要一致，要保持熔孔的大小一样。熔滴要小，电弧要短，焊层要薄，以加快熔池的冷却速度，防止金属液下垂形成焊瘤、试板的背面产生凹陷过大。焊条与试板的角度如图 3-25 所示。

换焊条熄弧前，要在熔池边缘部位迅速向背面多补充几滴金属

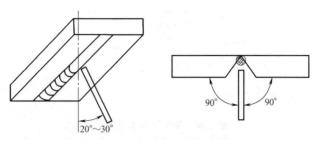

图 3-25　焊条与试板的角度

液，这有利于熔池缓冷，防止产生缩孔，然后将焊条拉向坡口断弧。接头时动作要迅速，在熔池还处于红热状态时就应引燃电弧进行施焊。接头引弧点应在熔池前 10~15mm 的焊道上，接头位置应选择在熔孔前边缘，当听到背面电弧穿透声后，又形成新的熔孔，恢复打底焊的正常焊接。

5）填充层和盖面层的焊接。第 2、3 层为填充层的焊接，第 4 层为盖面层的焊接，每层的清渣工作要仔细，采取 "8" 字运条法进行焊接，该运条法能控制熔池形状，不易产生坡口中间高、两侧有尖角的焊缝，但运条要稳，电弧要短，焊条摆动要均匀，才能焊出表面无咬边、不超高的良好成形的焊缝。

3.3　单面焊双面成形连弧焊技术

3.3.1　低合金钢板平焊单面焊双面成形连弧焊

1. 低合金钢板平焊单面焊双面成形的特点

平焊是焊条电弧焊的基础。平焊有以下特点：

1）焊接时熔化金属主要靠重力过渡，焊接技术容易掌握。除第 1 道打底焊外，其他各层可选用较大的焊接电流进行焊接。焊接效率高，表面焊缝成形易控制。

2）打底焊时，若操作不当，容易产生未焊透、缩孔、焊瘤等缺欠。

为此，对操作者而言，采用碱性焊条进行单面焊双面成形连弧焊，施焊并非易事，可以说平焊操作比立焊、横焊难度要大。

2. 焊前准备

1）选用直流弧焊机、硅整流弧焊机或逆变电焊机均可。

2）选用 E5015、E5016 碱性焊条均可，焊条直径为 3.2mm 和 4mm。焊前经 350～360℃ 烘干，保温 2h，随用随取。

3）工件采用 Q345A、Q345B、Q345C 低合金钢板，厚度为 12mm，长为 300mm，宽为 125mm，用剪板机或气割下料，其坡口边缘的热影响区应该使用刨床刨除（见图 3-26）。

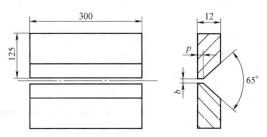

图 3-26　低合金钢板平焊单面焊双面成形工件

4）辅助工具和量具包括焊条保温筒、角向打磨机、钢丝刷、钢直尺（300mm）、打渣锤、焊缝万能量规等。

3. 试件装配定位

1）用角向打磨机将试板两侧坡口边缘 20～30mm 范围以内的油、污、锈、垢清除干净，使之呈现出金属光泽。然后，在钳工台虎钳上修磨坡口钝边，使钝边尺寸保持在 0.5～1.0mm。

2）将打磨好的试板装配成始焊端间隙为 2.5mm、终焊端间隙为 3.2mm，可用 φ2.5mm 与 φ3.2mm 焊条头夹在试板坡口的端头钝边处，定位焊接两试板，然后用敲渣锤打掉 φ2.5mm 和 φ3.2mm 焊条头即可。对定位焊缝焊接的质量要求与正式焊缝一样，错边量不大于 1mm。

3）平焊反变形的取量如图 3-27 所示。

4. 焊接操作

对接平焊，焊缝共有 4 层，即第 1 层为打底层，第 2、3 层为填充层，第 4 层为盖面层。焊缝层次如图 3-28 所示。

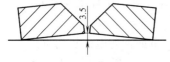

图 3-27 平焊反变形的取量

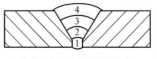

图 3-28 焊缝层次

1) 焊接工艺参数见表 3-9。

表 3-9 焊接工艺参数

焊接层次	名称	电源极性	焊接方法	焊条直径 /mm	焊接电流 /A	焊条角度 /(°)	运条方式
1	打底层	直流反接	连弧焊	3.2	110~115	65~70	小月牙形摆动
2	填充层	直流反接	连弧焊	4	160~175	70~80	锯齿形摆动
3	填充层	直流反接	连弧焊	4	160~175	70~80	锯齿形摆动
4	盖面层	直流反接	连弧焊	4	160~170	75~85	锯齿形摆动

2) 第 1 层打底焊是单面焊双面成形的关键。应该在试电流板上测试焊接电流，并看焊条头是否偏芯（如果焊条偏芯，势必会产生偏弧，将影响打底焊的质量）。电焊条试焊合格后，应在试板的始焊定位焊端引燃电弧，做 1~2s 的稳定电弧动作后，以小月牙形横向摆动的方式运条，当电弧运动到定位焊边缘坡口间隙处便压低电弧向右连续施焊。电焊条的右倾角（与试件平面角度）为 65°~70°，在整个施焊过程中，应始终能听见电弧击穿坡口钝边发出的"噗噗"声。焊条的摆动幅度要小，一般控制在电弧将两侧坡口钝边熔化 1.5~2mm 为宜，电弧每运动到一侧坡口钝边处稍做电弧停留（不大于 2s），也就是保持电弧在坡口两侧慢、中间快，通过护目玻璃，可以清楚地观察到熔池的形状，也可以看到电弧使熔渣透过熔池流向焊缝背面，从而保证焊缝背面成形良好。

在打底焊接的过程中，要始终保持熔孔大小一致，熔孔的大小对焊缝的背面成形有较大的影响，如果熔孔过大，则会产生烧穿或焊瘤；而如果熔孔过小，又容易产生未焊透或未熔合等缺欠。在钝边、间隙、焊接电流、焊条倾角合适的情况下，焊接速度是关键。在保持上述熔孔大小的情况下，压低电弧，手要稳，焊接速度要均匀，一般情况下不要拉长电弧或做挑弧动作，这样就能焊出理想的背面成形。

更换焊条是保证打底焊道整体平直，无焊瘤、未焊透、凹坑、接头脱节的关键，必须抓好收弧与接头两个环节。

1）收弧时，应缓慢地把焊条向左或右坡口侧带一下（停顿一下），然后将电弧熄灭，不可将电弧熄在坡口的中心，这样能防止试板背面焊道产生缩孔和气孔。

2）接头时换焊条动作要快，将焊条角度调至 75°~80°，在弧坑后 15mm 处引弧，用小锯齿形摆动运条至熔池，将焊条往下压，听到"噗噗"的击穿坡口钝边声后形成新的熔孔，焊条做 1~2s 的停留（时间不可太长，否则易产生烧穿而形成焊瘤），以利于将熔滴送到坡口背面，接头熔合好后，再把焊条角度恢复到原来打底焊的施焊角度，这样做能使背面焊道成形圆滑，无凹陷、夹渣、未焊透、焊道接头脱节等缺欠。

3）打底焊完成后，要彻底清渣。第 2、3 道焊缝为填充层，为防止因熔渣超前（超过焊条电弧）而产生夹渣，应压住电弧，采用锯齿形运条法，电弧要在坡口两侧多停留一下，中间运条稍快，使焊缝金属圆滑过渡、坡口两侧无夹角、熔渣覆盖良好，每个接头的位置要错开，并保持每层焊层的高度一致。第 3 道填充层焊后表面焊缝应低于试件表面 1.5mm 左右。

4）盖面焊时，焊接电流应略小于或等于填充层的焊接电流，焊条采用锯齿形运条横摆，应将每侧坡口边缘熔化 2mm 左右。电弧应尽量压低，焊接速度要均匀，电弧在坡口边缘要稍作停留，待金属液饱满后再将电弧运至另一边缘。这样才能避免表面焊缝两侧产生咬边缺欠，成形才能美观。

3.3.2 低合金钢板对接立焊单面焊双面成形连弧焊

低合金钢板对接立焊单面焊双面成形的特点包括：①立焊时熔化金属和熔渣受重力作用而向下坠落，故容易分离；②熔池温度过高时，金属液易下淌而形成焊瘤，故焊缝成形难以控制；③操作不当易产生夹渣、咬边等缺欠。

立焊试板钝边的打磨量为 0.5～1.0mm，组对间隙始焊端为 3.2mm、终焊端为 4mm，反变形预留量与平焊基本相同。焊缝共有 4 层，即第 1 层为打底层，第 2 层、3 层为填充层，第 4 层为盖面焊。

1）立焊焊接工艺参数见表 3-10。

表 3-10　立焊焊接工艺参数

焊接层次	名称	电源极性	焊接方法	焊条直径/mm	焊接电流/A	焊条角度/(°)	运条方式
1	打底层	直流反接	连弧焊	3.2	100～115	65～75	锯齿形运条法
2	填充层	直流反接	连弧焊	3.2	110～115	75～85	"8"字运条法
3	填充层	直流反接	连弧焊	4	145～160	75～85	"8"字运条法
4	盖面层	直流反接	连弧焊	4	145～160	75～85	"8"字运条法

2）立焊的操作较平焊容易掌握。打底焊时在始焊端定位焊处引燃电弧，以锯齿形运条向上做横向摆动，当电弧运动到定位焊边缘时，压低电弧，将电弧长度的 2/3 往焊缝背面送，待电弧击穿坡口两侧边缘并将其熔化 2mm 左右时，焊条做坡口两侧稍慢、中间稍快的锯齿形横向摆动连弧向上焊接。在焊接中应能始终听到电弧击穿坡口根部发出的"噗噗"声并看到金属液和熔渣均匀地流向坡口间隙的后方，这样证明已焊透，背面成形良好。

施焊中，熔孔的大小应比平焊稍大些，为焊条直径的 1.5 倍。正常焊接时，应保持熔孔的大小尺寸一致，过大容易烧穿，在背面形成焊瘤；而过小又容易产生未焊透。同时还要注意在保证背面成形良好的前提下，焊接速度应稍快些。形成的焊道薄一些为好。

更换焊条也要注意两个环节：①收弧前，应将电弧向左或向右下方收弧，并间断地再向熔池补充 2、3 滴金属液，防止因弧坑处的金属液不足而产生缩孔；②接头时，应在弧坑的下方 15mm 处引弧，以正常的锯齿形运条法摆动焊至弧坑（熄弧处）的边缘时，一定将焊条的倾角变为 90°，压低电弧将金属液送到坡口根部的背面去，并停留大约 2s，听到"噗噗"声后再恢复正常焊接。这样接头的好处是能避免接头出现脱节、凹坑、熔合不良等缺欠，但如果电弧停留的时间过长，焊条横向摆动向上的速度过慢，也易形成烧穿和焊瘤缺欠。

3）第2、3道焊缝为填充层，运条方式以"8"字运条法为好。这种运条法容易掌握，电弧在坡口两侧停留的机会多，能给坡口两侧补足金属液，使坡口两侧熔合良好，能有利于防止因焊肉坡口中间高而两侧夹角过深而产生夹渣、气孔等缺欠，并能使填充层表面平滑。施焊时应压低电弧，以均匀的速度向上运条。第3道焊缝应低于试件1.5 mm左右，并保持坡口两侧边沿不得被烧坏，给盖面打下好基础。"8"字运条法如图3-29所示。各焊层要认真清理焊渣、飞溅。

4）认真清理焊渣、飞溅后，仍采取"8"字运条连续焊接法，当运条至坡口两侧时，电弧要有停留时间，并以能熔化坡口边缘2mm左右为准，同时还要做好电弧停留挤压动作，使坡口两侧部位的杂质浮出焊缝表面，防止出现咬边，使焊缝金属与母材圆滑过渡，焊缝边缘整齐。更换焊

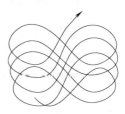

图3-29　"8"字运条法

条时，应做到在什么位置熄弧就在什么位置接头。终焊收尾时要填满弧坑。

3.3.3　低合金钢板对接横焊单面焊双面成形连弧焊

低合金钢板对接横焊单面焊双面成形的特点包括：①横焊时金属由于重力作用而容易向下坠落，操作不当就容易出现焊肉下偏，而焊缝上边缘出现咬肉、未熔合和层间夹渣等缺欠；②为防止熔化金属下坠，填充层与盖面层的焊接一般采用多层多道堆焊方法完成，但稍不注意，就能造成焊缝外观不整齐、沟棱明显，影响焊缝的美观。

横焊试板钝边的打磨量为0.5～1.0mm，组对间隙始焊端为3mm、终焊端为3.5mm，反变形预留量为5mm。焊缝共由4层11道焊道组成。即第1层为打底焊（1条焊道），第2、3层为填充层共5条焊道（第2层为2条焊道，第3层为3条焊道），盖面层由

5 道焊道组成。变形预留量及焊层堆焊排列分别如图 3-30 和图 3-31 所示。

图 3-30　变形预留量

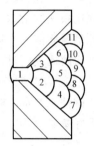

图 3-31　焊层堆焊排列

1）焊接工艺参数见表 3-11。

表 3-11　焊接工艺参数

焊接层次	名称	电源极性	焊接方法	焊条直径/mm	焊接电流/A	焊条角度/(°)	运条方式
1	打底层	直流反接	连弧焊	3.2	110~115	75~80	画小椭圆圈运条法
2	填充层	直流反接	连弧焊	3.2	110~120	80~85	直线运条法
3	填充层	直流反接	连弧焊	4	150~160	80~85	直线运条法
4	盖面层	直流反接	连弧焊	4	150~160	80~85	画椭圆圈运条法

2）第 1 层打底焊时，用划擦法将电弧在起焊端焊缝上引燃，电弧稳定燃烧后，将焊条对准坡口根部加热，压低电弧将熔敷金属送至坡口根部，将坡口钝边击穿，使定位焊端部与母材熔合成熔池座，形成第 1 个熔池和熔孔。打底焊时的焊条角度如图 3-32 所示，打底焊时焊条的运条方式如图 3-33 所示。

运条时从上坡口斜拉至下坡口的边缘，熔池为椭圆形，即形成的熔孔也应是坡口下缘比坡口上缘稍浅些。同时，电弧在上坡口的停留时间应比下坡口的停留时间要稍长些。椭圆形运条的好处是能

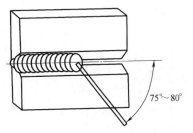

图 3-32　打底焊时的焊条角度

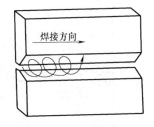

图 3-33　打底焊时焊条的运条方式

保证坡口上、下两侧与填充金属熔合良好，能有效地防止金属液下坠和冷接。施焊时，压低电弧，不做"挑弧"动作，透过护目玻璃只要清楚地看见电弧吹力使金属液和熔渣透过熔孔流向试板的背面，并始终控制熔孔的形状及大小一致，并听到电弧击穿根部的"噗噗"声，就连续焊接，直至打底焊完。

　　每次换焊条时，应提前做好准备，熄弧收尾前必须向熔池的背面补送 2~3 滴金属液，然后再把电弧向后方斜拉，收弧点应在坡口的下侧，以防产生缩孔，更换焊条的动作要快，应熟练地用电弧将焊接处切割成缓坡状，并立即接头焊接，保证根部焊透，避免气孔、凹坑、接头脱节等缺欠。

　　3）第 2 层的第 2、3 道焊缝与第 3 层的第 4、5、6 道焊缝为填充层焊接，均为一层层叠加堆焊而成。第 2 层与第 3 层各道焊缝的焊条角度如图 3-34 和图 3-35 所示。

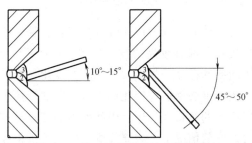

图 3-34　第 2 层各道焊缝的焊条角度

　　填充层每道焊缝均采取横拉直线运条法施焊，由下往上排列，每道焊缝应压住前一道焊缝的 1/3。按次排列往上叠加堆焊。施焊

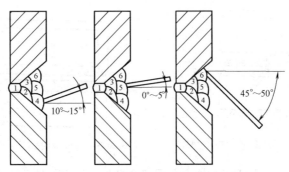

图 3-35 第 3 层各道焊缝的焊条角度

中应将每道焊缝焊直，避免出现相互叠加堆焊不当所形成的焊道间的棱沟过深，各层之间接头要相互错开，并认真清渣。第 3 层填充层焊完后，焊缝金属应低于母材 1~1.5mm，并保证尽量不破坏坡口两侧的基准面。

4）盖面焊时要确保坡口两侧熔合良好，过渡圆滑，焊缝在坡口上、下边沿两侧各压住母材 2mm。盖面焊的第 1 道焊缝（第 7 道焊缝）十分重要。一定要焊平直，这样才能一层层叠加堆焊整齐，每道焊缝焊完要清渣，焊条以划小椭圆圈运条为宜，这种运条法能避免焊道与焊道之间出现棱沟过深，并使成形美观、纹波清晰好看，防止产生焊瘤、夹渣、咬边等缺欠。

3.3.4 水平固定管单面焊双面成形连弧焊

水平固定管的单面焊双面成形焊接特点：①管件的焊接，对内在和外观的焊接质量都有较高的技术要求，对施焊人员要求也高；②由于管接头曲率的存在，焊接位置也不断变化，焊工的站立位置与焊条的运条角度也必须适应变化的要求；③在焊接较小管径的情况下，焊接所产生的热量上升快，焊接熔池温度不易控制，在焊接电流不能随时调整的情况下，主要靠焊工摆动焊条来控制热量，因此，焊工应具有较高的操作技术水平。

管件组对后的坡口形式为 V 形坡口 65°，钝边尺寸为 0.5~1mm，仰焊部位与平焊部位的组对间隙分别为 2.5mm 与 3.2mm

（见图 3-36），管试件的定位焊为 2 点，均选在对称的爬坡位置
（严禁选在 12 点与 6 点处）。

选用 E5015（E5016）电焊条，直流反接进行 3 层单道连弧焊
接，各层的焊道与焊接工艺参数如图 3-37 及表 3-12 所示。

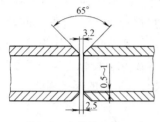

图 3-36 试件的组对尺寸

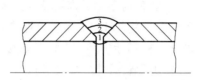

图 3-37 水平固定管各层的焊道

表 3-12 水平固定管的焊接工艺参数

焊接层次	名称	电源极性	焊接方法	焊条直径/mm	焊接电流/A	焊条角度/(°)	运条方式
1	打底层	直流反接	连弧焊	2.5	65~75	见图 3-39	锯齿形或月牙形
2	填充层	直流反接	连弧焊	2.5	70~75	见图 3-39	"8"字形
3	盖面层	直流反接	连弧焊	3.2	115~120	见图 3-39	"8"字形

1）水平固定管的打底层、填充层、盖面层焊接均分为两个半
圈进行，焊接顺序如图 3-38 所示。

打底焊时从超过管的"6 点"10~15mm 起弧，电弧稳定燃烧
后，待熔化的金属液将坡口根部两侧连接上以后，应立即压低电弧，使电弧 2/3 以上作用于管口内，同时沿两侧坡口钝边处做锯齿形或月牙形小幅度摆动，在控制熔孔大小一致（电弧熔化每侧坡口钝边1.5mm 左右），并听到电弧击穿坡口钝边的"噗噗"声后连弧向上焊接，电弧每运动到坡

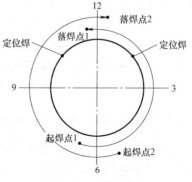

图 3-38 焊接顺序

口一侧要有稍作停顿的稳弧动作。焊第 1 根焊条，需要注意的是，如果电弧向管内送进深度不够时，将产生焊缝背面的内凹缺欠，锯齿形或月牙形向上运条的幅度不宜过大，否则将会在焊缝背面产生未熔合及咬边等缺欠。当打底焊施焊超过 9 点（3 点）到 10 点半（1 点半）位置时，电弧的深度（穿过坡口间隙）应为 1/2，而 10 点半（1 点半）到 12 点位置时电弧的穿透深度（穿过坡口间隙）应为 1/3，同时要加大焊接速度，否则将易产生烧穿，使焊缝背面产生焊瘤。施焊时，焊条应随管子的曲率变化而变化，焊条角度变化如图 3-39 所示，另一半圈的焊接方式与上半圈的焊接相同。

2）由于管试件的焊接特点是升温快、散热慢，所以要保持熔池温度均衡，主要是通过调整运条方法和焊接速度来控制。采用"8"字形向上摆动运条，焊条倾角变化与打底焊相同。焊条运动到坡口两侧时要有稳弧（电弧稍作停顿）动作，并有往下挤压的动作，以将坡口两侧夹角中的杂质熔化，随熔渣一起浮起，避免夹渣缺

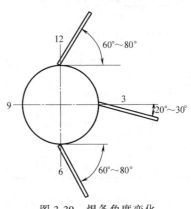

图 3-39　焊条角度变化

欠。为给盖面焊层焊接打下良好的基础，填充层应平整、高低一致，比管平面要低 1.5mm 左右，并保持两侧坡口边沿的完好无损。

3）盖面焊时运条方式仍采用"8"字运条法，电弧尽量压低，摆动动作要适中。焊条倾角与焊接打底层、填充层时相同，"8"字往上运条的幅度不宜太大，电弧在管的坡口两侧各 2mm 处稍作停留，避免产生咬边及焊肉下坠等缺欠。

3.3.5　垂直固定管单面焊双面成形连弧焊

垂直固定管的焊接，即管子横焊。管件处于垂直或接近垂直的位置，而焊缝则处于水平位置，其焊接特点为：①焊缝处于水平位置，下坡口能托住熔化后的金属液，填充层与盖面层焊接时均为叠

加堆焊，熔池温度比水平管焊接易控制；②金属液因自重而下淌，打底层焊接时比立焊困难；③填充层和盖面层的堆焊焊接易产生层间夹渣与未熔合等缺欠；④由于管子曲率的变化，盖面焊时如果操作不当易造成表面焊缝排列不整齐，影响焊缝外表美观。

垂直管的组对钝边厚度不大于0.5mm，根部间隙为3mm。按管径周长的1/3定位焊处（一处为引弧焊接点），定位焊长不大于10mm，高不大于3mm，定位焊两端加工成陡坡状。

管子垂直固定单面焊双面成形的焊接分3层6道，焊缝连弧焊接完成（即打底焊1层1道，填充层焊接1层2道，盖面层焊接1层3道焊缝），各层焊道的排列顺序与焊接工艺参数如图3-40及表3-13所示。

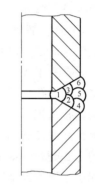

图 3-40　垂直固定管各层焊道的排列顺序

表3-13　焊接工艺参数

焊接层次	名称	电源极性	焊接方法	焊条直径/mm	焊接电流/A	运条方式
1	打底层	直流反接	连弧焊	2.5	75~80	小椭圆圈运条
2	填充层	直流反接	连弧焊	3.2	115~125	直线运条
3	盖面层	直流反接	连弧焊	3.2	115~125	小椭圆圈运条

垂直固定管的焊接，基本同试板横焊相似。不同的是管子的横焊是弧线形，而不是直线形。焊接过程中如果焊条倾角不随管子的曲率弧线变化就容易出现焊肉下坠，焊缝成形不好，影响美观，或出现局部"冷接"、未熔合、夹渣等焊接缺欠，影响焊接质量。

1）打底层焊接时的焊条右倾角（焊接方向）为70°~75°，下倾角为50°~60°。电弧引燃后，焊条首先要对准坡口上方根部，压低电弧，做1~2s的稳弧动作，并击穿坡口根部，形成一个熔池和熔孔。然后做斜圆圈运条上下小幅度摆动，焊条送进深度的1/2电弧在管内燃烧，并形成上小下大的椭圆形熔孔。施焊中，电弧击穿管坡口根部钝边的顺序是先坡口上缘，再坡口下缘，在上缘的停顿时间应比在下缘时要稍长些，焊接速度要均匀，尽量不要挑弧焊接，焊条的运条方式如图 3-41 所示，这样的运条方式避免了管试件背面焊缝产生焊瘤和坡口上侧产生咬边等缺欠。

换焊条收弧前，应在熔池后再补加 2~3 滴金属液，将电弧带到坡口上侧，向后方提起收弧。这种收弧方式有利于接头，并不宜使背面焊缝产生缩孔、凹坑、接头脱节等缺欠。接头时，在弧坑后 15mm 处引弧，并做椭圆形运条，当运至

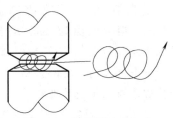

图 3-41　焊条的运条方式

熔池的 1/2 处时，将电弧向管内压，听到"噗噗"声，透过护目玻璃能清楚地看到金属液与熔渣流向坡口间隙的背后，再恢复正常焊接。施焊中特别要强调两个问题：①焊条的倾角应随管子的曲率弧度变化而变化；②打底焊时一定要控制熔池温度，并始终保持熔孔的形状大小一致。只有这样才能焊出理想的、质量好的打底焊缝。

2）填充层的焊接采取 2 道焊缝叠加堆焊而成。即由下至上的排列焊缝，焊缝的排列顺序是后一道焊缝压前一道焊缝的 1/2。运条方法为直线运条，焊接速度要适中，电弧要低，焊道要窄，施焊中要随管的曲率弧度改变焊条角度，防止"混渣"及熔渣越过焊条，合适的焊条角度如图 3-42 和图 3-43 所示。

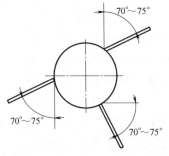

图 3-42　填充层焊条右倾角角度

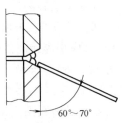

图 3-43　填充层焊条下倾角角度

填充层的高度应比管平面低 1.5~2mm,并将上下坡口轮廓边沿线保持完好。

3) 盖面层的焊接方法与填充层基本相同,就是运条方式有所不同,运条时应压低电弧,焊条做斜椭圆形摆动,道与道焊缝相互搭接 1/2,每道焊缝焊完要清渣,这样做焊出的表面焊缝成形美观,圆滑过渡,无咬边缺欠。

第4章

水平管道的焊接

4.1　操作要点

4.1.1　定位焊

用直径为2.5mm的焊条，焊接电流为90~100A，进行定位焊，焊点的长度为5~10mm，焊点数依管径大小等而定。施工时，定位焊点一定要避开仰焊等操作难度大的部位，正确的定位焊的位置如图4-1所示。

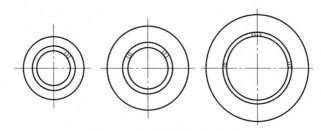

图4-1　正确的定位焊的位置

4.1.2　引弧及起焊

在引弧处引燃电弧，立即移向起焊处下方长弧预热2~3s，压低电弧按预定工艺参数连弧施焊，直到金属液与熔渣分离立即灭弧，待温度稍降，引弧转入正常施焊（见图4-2）。

4.1.3　焊接

1）焊条摆动不宜超出坡口边缘、并在两侧稍加停顿（见图4-3）。

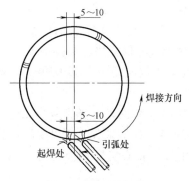

图 4-2　引弧及起焊

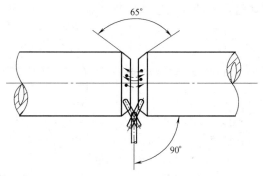

图 4-3　焊条摆动范围

2）运条采用小锯齿形灭弧法，根据熔池温度、形状、两侧熔合情况等合理选择接弧位置、接弧时机及时间三者的关系，按一定的节奏，即引弧→焊接→灭弧→引弧……，做到"稳、准、活"。"稳"就是灭弧后焊条在空中要稍稳定一下，且回焊引弧和焊接过程要稳；"准"就是按所选定的接弧位置准确地引弧，摆动的宽度和焊接的时间把握得要准；"活"就是靠手腕的力量来摆动焊钳和焊条，灵活自如，灭弧利落干净。

3）接弧位置一般应使焊条头与前一熔池重叠 2/3 或完全重叠；接弧时机选择在一熔池金属液冷却到黄豆粒大小的"亮点"时，恰好引燃电弧为宜，焊接时间根据熔池温度、形状等灵活把握。

4）当焊条要烧尽、需要灭弧时，必须用灭弧焊在熔池的边缘点 2~3 滴金属液，以防气孔和冷缩孔的产生。

5）接头时，换焊条尽量要快，在接头弧坑的上方约 10mm 处引弧后立即移向接头弧坑的上方长弧预热 2~3s，然后转入正常焊接。

6）仰焊位操作时，无论是开始起头还是接头，由于温度较低，很容易产生夹渣或焊瘤等缺欠。所以要尽可能地保持电弧连续施焊，待温度提升后，根据实际调整运条，转入正常焊接（见图 4-4）。

7）仰立焊位操作时，易产生焊道凸缺欠，所以焊条左右摆动要到位，以防过渡不圆滑或过高变凸（见图 4-5）。

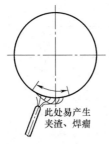

图 4-4　仰焊位操作

图 4-5　仰立焊位操作

8）焊到爬坡及平焊位时，温度已较高，焊接人员会无意识地加快焊接频率，因此，管外部易产生焊缝较低或凹陷、内部易下塌或产生焊瘤。操作中要采用连灭弧结合的方式，耐心地焊过中心线，收弧时用灭弧法再给弧坑 1~2 滴金属液，防止出现弧坑缺欠，焊条角度变化如图 4-6 所示。

4.1.4　焊缝接头

后半部的操作与前半部相似，但要完成两处焊道接头。其中，仰焊接头比平焊接头难度更大，也是整个水平固定管焊接

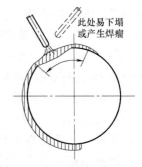

图 4-6　焊条角度变化

的关键。为便于接头，前半部焊接时，仰焊起头处和平焊收尾处都应超过管子垂直中心线 5~15mm。在仰焊接头时，要把起头处焊缝用角向磨光机磨掉 10mm 左右，形成缓坡，焊接时先用长弧烤热接头部位，运条至接头中心时立即拉平焊条，压住熔化金属，切忌灭弧，并将焊条向上顶一下，以击穿未熔化的根部，使接头完全熔合。当焊条至斜立焊位置时，要采用顶弧焊，即将焊条前倾，并稍做横向摆动，如图 4-7 所示。当距接头 3~5mm 即将封闭时，绝不可灭弧，此时应把焊条向里压一下，可听到电弧击穿根部的"噗噗"声，焊条

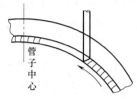

图 4-7 平焊接头处顶弧焊

在接头处来回摆动，使接头充分熔合，然后填满弧坑，把电弧引到焊缝的一侧熄弧。

4.2 水平固定管道的封底焊接

焊接示例：管道直径为 219mm，壁厚为 8~10mm，两管组对的夹角为 65°，坡口钝边的厚度为 1mm，坡口组对间隙为 3.5~4.5mm，管道组对如图 4-8 所示。管道定位焊点为管道的左右两侧及管道平焊部位的最高点，定位焊缝长度为 30~40mm，定位焊完成后将两侧打磨成斜坡状。

选焊条 E4303，直径为 3.2mm，焊接电流为 90~100A。

4.2.1 运条方法与移动电弧的深度

1）在管道仰焊部位中心线的一侧 40~50mm 处的 A 点（见图 4-8）将电弧引燃，压低后稍稍后带，使电弧穿过坡口间隙，并贴向坡口一侧的钝边处，然后做一个微

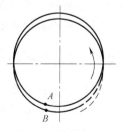

图 4-8 管道组对

小的稳弧停留动作，将少量的熔滴过渡到坡口的钝边处，并迅速划擦带出使其熄灭。

2）电弧带出后，焊条与焊缝之间保持 50～100mm 的距离，并借助灭弧处的亮度，将电弧端对准 A 点对侧的 B 点（见图 4-8）。

3）当亮红色的灭弧熔滴在瞬间冷却并缩成一点后，再将焊条在 B 点引弧，并使 2/3 电弧穿过坡口间隙，1/3 电弧贴于钝边处，然后稍稍回带至 A 点熔滴处相熔，形成基点熔池。这时可将电弧带出并使其熄灭，在灭弧熔池的亮色中，再将焊条端部对准另一侧 A 点。

4）当 B 点的亮红面熔池缩成一点暗红时，在 A 点引弧，使 2/3 电弧穿过坡口间隙，使过渡的熔滴上推，将其凸于管道内径平面，并迅速灭弧。在灭弧的亮色中对准 B 点，依次循环使熔池延伸。

5）图 4-9 所示为立焊段的运条方法，立焊段如果坡口间隙适当，电弧落入时应将 2/3 的电弧置于坡口的间隙，1/3 电弧贴在钝边处稳弧。但焊条端落入钝边处的位置应在仔细观察熔池外凸的基础上，适当地从坡口的钝边处外移 2～3mm。在爬坡段焊接时，当电弧落入坡口的钝边处，应使 1/3 电弧穿过坡口间隙，2/3 电弧贴于坡口的钝边处，并采用 65°～70°顶弧焊接的角度，使熔滴形成过渡熔滴。电弧贴在坡口一侧（如 A 侧）稍移动电弧，使少量熔化金属过渡后，应迅速推向熔池方向，并使其熄灭。灭弧后，再将焊条端对准坡口的另一侧，当灭弧处的熔滴缩成一点暗红后，开始引弧，在循环移动电弧时，应使焊条的下端吹扫线贴向坡口的钝边熔合线，如果焊条的底侧吹扫端在钝边的熔合线上移过多或下移过多，会使平焊爬坡处的熔池缓慢流动，出现过凸或过凹的成形。

4.2.2　焊接电流大小的调节

确定管道焊接电流的大小时，应根据熔池外扩、熔池反渣、熔池下塌的情况来调节。

在仰焊部位，电弧进入熔池中心后，稍作委弧（焊条停留在某处连续做圆圈形运动但不向前移动，全书

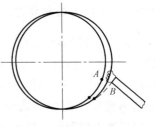

图 4-9　立焊段的运条方法

同）停留，熔池迅速下塌，落弧位置下沉点成豁状缺口，说明电弧推力偏大，引弧的焊接电流过大，灭弧的时间较短和委弧时间过长。此时应迅速减小焊接电流、降低电弧推力，适当延长灭弧时间，缩短委弧的停留时间。落弧位置也应放到坡口的两侧边部，避免委弧位置停留在大坡口间隙的中心处。

如果焊接电流过小，电弧落入续弧处的位置时，熔渣与金属液相聚于一点，熔池没有熔化力和外扩力。此时应适当增大焊接电流，缩短灭弧时间，延长电弧在熔池中心委弧停留的时间。

4.2.3　电弧委动的方法与熔池成形

焊接管道的第1层，应根据管道第1层缓慢流动成形的状态，适当形成一定的厚度。

在仰焊部位当电弧推过坡口间隙且管道的内径成形后，熔池自坠厚度为 3~4mm，说明成形合适，但此种成形易出现两种弊端：

1）熔池自坠成形后，两侧的沟状成形过深，熔化金属与坡口两侧熔化不充分。

2）熔池中心堆敷量过多，坠瘤增加。为了避免这种现象的发生，应在电弧委动（焊条停留在某处连续做圆圈形运动但不向前移动）停留于坡口的一侧（如 B 侧）钝边处时（见图 4-10），向 A、B 坡口中心稍作委弧停留后迅速做带弧动作至坡口 A 侧边部熔池的下方，并使其熄灭。这种带弧方法可避免熔池一侧沟状成形过深，也可避免电弧带向坡口两侧中心瞬间灭弧形成缩孔、熔池厚度成形不良等缺欠，但动作一定要迅速，一次熔滴过渡量较少为好。

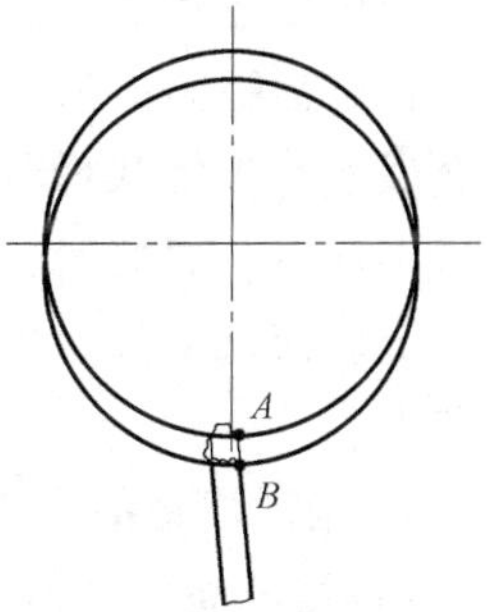

4.2.4　中心熔池过厚和坠瘤的产生原因及防止措施

（1）产生原因　中心熔池过厚，是电弧向中心间隙移动时，熔滴的过渡量较大，而使较厚的熔池下沉。坠瘤是在熔滴过渡时，电弧向坡口的间隙处摆动的幅度过大，

图 4-10　灭弧方法

或委弧停留的时间过长，从而使大块未凝结的熔滴产生局部下塌。

（2）防止措施　电弧做熔池中心熔化性的吹扫时，不应使电弧端与被吹扫面贴得过远，或一次使过多的熔滴过渡，而应在电弧落入时做一个点弧的动作，并迅速使电弧左带或者右带，再将电弧在坡口两侧边部带出使其熄灭。电弧的熔滴过渡点宜选择在坡口的钝边处与熔池的熔化线上，并使其过渡的位置能形成向坡口间隙中心的外扩，使管道内径流动缓慢的金属平整光滑。

4.2.5　焊条角度的变化对熔池成形的控制

在熔滴过渡时，管道仰焊部位应稍作顶弧焊接，焊条与焊接方向所成角度为 70°~80°，能使熔渣与金属液产生分离，促使熔渣浮动迅速，熔池清晰。在立焊爬坡时，焊条与熔池成形方向所成的角度为 70°~80°，以便于电弧对熔池堆敷成形的控制。在爬坡的平焊段，应使焊条与焊接方向所成的角度为 50°~70°。管道截面各位置的焊条角度如图 4-11 所示。

4.2.6　熔池成形的观察与控制

管道的第一层焊接成形，应在电弧落入熔池的瞬间使金属液同熔渣产生分离。如果熔渣含在熔池之中不能分离出来，那么可在电弧推向熔池后稍稍下压，再成弧形转动上提，使熔渣产生浮动，动作要迅速快捷。

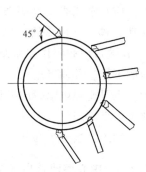

图 4-11　管道截面各位置的焊条角度

在熔池瞬间成形瞬间，要将闪亮光的金属液与极细状褐色泡沫状浮动的熔渣区别开来。焊接时，光亮且波纹细小的是金属液流动的状态，也是熔池成形的状态。

1. 熔池成形的特点

1）熔池亮度区域较大、较亮，熔池可能会呈现下塌状，熔池成形厚度两侧较薄、中心部位较厚。

2）仰焊部位熔池中心的熔渣与金属液相混合并急速大块下沉为坠瘤，熔池突出端易产生气孔。

3）立焊爬坡段与平焊爬坡段过渡时堆敷成形缓慢，成形宽度过大，说明熔池温度过高。

4）爬坡段及爬坡平焊段熔滴难以形成过渡，说明焊接电流过大，落弧方法不正确。

2. 控制方法

1）发现熔池亮度区域过大时，应将电弧熄灭，并适当延长灭弧的时间，下调引弧电流的大小，缩短一次移动电弧后委弧停留的时间。

2）如果仰焊部位熔池瞬间下沉，应将电弧迅速熄灭，再将电弧与下沉点成平行状吹扫下沉突出点。当熔池温度瞬间降低而冷却后，再将电弧推向坡口间隙两侧的熔池最高点，稍作委弧停留，将少量熔滴落入熔池后再迅速移走并使电弧熄灭。

3）立焊爬坡段与平焊爬坡段过渡时在坡口间隙较大、熔池温度较高时，宜采用坡口两侧 A、B 两点断续移动电弧法，即电弧落入 A 点后稍作停留，等少量熔滴落入熔池后，迅速熄灭电弧。当坡口间隙较小时，宜采用中心移动电弧的方法，即电弧穿过坡口中心间隙后，迅速推向一侧 A 点，稍作停留，再次横向运条至 B 点，并使电弧迅速熄灭。电弧落入 A、B 两点时，应根据熔池液流坡口间隙的状态，适当留出坡口钝边 $2 \sim 3mm$，使坡口两侧具有一定的温度承受能力。平焊爬坡段引弧、委弧、带弧的时间，应快于立焊及立焊爬坡段，并根据熔池反渣的状态，不断变化焊条角度。

4）爬坡及平焊段的成形，应掌握正确的焊条角度及引弧方法。如电弧落入 A、B 两点熔池的中心间隙，再将电弧推向坡口一侧的钝边处，易使坡口钝边在较高电弧温度的吹扫下形成较大的豁状缺口，并伴有延伸点熔池下塌的趋势。

5）落弧时，应先将电弧贴入坡口的一侧边部，再沿钝边处向坡口的间隙推进，使 1/3 或 2/3 的电弧委弧于坡口的边缘。然后稍加推进，使填充金属过渡，再将电弧熄灭，使金属成形下沉后平于或稍凸于管道的内径平面。

6）坡口两侧循环引弧时，也可利用灭弧时间的长短有节奏地控制熔池的温度。

4.3 水平固定管道的填充焊接

焊接示例：焊接坡口宽度为 10～12mm，仰立焊段焊接坡口深度为 4mm，平焊及平焊爬坡段焊槽深度为 5～6mm，仰立焊段可采用一次填充焊接，平焊及平焊爬坡段可采用第 2 层填充焊接，选 $\phi3.2$mm 焊条，焊接电流的调节范围为 100～115A。

4.3.1 横向带弧挑弧法

填充表层焊接时熔池外扩迅速，电弧引燃后，应看清前沿熔池与底层焊缝表层的熔合痕迹，对表面成形较深点应采用短弧推进，再对其吹扫，使熔合点咬合痕迹明显。

电弧在坡口两侧委弧的时间，以熔池液流的状态同坡口两侧外边线的比较而适当延长或者缩短。一般以熔池外扩液流的边缘凹于母材平面 1mm 左右为标准。

横向带弧挑弧法是以带弧加挑弧的两种运条方式控制熔池温度的变化和厚度的成形。操作时在电弧一侧（如 A 侧）委弧后，使熔池外扩并凹于坡口边线 1～1.5mm，再横向运条至另一侧（如 B 侧），按同样的方法委弧，使熔池外扩并凹于坡口边线 1～1.5mm后，不做横向运条，而将电弧上移抬起。如果在抬起时，熔池的温度过高，也可在抬起后将电弧熄灭。

在电弧抬起后，落弧位置宜选在熔池的上方熔化线与坡口边线的交叉点，以便在熔池温度较高时，能使电弧快速回落。委弧及带弧时，应观察熔池外扩的状态，保证坡口两侧边部平整熔合。

电弧横向带弧速度的大小以熔池外扩表面平于或稍凹于两侧边线为标准，爬坡平焊段也可采用连续带弧焊接。

4.3.2 横向带弧断弧法

仰焊与平焊的过渡爬坡段焊接时，如果熔池中心温度过高，堆状成形过厚，也可采用横向带弧断弧法，如图 4-12 所示。

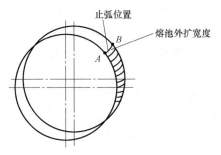

图 4-12　横向带弧断弧法

1）操作时，先使电弧在一侧（如 A 侧）委弧停留片刻，使熔池外扩熔于或凹于坡口边线后，再做一个向焊缝中心推进的动作，使电弧稍作横向推进，形成熔池外扩焊接坡口的中心，并迅速将电弧抬起。

2）电弧抬起后，在 A 侧熔池温度较高时，迅速将电弧移到坡口的另一侧 B 侧，稍作委弧停留，使熔池外扩并接近于坡口边部。

3）再做一个向焊接坡口中心推进的动作，使电弧稍作横向推进，并同 A 侧的外扩熔池相熔，最后迅速抬起电弧。

4）电弧抬起后不作停留，迅速将电弧回落于 A 侧，依次循环。

4.3.3　挑弧法或断弧法的注意事项

1. 电弧长度的控制

管道焊接应控制电弧长度的变化，即短弧落入后带向委弧停留点，压住电弧委弧片刻形成过渡金属后，再迅速以短弧上提，移走电弧。

落弧时，落弧点应是再次委弧点上方 3～5mm 处。落弧后以短弧带向委弧点委弧片刻，电弧移动时，长度保持不变，使金属过渡在短弧、稳弧的吹扫下形成。如果电弧时高时低不能控制，应停止焊接，并打磨掉不稳定成形焊瘤。再次引弧时应找准引弧位置，调整焊接姿势，也可用手臂等进行支撑，使身体各部位重心稳定。

2. 填充焊接熔池成形的观察与熔渣的浮出

第 2 层填充焊应以第 1 层底层焊缝的厚度为依据，控制和改变填充层熔池厚度的成形。当管道爬坡平焊段第 1 层焊接熔池成形较薄时，第 2 层焊接如果采用连弧焊，易造成熔池温度增高而使熔池下塌的现象。

焊接时也可采用锯齿形横向快速带弧方法。操作时适当加大电弧一次上提距离，如图 4-13 所示。适当延长电弧在熔池两侧委弧停留的时间，收弧时应错开各层次收弧的位置。

管道焊的仰焊、立焊、平焊各部位委弧停留时间，应保证熔渣在熔池中漂浮，使电弧委动点熔池呈清晰状。如果委弧时熔渣埋在熔池之中，熔池清晰面较小或没有清晰面，宜采用变换焊条的角度、适当提高焊接电流的大

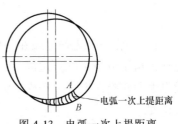

图 4-13　电弧一次上提距离

小和增加委弧停留时间等措施，使熔渣产生漂浮，再通过观察熔池面外扩形态，控制熔池向外、向里成形的状态。

封底填充焊接完成后，宜用砂轮切片对坡口两侧焊渣点和沟状成形较深点稍作打磨。

4.4　水平固定管道的盖面焊接

4.4.1　电弧在坡口两侧停留的位置

确定电弧在坡口两侧委弧停留的位置（见图 4-14）应注意以下 3 点：

（1）控制熔池外扩宽度的方法　熔池外扩宽度应根据对原始边线覆盖的多少来掌握。在焊接坡口较深、底层焊缝表面钩状成形及微量焊渣点过多时，电弧吹扫的位置应在坡口边线向里 1～2mm 处，并将电弧稍作下压的委弧，使熔池对底层焊缝有明显的咬合痕迹。如果委弧时熔池不产生向坡口两侧边部的外扩，应将焊条向外

稍作移动，使外扩熔池对两侧边线进行覆盖。焊条外移委弧时，动作应迅速快捷，外移后熔池堆敷液流点应稍凸于边线母材的平面，并且不能出现熔合时的过深线。

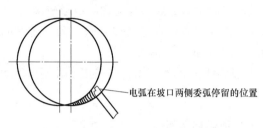

图 4-14 电弧在坡口两侧委弧停留的位置

（2）熔池厚度的控制 电弧一次委弧停留形成熔池的厚度，应根据电弧的落入点同前一层焊缝的外凸点叠落的位置来控制。如果电弧的落入距前一层焊缝的外凸点过远，落弧后，应先将电弧向里移动对底层的焊缝进行吹扫，再做向外的动作，形成一定的外凸厚度。如果一次落弧离下层焊缝最高突出点过远，电弧落入后移动距离过大，那么熔池的外扩成形就会难以掌握。

（3）一次落弧的位置 应以第 1 层焊缝的里层熔合线之上为参考，电弧落入后可对底层焊缝进行吹扫，再同坡口两侧边线高度进行比较，使电弧稍稍下压，形成凸出点熔池的深度，最后移走电弧（见图 4-15）。

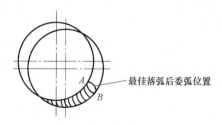

图 4-15 最佳落弧后委弧位置

4.4.2 熔池成形

盖面焊接坡口的一侧成形后，做横向带弧的动作时应注意焊缝中心熔池的变化。过凸时堆敷熔池厚度增大，过凹时熔池沟状成形过深并伴有夹渣。产生过凹或过凸的原因有：

1）盖面焊接时，焊接电流的大小没有与运条的方法相结合。

2）在焊接坡口较深时，底层焊缝沟状成形较多。

3）采用快速连弧对底层焊缝表层做吹扫后，熔池成形出现了过厚、堆状液流外凸点过大等状况。

焊接时，熔池成形有诸多变化，应采用多种不同的运条方式进行控制。

4.4.3 管道的盖面焊接示例

焊接坡口宽度为 10~12mm，表层深度为 1mm，表面纹波过深。

（1）电弧下压委弧挑弧法 电弧引燃后先落入坡口的一侧，对底层焊缝进行吹扫，使熔池与委弧点表层焊缝有明显咬合痕迹。然后做一个下压的动作，使熔池张力外扩。外扩时应注意外扩凸出点熔池的变化。如果对坡口边线咬合量过大，外扩凸出点过大，可将电弧稍稍下压，使熔池对坡口外边线稍加淹没，使外扩熔池突出点与下层焊缝突出线相吻合，然后迅速做电弧上提或横向带弧的动作使之离开。如果下压委弧点稍作委弧时，熔池外扩凸出点同坡口边线熔合量较小，熔池外凸点低于前一层焊缝的外凸线，应在委弧时适当增加停留的时间，并将电弧稍稍下移，等熔池向外扩张后，再迅速做挑起或移走电弧的动作（见图 4-16）。此种方法适合于碱性及酸性焊条的焊接。

（2）电弧下压灭弧法 电弧横向运条从 A 侧至 B 侧（见图 4-17），使熔池温度增加并外扩成形后，在 B 侧做电弧抬起的动

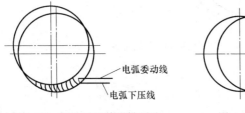

图 4-16　电弧下压委弧挑弧法

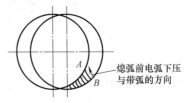

图 4-17　电弧下压灭弧法

作，并使其熄灭。当熔池由亮红色的较大面开始缩小时，再将电弧回落到原处。采用灭弧与挑弧两种方法时，落弧位置应为焊条直径的中心，并对准前一层熔池的上熔化线。落弧后，压住电弧稍稍下移，形成外扩熔池，然后做横向带弧的动作，使电弧从 B 侧移至 A 侧。

电弧落弧与灭弧抬起时，应采用短弧焊接，并在电弧对准焊缝的中心时稍作一个推进的动作，然后将电弧移走熄灭。这种方法可避免较厚熔池突然灭弧产生缩孔等缺欠。

（3）焊缝两侧点弧形成熔池法 在仰焊、爬坡焊部位一次横向带弧时，如果熔池中心液流突出点过大，应采用焊缝两侧点弧形成熔池的方法。操作方法如下：

1）基点熔池形成后，电弧在坡口的 A 侧（见图 4-17）做委弧停留的动作，熔池外扩后不做 A、B 两点间的横向带弧，而将电弧向焊缝中心稍加推进，使熔池液态流动不产生较大的外扩，熄灭电弧并抬起焊条。

2）将电弧落入 B 侧，按同样方法委弧停留，再做推进的动作，使电弧推向焊缝中心与 A 侧熔池熔合相连，然后迅速抬起焊条并使电弧熄灭。

3）电弧不做横向运条摆动，在熔池下坠速度较快时便于控制。

（4）锯齿形运条法 过管道中心线 10~20mm 处将电弧引燃，带弧至坡口的一侧 A 点（见图 4-18），稍作停留，使熔池外扩凸出并覆盖坡口边线 1~1.5mm，再做横向带弧至 B 点。按同样的方法委弧停留，再使电弧呈 0°~5°斜坡形上提，电弧从 A 点移至 B 点的过程中，熔池中心的带弧过渡应压低并呈反月形，并快速带弧到 B 点，避免熔滴过渡过快使中心熔池堆敷成形过厚。

电弧在两侧停留时，应避免吹向熔池的角度过小，否则电弧与熔池的距离过近会使熔池表面出现较深坑状吹扫点。此种方法适合于酸性及碱性焊条的焊接。

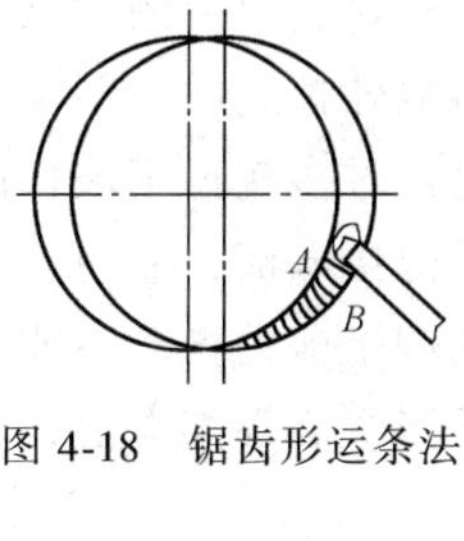

图 4-18 锯齿形运条法

管道一侧焊接完成后，另一侧焊接引弧位置应为先一侧焊缝仰焊部位前方10mm处。电弧引燃后，压低带向焊缝最高突出位置（见图 4-19），做快速连续委弧动作，并将焊条向前移动至封底层焊缝的表面，进行正常焊接。

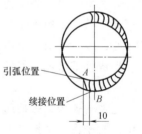

图 4-19 引弧与续接位置

管道顶部收弧时，电弧与一侧表层金属相接后，应将电弧继续快速前移，用较薄熔池对相接处收弧点覆盖（长度为 10～15mm），然后电弧稍稍回带，使其熄灭。

4.4.4 封面表层焊接应注意和掌握的要点

焊接示例：焊接坡口表面宽度为 10mm，选择 $\phi3.2$mm 焊条，焊接电流的调节范围为 95～105A。

操作示例：封面焊接，始焊点应超过管道直径中心线 20～30mm（见图 4-20），长弧进入始焊点再压低电弧由薄至厚，形成始焊点熔池厚度，管道封面焊接应注意和掌握以下 3 点。

1. 封面焊接电弧上移掐线与熔池厚度的掌握

电弧引燃，采用焊条与始焊端成角80°，电弧从仰焊部位一侧 A 点委弧形成熔池后，迅速做横向带弧至另一侧，在 B 点稍作委弧，再快速将电弧带回 A 点，依次循环。电弧在坡口两侧边线委弧的位置，应以委弧时电弧外侧委弧吹扫线能对封底焊道的沟状表层进行吹扫为准。

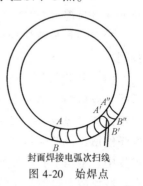

封面焊接电弧次扫线
图 4-20 始焊点

熔池外扩成形如图 4-21 所示，电弧至一侧后稍作委动，熔池外扩，迅速过多淹没于坡口两侧边线，熔池外扩成形难以控制，应适当降低焊接电流，缩短坡口两侧委弧的时间。如稍作委弧，电弧对坡口两侧熔池的推动不能形成熔池的外扩，并对坡口两侧进行淹没，应适当提高焊接电流。电弧形成熔池在坡口两侧的停顿点，应以电弧稍加委动后的熔池外扩，对坡口两侧边线稍加淹没 1～2mm，并以 1～2mm 的委弧形成点为电弧纵向上移运条点和电弧横向运条止弧点。电弧一侧委弧形成熔池的厚度，应以熔池外扩流动的最高点同基点熔池的高度在比较中进行控制和掌握。当封底表面成形较平坦时，封面焊要保证熔池金属流动时最高点的厚度为 3mm，采用反月牙形横向上提动作，加大上提时图 4-20 中的 B 与 B' 点、A 与 A' 点之间的距离，并根据熔池温度的变化适当加快横向运条的速度，延长或缩短坡口两侧停留的时间。

所做的横向上提动作为反月牙形横向带弧方法，它以上移抬提时距离的加大或缩小对熔池厚度和金属熔池自坠成形进行控制。此种动作，如果熔池中心滑动过凸，则应使中心月牙形上提弧度加大，使熔池中心液态成形平缓，可以做锯齿形横向运条摆动。

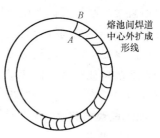

图 4-21 熔池外扩成形

做反月牙形横向运条时，可以将电弧外推至 B 点使齿距加大，也可以在电弧回带时稍作上提，使 A 与 A' 点之间的齿距加大。

在焊接电流较大时，也可改变运条方法。例如采用熄弧上提法做熄弧上提时，应注意电弧回落的位置，回落位置与下层熔池成形线距离过大，两层熔池之间必然会出现沟状熔合线，落弧位置过下、重叠的熔滴过渡易使中心熔池厚度增加。

做熄弧上提抬起动作，电弧回落 A 点侧之后稍作委弧，使熔池外扩同坡口边线相熔合，熔池向焊道中心外扩为 A、B 两点之间的中心位置，宜迅速使电弧抬起熄灭再迅速落入 B 点一侧，再按同样的方法在 B 点侧稍作委弧，并使电弧稍加吹向 A、B 中间的熔池熔合点（见图 4-22），再迅速

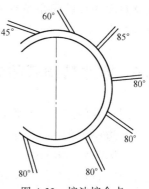

图 4-22 熔池熔合点

抬起电弧使其熄灭。管道中段堆敷成形，可采用挑弧焊接，即电弧从 A 点侧委弧后，迅速平行带弧至坡口 B 点侧，按同样的方法形成 B 点侧熔池，然后迅速抬起电弧。抬起高度以熔池温度变化而适当地加大或者缩小，平焊爬坡段焊接，也可采用两侧抬起与回落的方法，但落弧时应使熔池流动成形均匀、高度一致。

2. 封面焊接熔池的熔解

封面焊接，应根据封底表层的平度适当掌握电弧对里层焊肉熔解的深度。焊接坡口两侧沟状成形过深，而采用较高熔池温度，因管道直径较小、表面宽度成形较窄，熔池外扩成形难以控制，熔解温度过小，熔池同被焊表层金属没有咬合痕迹，坡口两侧熔解线局部熔渣难以上浮。熔池形成后，必然含有点状和条状夹渣，封面焊接合适的熔池温度应以两层熔池的熔解线有明显熔合的痕迹、电弧的吹扫点没有熔渣的滞留为宜。

3. 收弧与起弧

（1）收弧　一根焊条燃尽后，应稍作委弧下压，然后向焊道里侧平行带走并使其熄灭。

（2）起弧　起弧以续接点上方 10mm 处引弧，并按封底层预热的方法形成续接。

（3）填充层及封面焊接　填充层及封面焊接的焊条角度如图 4-23 所示。

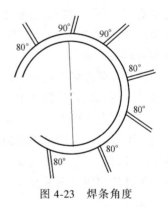

图 4-23　焊条角度

4.5　水平转动管的焊接

焊接示例与工艺参数：管道直径为 219mm，壁厚为 12~14mm，坡口钝边厚度为 1mm，两口组对后成 65°角，组对前将坡口两侧 20mm 内的油、污、锈等清理干净，两口组件间隙为 3~3.5mm，定位焊固定点 4 处。定位点的长度为 30~40mm，完成焊点应采用双面成形焊接，焊点完成后将两侧磨成坡状，如图 4-24 所示。选焊接材料，J506、E5016焊条，焊前对焊条进行350~400℃的烘干，恒温1~2h的处理。焊接时将焊条放在保温筒内随用随取。

4.5.1　第1层焊接

1. 头层焊接及运条的位置

将被焊管放到转动的托架之上，如果从左向右焊接，那么起弧点的最佳位置应选在水平转动管中心点上方右侧的10°（见图4-25）。此种焊接位

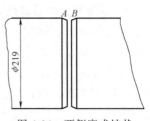

图4-24　两侧磨成坡状

置能采用顺弧推动熔池并形成屏障保护方法。

2. 顺弧推动熔池并形成屏障保护方法的应用

电弧在坡口一侧引燃后，贴坡口一侧稍作电弧委动，再迅速压低向后带出电弧。电弧熄灭后，迅速贴坡口另一侧B侧，按同样方法，作委弧停留，并同A点熔滴相连，形成厚度为2~3mm的熔池。电弧在A侧形成熔池后，再以短弧贴坡口边部做上提动作，当熔池温度稍见缓解，再按原路拉回电弧于A、B坡口两侧，稍作委动后使熔池液流延伸，再压低电弧沿坡口边部做短弧抬起。在坡口两侧循环地运弧时，电弧做横向吹扫，吹扫线应始终不离开高温熔池中心，电弧的委弧点始终不离开坡口两侧钝边处2~3mm线，使熔池缓慢流动，通过电弧委动与吹扫的液态流动而形成。因此在形成熔池时，药皮熔渣与金属液先后穿过间隙，并形成屏障保护，避免电弧直吹焊缝间隙时气孔发生倾向地增加。顺弧推动熔池的焊条角度如图4-25所示。

3. 顺弧推动熔池厚度的掌握

顺弧推动熔池厚度的形成，应通过电弧对坡口两侧的委弧吹扫，使金属液缓慢流动后再使其厚度增加。当电弧在坡口A侧边部推出熔池穿过坡口间隙，并出现0.5~1mm的坡口边部黐状熔合点时，熔池厚度为最佳。电弧稍委动后从A侧边带出，再过高温熔池至坡口的另一侧B侧，按同样方法委弧形成B侧缓慢流动

图4-25　头层焊接及运条的位置

的熔池。此种熔池形成的方式因以管道内径平面缓慢流动成形为主，熔池成形的厚度应以薄为好。

4. 顺弧推动熔池温度的掌握

电弧引燃后，操作者应根据熔池的温度观察熔池成形的范围。引弧后，熔滴过渡焊缝形成点状焊肉，药皮熔渣在电弧周围不能漂浮，熔滴金属过渡没有外扩状，此种状态为熔池温度较低，应使焊接电流适当提高。引弧后，熔池迅速形成外扩，药皮熔渣从熔池形成点迅速浮出，金属液裸面成形过大，电弧在坡口一侧委弧时，坡口边部豁状熔合点过大，并伴有熔池下塌趋势，此种状态为熔池温度较高，应迅速降低焊接电流。引弧后，委弧熔滴贴向坡口边部，稍见下沉状，坡口与熔池间稍见咬合痕迹，熔渣浮出漂浮灵活，此种状态为焊接电流强度适当。

在合适焊接电流强度的熔池成形时，熔池的温度也应根据电弧在坡口两侧委弧时间的长短来控制，坡口间隙熔池液流点温度较高，流量过大（见图 4-26），熔池与坡口两侧熔合出现较大豁点成形。电弧回带熔池中心走线，应适当离开前沿熔池边线，使前沿熔池边线延伸，不形成电弧的直接吹扫。

高温熔池中心温度的控制：以电弧推动熔池向前形成液流后，再做迅速带弧动作于坡口一侧，使熔池中心过高温度稍见缓解，然后做回带电弧动作进入熔池中心，使熔池形成液流。

5. 熔池成形时熔渣的浮出与观察

转动管平焊焊接，应在转动中掌握最佳的运条位置。如果运条速度过慢，管件转动速度过快，那么应放慢管件转动的速度。相反，如果运条速度过快，管件转动速度过慢，那么应加快管件的转动速度。

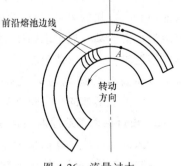

图 4-26　流量过大

熔池成形时，药皮熔渣应漂浮于电弧的周围，电弧横向带弧，对熔池中心稍作推动，药皮熔渣在熔池溢流时，会先于金属液溢过坡口间隙，在溢流后的熔渣与电弧之间能看到一节闪光金属液裸露面，一边观察闪光金属液的变化，一边形成第1遍封底熔池。如果电弧对熔渣的推动力较小，电弧推动熔渣吃力，药皮与电弧间不能看到一节闪光金属液，熔池局部堆敷成形明显增加，那么熔池形成后，坡口两侧会出现沟状含渣和局部大块含渣，以及出现熔池表面成形不平等问题。

6. 封底头层焊接的收弧、起弧与末端收尾焊接

收弧，一根焊条燃烧时，应使焊条向熔池后方稍作回带动作，再使电弧带出熄灭。

起弧，电弧熄灭后，电弧回落的续接点位置应在熄弧熔池的坡口一侧。如果回落位置为熔池与坡口间隙的边缘，那么电弧在坡口与熔池间的熔合点易出现熔合不良、含渣、气孔等。电弧落入坡口一侧后，应迅速使电弧压低，并带弧于坡口根部一侧，稍作委弧后，带弧向熔池中心，使熔池温度增加并产生液流。

滚动管口焊接收尾时，应对始焊端焊肉做坡状成形打磨。收弧位置应选在管口圆度的最高点。接近收尾时，应进行连续运条，两端相熔时宜下压电弧推过焊缝间隙，再逐步上提电弧，连续委动，丰满覆盖熔池后，再继续向前10mm后稍作电弧回带，并使其熄灭。焊接完成后要除净药皮焊渣。

4.5.2 转动管道的反向第2层填充焊接

1. 第2层填充焊接运条的位置

在焊接坡口深度为8mm时选择ϕ3.2mm焊条，焊接电流的调节范围为115~120A，电弧引燃后，宜以熔滴过渡呈爬坡状态，如果圆度中心的最高点向右偏20°~30°，那么焊接时可利用熔滴稍作下滑和熔渣顺利浮出的位置，使熔池顺利成形。

2. 熔池温度和熔池厚度的掌握

电弧引燃后，应根据焊接坡口深度及第1层焊接熔池的厚度，掌握第2层焊接熔池温度的变化。并掌握第2层焊接熔池的厚度成形，当电弧引燃，熔池范围迅速外扩，熔池呈亮红色下塌状时，焊

接电流强度适当。较厚熔池形成的范围必然过小，熔池的温度过于集中，熔池的温度超过了底层焊缝的温度承受能力，此种成形应适当延长运条点与熔池外凸点的距离（见图4-27和图4-28），使高点熔池形成后的温度在委弧电流拉开较大距离后得以缓解。熔池厚度的成形，当焊接坡口较窄、熔池成形外扩范围较小，熔池温度较低，第2层熔池对第1层焊道表层熔解能力较差时，除适当提高焊接电流外，还应放慢电弧移动的速度，集中增加高点熔池外扩的范围，提高熔池的温度。

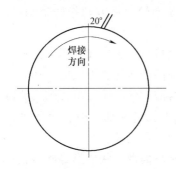

图 4-27　延长运条点与
熔池外凸点的距离 1

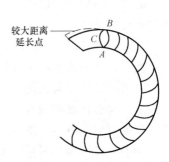

图 4-28　延长运条点与
熔池外凸点的距离 2

　　第2层熔池的厚度也应根据焊接坡口的深浅、填充焊层预计的遍数及运条时对熔池温度的控制等进行掌握。

4.5.3　填充表层焊接熔池厚度增加的方法

1. 三角形运条法

　　三角形运条法即在熔池出现较高温度后，迅速将电弧沿焊接坡口根部的一侧（如A侧）上移，上移长度可在10mm左右（至C点）。再迅速沿坡面根部的另一侧（如B侧）做电弧回带动作，形成电弧上移10mm长度的较薄熔池。电弧至A、B两侧时，可以根据坡口两侧的边线适当延长或缩短委弧的时间，使熔池外凸成形稍凹于坡口平面。再做电弧上提动作（上移10mm），使电弧离开A、B熔池的最高成形点，依次循环。

2. 上移电弧增加熔池厚度的方法

在电弧落入熔池中心增加熔池的厚度时，也可根据熔池的温度做抬起和回落的动作。抬起时，抬起线不形成过渡熔滴，抬起后回落的位置应在 A 侧或 B 侧前端的坡口表面之上，再做压低电弧、带弧和委弧的动作，形成 A、B 两侧稍凹于母材平面的熔池厚度。

以上两种方法，运条位置都宜接近于平焊爬坡部位，当位置过上时，较厚熔池易出现反渣吃力和熔池外扩面过大的现象。当位置过下时，熔池范围和起弧距离相应缩小，电弧做坡口两侧委弧动作，易使熔池温度增加，熔池外扩成形面难以控制。

3. 熔池成形的观察与控制

第 2 层填充焊接应仔细观察药皮在熔池中漂浮的位置、药皮熔渣在熔池中的浮出，以及电弧吹扫线过渡熔滴与底层焊道熔合的深度，始终看住熔渣在焊接坡口根部的浮出及浮动。当电弧对焊槽根部熔渣稍作吹动后，熔渣漂浮缓慢，电弧吹扫点模糊，应采用变化焊条的角度、增加委弧的时间、缩小运条摆动的范围、加快摆动的速度等方式来增加熔渣漂浮的速度。

第 3 层填充焊接为管道封底表层焊接，熔池的厚度应根据液流熔池对坡口两侧边线的淹没和中心熔池凸起的高度来延长或缩短电弧于坡口两侧停留的时间。并观察和控制熔渣在熔池中浮动的位置。如果熔渣全部漂浮在熔池的最高点，那么熔波滑动会出现较大弧状（见图 4-29）。此时应停止焊接，并找出此种状态出现的原因：①是否是运条位置过于靠下；②是否是焊接电流较大，运条及委弧方法不正确。

在运条位置过下时，应适当降低焊接电流、改变运条的方法、延长坡口两侧委弧停留的时间、加快中间快速带弧的速度。

焊接电流也应根据熔池的温度、熔池成形的范围及药皮浮动的状态来掌握。熔池温度较低、药皮熔渣浮动缓慢、熔池范围较小时，应适当提高焊接电流。熔池温度过高、熔池成形范围过大、熔渣全部漂浮于熔池之外时，应迅

熔波滑动过长

图 4-29　熔波滑动出现较大弧状

速降低焊接电流。

水平转动管口的填充焊接，应根据焊接坡口根部反渣的程度、熔渣在熔池中漂浮的位置及熔波滑动的状态来改变电弧委动停留的位置和运条的速度。焊接坡口根部熔渣浮出吃力时，应延长电弧委动的时间、增加焊接坡口根部熔池的温度并缩短电弧离开后回弧的时间。

第 3 层填充焊接应掌握熔池成形后注于或凸于坡口两侧边线的平度。在液流熔池向坡口两侧边线淹没时，熔池的外扩边线应根据注于母材边线的多少来控制熔池的厚度。当熔池外扩边线稍注于坡口边线 1mm 时，都应以外扩边线 1mm 的凹度来进行委弧时间的控制。

填充表层熔池中心的平度成形，在观察熔池整体滑动过快时，除适当降低焊接电流、延长坡口两侧委弧的时间外，还应使电弧沿坡口两侧做迅速抬起动作，再使电弧回落。

填充层焊接完成后，除净焊渣。

4.5.4　封面表层焊接

焊接示例：焊接坡口表面宽度为 10mm，深 0.5～1mm，选 ϕ3.2mm 焊条，焊接电流的调节范围为 110～120A，有以下 5 种操作技巧。

1. 运条位置的选择

转动管的封面焊接，宜采用正向焊接和反向焊接两种方法，正向焊接为顺时针焊接，反向焊接为逆时针焊接，正反方向焊接时，运条位置都为圆度的最高中心点向右 5°。

2. 焊接电流的调节

起焊前，应在焊道外进行试焊，调节出精确的焊接电流，调节时有 3 种情况。

1）电弧引燃后喷动有力，且响声过大，漂浮状态的熔渣迅速溢流于熔池的边缘。电弧与熔渣之间形成较大的金属液裸露面，熔池中心金属液呈滑动状。这种情况为焊接电流过大。

2）电弧引燃后，熔渣在熔池中漂浮灵活，熔渣漂浮位置与电弧间有一节闪光金属液的裸露线，中心熔池金属液没有滑动感，这种情况为焊接电流适当。

3）电弧引燃后，熔渣在熔池中没有漂浮状态的浮动，电弧对熔渣没有推动力，熔渣贴浮于电弧的边缘，电弧与熔渣间没有一条闪光金属液的裸露线（见图4-30），这种情况为焊接电流过小。

3. 正向焊接熔池形成的三点观察法

（1）电弧走向的观察　在形成熔池时，一部分注意力应放在焊道的前方，即坡口两侧的边线之上，如果在弧光喷动时，熔池前端的坡口延伸线模糊，那么操作者应适当调整对熔池俯视的位置（见图4-31）。

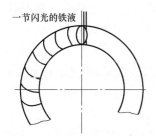

一节闪光的铁液

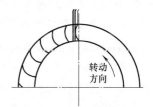

转动方向

图4-30　闪光金属液的裸露线　　　　图4-31　对熔池俯视的位置

（2）熔池外扩形成线的观察　电弧引燃后，应关注熔池向两侧坡口边线覆盖的多少，即金属液张力的外扩边沿有没有压到坡口两侧的边线，并且在熔池外扩后通过对坡口两侧的观察，能准确地掌握电弧横向摆弧的宽度和委弧停留的时间（见图4-32）。

（3）熔池滑动状态的观察　熔池滑动状态的观察，即观察药皮熔渣漂浮于熔池的位置，当药皮熔渣漂浮在熔池的边缘时，金属液的滑动速度过快，熔池中心棱状成形过大。此种熔池形成时，运条的位置必然为管道的高点中心部位或中心部位的左侧（见图4-33）。出现此种情况时，应迅速放慢管件转动的速度，使熔池形成点在管件高点中心线右侧的最佳运条点，同时将焊条角度由顶弧焊接改为90°焊接。

当熔渣黏住电弧不动时，熔渣过多流过电弧的前端，电弧与熔渣间没有一节闪光的金属液，熔池成形难以观察，此种情况是运条

图 4-32 电弧横向摆弧的
宽度和委弧停留的时间

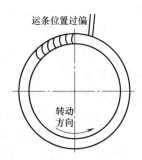

图 4-33 运条的位置

的位置在管道的右侧，且偏离高点中心线过远。出现此种情况时，应加快管件转动的速度，改 90°焊接为 75°~80°顶弧焊接。

4. 熔池成形宽度的掌握

封面焊接成形的宽度应根据底层焊道表面的宽度和管壁的厚度来掌握，当封底焊道表面的宽度为 10mm、壁厚为 10mm 时，封面焊道的宽度应不低于 12mm。

熔池成形后，通过横向运条做坡口两侧的扩展。当熔池对坡口两侧边线的淹没过多时，应迅速缩短电弧横向摆弧的宽度和坡口两侧委弧的时间，根据外扩熔池对坡口两侧边线 1~2mm 的淹没来控制。当熔池外扩线没有熔敷坡口两侧的边线时，焊道两侧边线将出现线条状未熔线。应适当加大电弧摆动的宽度和延长电弧在两侧委动的时间，使熔敷金属对坡口边线稍加淹没。

5. 熔池表面成形平度的观察

熔池表面成形的平度，应根据后面熔池厚度的最高点与熔池两侧的比较来决定。当中心熔池成形过厚时，应适当加快运条的速度并采用反月牙形横向运条方法；当中心熔池过薄时，应适当放慢运条的速度。熔池高点应不能出现过急、过快的棱状滑动，并根据熔池的状态，来适当变化运条的位置和调节焊接电流（见图 4-34）。

封面正向焊接方向为从左向右，运条位置应在稍偏离管道的中心最高点的右侧，焊条角度应垂直于母材平面。反向运条方向应从右向左，运条位置应向右偏离正点中心 20°~30°，焊条角度（见图

4-35）和焊接电流应小于正向焊接、封面焊接的收弧和起弧。收弧应在一根焊条燃尽时，将电弧带向熔池一侧，稍作委弧，然后稍作回带将其熄灭。起弧应在一根焊条燃尽之后，迅速将焊条斜触于续接点前方 10~20mm 处，使焊条与焊件成 45°，然后逐渐将焊条拉直，使焊条端头铁芯与母材擦着，再迅速压低电弧带向续接点。

图 4-34　变化运条的位置

图 4-35　焊条角度

　　尾部收弧应在电弧燃至起点时，敲掉起点焊渣，电弧委弧至起点后，继续向前覆盖熔滴 5~10mm，对起点焊肉进行较薄熔池的吹扫和熔解，然后再将电弧向后稍作回带使其熄灭。

4.5.5　焊接注意事项

　　1）焊接管子的转动速度与焊接速度必须一致。

　　2）根部及表面焊接时，既可采用灭弧焊，也可采用连弧焊，运条与固定管焊接相同。但焊条不做向前运条的动作，而是管子向后转动。

　　3）每层焊道必须细致清理，以免造成层间夹渣、气孔等缺欠。

　　4）焊接时，各层焊道的接头处应搭焊好，并相互错开。尤其是根部一层焊缝的起头、收尾更应注意，使其内部可能存在的缺欠有机会重新熔化掉。

　　5）焊接时采用两侧慢、中间快的运条方式，使两侧坡口面充分熔合。

　　6）运条速度不宜过快。

第5章

垂直固定管道的焊接

焊接示例：管道直径为 219mm，壁厚为 8mm，两口组对所成角度为 60°，组对间隙为 3~4mm，组对定位焊点有 4 处，定位焊缝的长度为 30~40mm，定位焊完成后，将焊缝两侧打磨成斜坡状。选用焊条 E4303 或 E5016，直径均为 3.2mm，焊接电流的调节范围为 85~95A。

5.1　操作要点

5.1.1　焊接特点

1）熔池因自重力的影响，有自然下坠而造成上侧咬边的趋势，表面多道焊不易焊得平整美观，常出现凸凹不平的焊缝缺欠。

2）多道焊的运条比较容易掌握，熔池形状变化不大。

3）由于广泛采用多道焊法，易引起焊缝层间夹渣及层间熔合不良。

5.1.2　焊接要点

起焊与焊接方向如图 5-1 所示，焊接时的焊条角度如图 5-2 所示。

焊接时，操作技巧同横焊相似，但要保持焊条角度的正确性和一致性，手和身体必须沿焊接方向倾斜和移动，而且要保持协调稳定，将焊条弯曲一定弧度和弯度施焊是一个很好的窍门（弯曲时小心药皮不要被弯折出裂纹或脱落）。

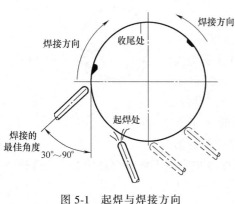

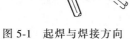

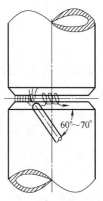

图 5-1 起焊与焊接方向

图 5-2 焊条角度

5.2 垂直管道的封底焊接

5.2.1 连弧焊

（1）连弧焊屏障保护推进法 先在坡口间隙的较小处将电弧引燃，带弧至下坡口钝边处的边缘，做推进的动作，使熔滴过渡到坡口的钝边处。再将电弧上移至上坡口的钝边处，委弧时停留片刻产生熔滴过渡后，熔合于下坡口的熔滴过流（缓慢流动）处，形成基点熔池。然后做下移的动作，使电弧至下坡口的钝边处，并使电弧的一半穿过坡口的间隙，一半形成过渡熔滴。这种电弧的推进方法，以一半的电弧对坡口的间隙处做吹扫动作，形成挡风的屏障，另一半电弧使熔滴金属顺利地过渡，然后在钝边处推进熔滴前移，并超过坡口间隙 0~1mm。

（2）屏障保护推进法的注意事项 电弧在坡口上下委弧形成熔池后，向上移动时应压住电弧，推向距坡口的钝边处 2~3mm 点（见图 5-3），形成的熔池厚度为 3~4mm，使熔池向下流过坡口间隙时不形成较大的豁状缺口。这种委弧动作应迅速，并将电弧贴于坡口的钝边处，形成熔滴过渡成形后，再做上移的动作使电弧移至上坡口边部。

在熔滴过渡时，应仔细观察坡口上下钝边处的熔合，如果电弧在下坡口边部处委弧停留，熔池温度较高，熔池会出现豁状咬合，此时应将电弧稍稍前移，在瞬间做一个上带的动作，从熔池延伸的边缘带弧至上坡口的钝边处，再做一个微小的上推动作，使熔滴贴于上坡口边部。然后沿

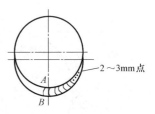

图 5-3 屏障保护推进法

电弧的上提线使电弧回带过熔池中心至下坡口的豁状处，委弧停留片刻后使熔池延伸。

在熔池堆敷成形过厚时，应在电弧下移后，适当增加下坡口熔池的宽度并减少坡口上下委弧停留的时间。电弧做下坡口带弧动作时，应快速带弧和微量推进，再加速前移，使自坠金属过渡的管道内径成形没有较深的咬合点和沟状熔合线。

（3）引弧与灭弧　灭弧时应在灭弧前将电弧带向坡口底侧或上侧，稍作委弧停留后再稍稍回带使其熄灭。引弧时因再次引弧点温度较低，引弧位置应在熔池中心部位外侧的前方，并远离坡口钝边处的过流间隙点。

电弧引燃后，先带向下坡口一侧并穿过坡口的间隙，稍稍委弧停留后，再做上移带弧的动作，使电弧上提到坡口的钝边处。经委弧停留使熔池穿过坡口内侧钝边后，再将电弧回带到坡口的钝边处，并经过引弧点进行再次吹扫。这种引弧方法可避免焊接电流较小时引弧点所形成的过渡熔滴因温度较低而出现坡口钝边处过流、熔化不完全、熔化点熔池过流出现坑状外凸点、较深沟状夹渣、气孔等缺欠。

5.2.2　灭弧焊

（1）引弧方法　电弧引燃先在下坡口 A 点（见图5-3）的钝边处过渡一点熔滴，并使其向外扩熔到坡口的内平面，再将电弧推向熔滴成形的方向，稍作推进并委弧停留片刻，再将电弧熄灭。

电弧熄灭后，将焊条在熔池的余亮中上提并对准上坡口的 B

点，当灭弧处熔滴急剧冷却并缩成一点暗红后，再做一个快速推进的动作，使电弧穿过 A 点熔池的上方钝边处。从上至下做微小的摆动，使电弧下带并回到 A 点与熔滴熔合，然后带出电弧使其熄灭，在 B 点熔池的余亮中，再使电弧对准 A 点熔池的前方。当 B 点余亮缩小成一点暗红时再将焊条触向 A 点前方的续接处，引燃电弧后委弧停留片刻，形成过流金属，依次循环。

（2）熔池深度的变化与熔渣的浮出对熔池成形的影响　管道封底焊第一层成形的厚度，以熔滴穿过坡口钝边处时的状态来确定。如果熔滴金属过渡时熔池迅速出现下沉状，应迅速做电弧熄灭动作。再次燃弧点应偏向焊接坡口的底侧坡面，并在熔滴过渡时将委弧范围适当加宽，并延长电弧在坡口两侧灭弧的时间，使坡口间隙熔滴过渡温度降低。

在液态金属过渡时，如果熔渣快速漂浮于电弧的周围，并呈不规则状，闪着光亮的金属液裸露面过大，并伴有下塌状，熔池成形难以控制，这种状态说明焊接电流过大，熔池的温度过高。

焊接中应以电弧的委弧停留和稍作微量的摆动后使熔渣形成有规律的液流，使熔池始终伴有弧状闪光的亮点，操作者在观察熔池的变化中能看清熔池外扩、下塌、夹渣、熔池两侧边部熔合点过深或熔池中心成形过凸等现象，并通过对这些现象的观察改变运条的方法、调节焊接电流的大小、增加或缩短灭弧的时间。

（3）灭弧焊的技巧　包括以下 4 点技巧：

1）如果电弧贴于坡口的钝边处，则浮动的熔渣在瞬间呈不规则的外溢，熔滴在过渡的亮色中伴有下塌状，过渡的熔滴成形困难。产生这种情况的原因是坡口组对的间隙过大、焊接电流过大、熔池的温度过高等。改变的方法是适当降低焊接电流、延长一次灭弧时间和缩短一次委弧时间，电弧委动的位置应以 2/3 贴于坡口的钝边处，1/3 穿过坡口间隙。委弧停留时电弧不要吹向熔池中心坡口间隙过流处，而是用电弧推动熔滴液流穿过坡口间隙，并形成过流金属填充层。

2）如果金属熔滴过渡到坡口的钝边处，则熔渣在电弧的周围缓慢地浮动，熔池没有外扩能力，熔滴熔化处模糊，熔池的成形难以观察。产生这种情况的原因是坡口间隙过小、坡口的钝边较厚、焊接电流过小、熔池温度过低、委弧停留的时间过短、灭弧的时间过长等。防止措施为对坡口钝边较大段用砂轮打磨、适当提高焊接电流、缩短一次灭弧时间、增加委弧停留的时间。电弧落入坡口间隙时，应在熔池成形前端形成豁状过流点，如图5-4所示。熔滴过渡应以2/3电弧穿过坡口间隙，1/3电弧对过渡熔池形成再次吹扫。电弧进入坡口的钝边处应稍作微量的摆动，使熔滴充分熔合，并在熔池前端形成豁状过流点，在熔池的外扩中使熔渣产生漂浮。

　　3）如果熔池外扩成形观察不清则电弧灭弧与委弧停留的时间没有规律，焊接电流的大小不稳定。产生这种情况的原因是对金属液与熔渣的流动状态观察不清，对熔池温度与熔池成形观察不准，熔滴续入

熔池前端豁状过流点

图5-4　豁状过流点

坡口间隙的方法不正确。防止措施是在熔池成形的瞬间，迅速分清熔渣浮动和金属液流的状态，熔渣在熔池中呈外溢状浮动于焊条端点边缘处，表面为泡沫状，颜色呈红褐色。金属液滑动到熔渣的下层时，电弧喷动点呈银亮色，熔波细密。如果电弧委动停留时，委弧点的熔渣难以分清，说明熔池温度较低，委弧时间较短，应适当上调焊接电流、增加委弧时间，使委弧点熔池有点状金属液外露点，并通过此点液流成形的状态，分清熔池熔化成形所出现的各种弊端。如果坡口根部熔池过流点没有穿过坡口间隙、穿过坡口间隙外凸点过大或者在观察时发现熔池中伴有黑色不清物，最后成形时必然存在夹渣，应迅速停止焊接，并采用手磨砂轮清除夹渣等处理措施进行处理。

　　4）焊接电流的大小应根据熔池清晰范围的大小、外扩速度来调节。在焊条与板面碰触时，触动点熔渣四溢，熔池裸露面过大，熔池呈下塌状，说明焊接电流过大。触动点熔渣没有浮动或浮动速度较慢，金属液外露点过小或没有外露点，熔渣与金属液难以分清，委弧点熔池熔化成形吃力，说明焊接电流过小。电弧引燃后，熔渣漂浮在喷弧点的周围，熔池裸露面大小适当，熔池堆浮成形可

以适当控制，说明焊接电流大小合适。

5.3　垂直管道的第1层填充焊接

封底焊接完成后，清除干净焊渣，对表面沟状成形过深点采用砂轮打磨。管道第2层焊接时应根据焊接坡口深度，采用多种填充方法。

焊接示例：焊接坡口表面宽度为10~12mm，焊接坡口上部深度为5mm，下部深度为3mm。选择ϕ3.2mm焊条，焊接电流的调节范围为110~120A，焊条与下管面所成角度为60°~75°（见图5-5）。

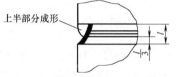

图5-5　管道的第2层填充焊接

电弧引燃后先在焊接坡口上侧较深处形成较薄熔池，再形成焊接坡口上侧填充厚度，使熔池上边部成形稍凹于上坡口边线1~2mm，下边部形成覆盖焊接坡口下半部1/3凸出点。焊接时，焊条可做小圆形摆动和斜锯齿形摆动，摆动范围根据熔池外扩范围适当缩小或增大。

5.3.1　焊条角度的变化

第1层填充焊接通过上凹点时，使熔池堆敷成形于仰焊、立焊爬坡位置。施焊时熔池中心易出现堆敷成形过厚，熔池上下出现沟状表层等缺欠。

（1）产生原因　焊接电流过大，熔池温度过高，运条的方法不正确。

（2）防止措施　适当降低焊接电流，改变顶弧焊接角度，缩小运条摆动的范围。电弧向上推进时，稍稍外推使熔渣向下的漂浮线相交于1/3线，并适当控制熔池较大的外凸范围。在电弧的委弧停留点，应以停留时间的2/3置于熔池上坡口面，采用连续委弧，并在委弧中将电弧稍稍前移，使上侧熔池厚度增加（见图5-6）。

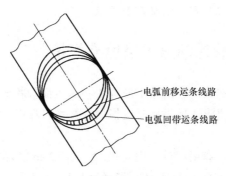

电弧前移运条线路

电弧回带运条线路

图 5-6　电弧前移及回带

5.3.2　电弧下移线

（1）垂直下拉法　垂直下拉线在熔池上侧委弧点和下侧委弧点相连的一条竖直的轴线上，带弧时电弧从熔池前方划弧形线带弧到上坡口边部，做推进的动作，使上侧熔池增厚，再做下移动作，使电弧垂直带到熔池的下侧成形线，即 1/3 线。然后将电弧稍稍前移，从熔池前方划弧形线上带，依次循环，此种带弧方法适用于焊接坡口较深、较窄的填充焊接。

（2）正月牙形下拉法　电弧在坡口边部做正月牙弧状线带弧到熔池中心，稍作推进并委弧停留片刻，使熔滴过渡到中心熔池。然后做下移的动作带弧至下坡口边部，稍稍停留后使电弧前移，呈弧形线从熔池前方向上带到上坡口的边部，并向熔池推进，使电弧下带，依次循环。这种方法适用于焊接坡口较深、较窄的填充焊接。

（3）斜形下拉法　电弧从熔池上方呈斜形下拉，下拉速度要快，电弧向下带过熔池中心不作停留。下带时焊条纵向角度应垂直于母材平面，并保证熔渣浮动线处在熔池中心位置。适当延长电弧在上坡口边部停留的时间，并增大下移带弧的角度，使金属熔滴的过渡面没有液流滑动的趋势，这样形成的填充表层平整光滑。这种带弧方法适用于焊接坡口较浅、较宽，熔池外扩形面较大的填充焊接。

5.3.3　电弧回带走线

电弧从熔池下点带弧至熔池上点，也应采用两种上提方法。

（1）小圆形上提法　电弧在熔池下点呈弧状小圆形，从熔池前端向熔池上点带弧，电弧上提线不形成过渡熔滴，上提时电弧对熔池没有推力。这种方法熔池成形平缓，适用于较浅、较薄的熔池成形（见图5-7）。

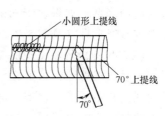

图 5-7　小圆形上提线
和 70°上提线

（2）70°上提法　电弧从熔池下点向上点带弧，呈70°角将电弧直接上提至熔池上侧委弧停留，这种方法对熔池有较强的推动力，能促使熔渣快速滑动，使中心熔池厚度增加，适用于焊接坡口较深的填充焊接。

5.4　垂直管道的第2层填充焊接

焊接示例：焊接坡口宽度为 10~12mm，深度为 6~8mm，选择 ϕ3.2mm 或 ϕ4.0mm 焊条，焊接电流的调节范围为 110~120A 或 160~175A，采用上、下两遍堆敷成形焊接（见图5-8）。

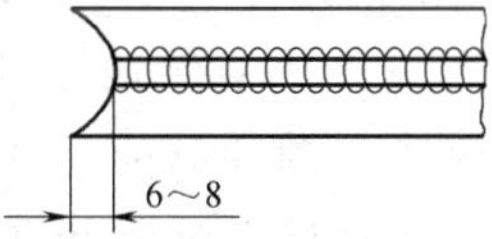

5.4.1　底层焊接

（1）熔池厚度的成形　电弧引燃后先形成较薄熔池，在向下移动的同时，将电弧贴在下坡口面距始端10mm 外做委弧外带的微小动作，使熔池的外边沿线熔合于或稍凹于下坡口边线 1mm。再从熔池前方划一条微小的弧形线，带弧到焊接坡口的上中心做委弧后推进，使中心熔池厚度增加，电弧下带至下坡口面的熔池延伸点，先形成较薄熔池，再按上面的动作循环焊接。

底层成形焊接时，熔池最高堆敷线应在焊接坡口的上坡口面之

6~8

图 5-8　管道第 2 层
较深焊接坡口的
填充焊接

上，其确定方法是以最高熔池堆敷线成形时熔池中心表面的堆敷厚度不超出熔池下边沿线的堆敷位置为标准。如果过于凸出，应将熔池的上侧堆敷线适当降低；如果过于凹陷，可再将熔池堆敷线上升（见图5-9）。

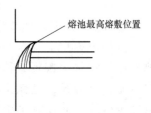

图 5-9　熔池最高熔敷位置

（2）熔池成形易出现的弊端　底层焊接时易出现熔池外扩下覆盖线对坡口的边线控制不准确等情况，电弧引燃后在熔池的中心委弧停留，较大面积的液流和熔渣的漂浮使操作者的观察和动作都出现困难，如果缺乏经验，就无法顾及熔池上、中、下3个线段整体成形的情况，从而造成熔池的下覆盖线没有接近于下坡口的边线，使底层填充焊的底边线成形过深，含熔渣过多。

在焊接坡口填充的底层焊接时，应观察熔池外扩线中、下点，从而掌握填充层焊接的整体平度，观察方法有两种：①从上向下观察，即将中心熔池最高凸点同坡口边线做一平行的比较，使其凹于坡口边线1mm；②从下向上观察，即将熔池的外扩线接近于坡口底边线的某一点与坡口边线进行比较，如果这一点稍凹于坡口边线1mm，则以此标准的凹度为基准，再采用多种运条的方法，使中心熔池的外凸厚度基本接近于这个平度。

（3）中心熔池厚度的控制　熔池形成后，应观察到熔池有多种熔渣漂浮状态：①熔渣冒着褐色的泡沫，漂浮于熔池的边缘，光亮的金属液出现了大范围的裸露；②熔渣漂浮于电弧的边缘，但熔渣浮动灵活，熔渣与电弧间有一条闪光金属液的浮动线。

当中心熔池裸露面过大时，熔渣浮动于熔池中心的最凸点，这一点也是熔池厚度的最高点。在正常焊接时，这一点距离熔池的底边沿线同坡口边线的接触点越远，熔池中心的厚度就越高；这一点距离熔池的底边沿线同坡口边线的接触点越近，熔池的表面成形就越平。

下层焊接完成后留住焊渣。

5.4.2　上层焊接

上层焊接时应仔细观察浮动点的位置，如果熔池成形过凸，应缩小运条摆动范围，控制熔渣浮动线漂浮在电弧的边缘，使熔波滑动状态趋于平缓。

电弧引燃并使熔池外扩后，如对下层焊缝覆盖的位置掌握不准，可在焊接完成 30~40mm 焊缝后熄灭电弧，除掉起焊点熔渣。在进行仔细观察和比较后，上移或加大电弧摆动的范围，确定电弧走线在下层焊缝上侧边缘的运条位置。

封底填充焊接完成后，除净焊渣，如有过深的夹渣点，应采用砂轮打磨。

5.5　垂直管道的盖面焊接

焊接示例：焊接坡口深度为 0~1mm，表面宽度为 10~12mm，选 $\phi 3.2$mm 焊条，焊接电流的调节范围为 110~120A。采用单道排续 3 层堆敷成形的焊接方法。

5.5.1　单道排续的第 1 层焊接

（1）正推式小圆形法　正推式小圆形操作方法是在小圆形基础之上，将电弧过多推向熔池中心的一种方法。操作时，以熔池上边沿的堆敷线为起点，以小圆形的带弧线为运条方式，由上到下向熔池中心逐步推进。电弧呈弧形线下带至坡口的下边沿线，稍作停留，再快速上提带弧到熔池上线，上提时不做熔滴过渡。采用这种方法时如果推弧动作节奏相等，将会使熔池成形饱满，熔波细致。

（2）电弧推进法　电弧在下坡口边部引燃后，稍稍前移，再从前向后、从上向下做回推动作，然后移动电弧到熔池中心。移动电弧时，可根据熔池成形的宽度做微小的上移或下带摆动。这种方法操作简单，如果能保证节奏相等，也可收到好的效果。

（3）电弧下移法　3 层成形单道排续焊接的第 1 层成形高度应占焊接坡口高度的一半。焊接时，可将焊条端头未脱落端同焊接坡口底边线进行比较，如果焊条未燃端点的直径为焊接坡口高度的一半，则在熔滴过渡时，应将电弧稍稍下移，使熔池堆敷高度与焊条未燃点的上端持平。再以焊条未燃的端点平行于坡口的下边线，做微小的摆动，使熔池的下覆盖线淹没下坡口边线 1~1.5mm，最后将电弧稍稍前移，形成规律，依次焊接前行。

（4）熔池厚度的形成　单道排续焊接第 1 层的厚度，应以熔覆金属对底边线淹没的厚度为标准。如果熔敷金属稍凸于坡口底边线，并对底边线没有过深的熔合痕迹，熔池中心厚度应以稍凸于下坡口边部为标准，即熔池中心高点厚度凸于底边线成形高度。

5.5.2　单道排续的第 2 层焊接

第 1 层焊接完成后，留住药皮焊渣，进行中间层（第 2 层）焊接（见图 5-10）。

（1）电弧走线的位置　封面中间层第 2 层焊接电弧的走线，应以熔池对底层焊缝高点的覆盖位置为标准，即第 2 层焊缝

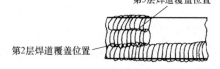

图 5-10　单道排续的第 2 层和第 3 层焊接

覆盖线应整齐覆盖接近于第 1 层焊缝高度突出点的爬坡段。电弧中心的走线宜对准或稍高于第 1 层焊缝的上边缘线（见图 5-10）。

（2）熔池成形厚度及高度的控制　第 2 层熔池成形的厚度，应以第 2 层熔池的底线同第 1 层焊缝覆盖的位置为标准。熔池中心高点成形的厚度，应凸于或平于底层熔池的覆盖线。熔池中心厚度的成形，以熔池范围的凸出点与熔池两侧下覆盖线的比较来确定。如果熔池中心凸点过于凸出熔池下侧覆盖线，熔池成形的范围必然增大，熔池成形有明显的滑动痕迹。

第 2 层熔池高点成形如果低于熔池下侧覆盖线，说明熔池成形时，没有观察清楚第 1 层焊缝覆盖线的位置，即过低于下层焊缝的最高凸位点。如果第 2 层焊接底侧熔池覆盖线在下层焊缝覆盖线之上，第 2 层熔池中心成形凹于下层熔池覆盖线，说明熔池成形范围较小，熔池中心较薄，熔池中心熔渣浮动线与下层焊缝覆盖点没有

凸出痕迹。防止措施有以下两种：

1）控制第 2 层中心熔池熔渣浮动点凸出覆盖线的状态，焊条角度由顶弧焊接改为纵向 90°焊接，并缩小运条摆动范围。

2）仔细观察第 2 层熔池外扩时对下层焊缝覆盖的位置，当两层熔池熔合后，应没有较深的沟状成形线和夹渣点。如果运条位置观察不清，可在焊接完成 30~40mm 长度焊缝之后熄灭电弧去掉焊渣，在观察和比较之后，再使电弧做上提或下移的动作，并使其找准下层焊缝上边沿线运条轴线的位置。

第 2 层盖面焊接熔池的成形高度应占焊接坡口高度的 4/5，焊接完成后，留住药皮及焊渣。

5.5.3　单道排续的第 3 层焊接

单道排续的第 3 层焊接应注意和掌握以下几点：

1）第 2 层中间层焊接完成后，如果上侧坡口表面多呈沟状成形，第 3 层电弧走线应紧贴上坡口边线的下侧，焊条与下平面所成角度为 60°~70°，电弧的吹扫点始终宜贴向焊接坡口根部，并采用小圆形运条法。

2）第 3 层焊接熔池上侧覆盖线应使熔池覆盖住上坡口边线 1~1.5mm，电弧吹扫线应稍低于上坡口的边线，熔池成形应稍高于上坡口的边线。

3）第 3 层焊接熔池中心厚度应稍低于第 2 层焊缝的最高点，否则将出现上凸下凹的表面成形缺欠。

4）第 3 层焊接熔池下层覆盖线应以熔渣浮动后所闪出的覆盖点为两层焊缝平滑过渡位置，如果较凹，可适当下移电弧；如果较凸，可缩小熔池成形范围，并加快电弧前移速度。

5）因焊缝成形较窄，焊接电流较小，引弧位置应选在焊缝续接点前方 10~20mm 处。电弧引燃后，压低带向续接点。

6）收弧前先使电弧向前稍作委弧停留，然后再压低电弧稍稍回带将其熄灭。

第6章

倾斜固定管及固定三通管的焊接

6.1 倾斜固定管的焊接

6.1.1 焊接特点

这种管子的焊接是介于垂直固定管和水平固定管之间的一种焊接操作，绝大部分是小直径管，但焊接电流要比焊接水平固定管时稍微大一些，一般不超过焊接垂直固定管时所用的焊接电流。

操作上与水平固定焊的情况有许多共同之处，但也有它独特的地方。通常管子与水平面夹角大于60°时，按垂直固定管工艺进行焊接；管子与水平面夹角小于15°的按吊焊工艺进行焊接；管子与水平面夹角为15°~60°的焊口（见图6-1），工艺上具有下列特点：

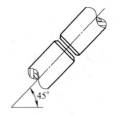

图 6-1 倾斜 45°
固定管的焊接

1）坡口及接口要求与同类型水平固定管相同，根据管径大小进行定位。

2）焊缝的空间位置随倾角而变化，再加上周围密集工件的影响，焊工操作需随机应变，不能千篇一律。

3）焊缝的几何尺寸不易控制，存在内壁上凸下凹、外表粗糙不平等现象，较难克服。

4）上侧焊缝容易产生咬边。

6.1.2　打底焊

打底焊焊缝的焊接方法和全位置焊法相同，即分两半焊成。前半部引弧后用长弧对准坡口两侧预热，待管壁温度明显上升时，压低电弧，击穿钝边，并向前进行焊接，焊条也要随焊缝位置转换角度。但由于管子是倾斜的，熔化金属液有从坡口上侧向下侧坠落的趋势，焊接过程中，焊条要始终偏于垂直位置，并运用斜锯齿形运条方法（见图6-2）。当熔池温度过高时，金属液有下淌趋势，在使用酸性焊条时可采用灭弧方法降温。当使用碱性焊条时，可用电流调节器或由焊工自行调整焊接电流，也可采用焊条在熔池上来回摆动的方法达到降温的目的。

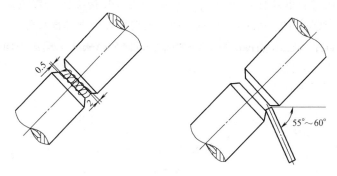

图6-2　运条及焊条角度

管子倾斜焊口的仰、平焊位置的接头方法与全位置管的焊接方法相同。焊接后半部时，接头方法与水平固定管焊接相同，但应特别注意相背接头处要焊得薄一些，使坡口两侧界线分明，为盖面焊准备条件。

6.1.3　填充焊

填充焊道焊接也采用斜椭圆形运条，电弧在上坡口处的停顿时间要比在下坡口处稍长，焊条与管子切线方向的夹角比根部焊道焊接时大5°左右。焊接速度要均匀一致，使填充焊道高低平整，以有利于盖面层的焊接。起焊点过中心线10~15mm向右斜拉，以斜椭圆形运条，使起头呈下坡口处高而上坡口处低的上尖角形斜坡状。收尾时。斜椭圆形运条由大到小，也呈尖角形斜坡，下半周焊接时从尖角处开始，用由小到大的斜椭圆形运条，直至平焊上接头，斜拉椭圆形由大到小与前半周焊缝收尾的尖角形斜坡吻合。

6.1.4 盖面焊

倾斜固定管的盖面焊，不论起头、运条、收尾都有其独特的地方。

（1）仰焊部位 打底焊焊完后的焊缝较宽（见图6-3）。引弧后首先要在最低处按1、2、3、4的顺序堆焊起来，然后才能在水平线上摆动，堆层要薄，并能平滑过渡，使后半部的起头从5、6一带而过，形成良好的"人"字形接头。其接头的起焊点均超过管子半圆的10~20mm，横向摆动幅度自仰焊至立焊部位越来越小，在接近平焊处摆幅再次增大。为防止熔化金属偏坠，运条方向也要随之改变，接头时，从 Ⅰ 位置起焊，电弧略长，摆幅从 Ⅰ 位置至Ⅱ位置逐渐增大（见图6-4）。

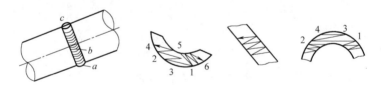

图 6-3 管道斜焊焊缝

a—仰焊部位 b—立焊部位 c—平焊部位

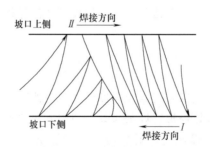

图 6-4 管子斜焊时仰焊部位的接头方式

（2）立焊部位　管子倾斜角度不管大小，工艺上一律要求焊波呈水平或接近水平方向，否则成形不好。因此，焊条总保持在垂直位置，并在水平线上左右摆动，以获得较平整的加强面。摆动到两侧要停留足够的时间，使金属液的覆盖量增加，以保证不出现咬边现象。

（3）平焊部位　相向接头在斜焊焊缝的最高处，水平焊波形成"宝塔"状尾部，1、2、3、4部分依靠后半部焊缝来完成，在该处出现内部缺欠的机会较少，但对焊缝美观影响较大。平焊部位接头时，为防止咬边，应选用

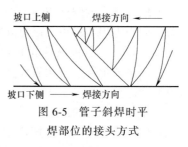

图 6-5　管子斜焊时平
焊部位的接头方式

较小的焊接电流，焊条在坡口上侧停留时间要长一些（见图 6-5）。

6.2　固定三通管的焊接

6.2.1　固定同径三通管的焊接

在管道施工中，三通管的焊接是很常见的，而且大都处于固定位置。按空间位置也可分为平位、立位、横位和仰位 4 种形式。

1. 平位三通管的焊接

平位三通管的焊缝实际上是坡立焊与斜横焊位置的综合，其焊接操作也与立焊、横焊相似。一圈焊缝要分 4 段进行（见图 6-6）。底层起头在中心线前 5～10mm 处开始，运条采用直线往复法以保证根部焊透，同时注意不要咬边。中间层可用多层多道焊，焊条角度随焊缝位置变化而变化，用短弧焊，焊接电流稍小些，两侧停留时间稍长，使焊缝成形平整，不产生咬边。

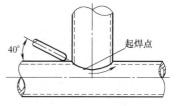

图 6-6　平位三通管的焊接

2. 立位三通管的焊接

立位三通管分两半焊接，从仰位中心开始，逐步过渡到下坡立角焊→立焊→上坡立角焊→平角焊。起头、收尾、运条方法及操作方法与平位三通管的焊接相似。

3. 横位三通管的焊接

横位三通管的焊接也是分两半进行，从仰位中心开始，逐步过渡到上面平焊中心结束，起点处的焊透较难，其操作方法与水平固定管焊接相似，引弧时要拉长电弧，预热 3~5s，然后压低电弧，用击穿法熔透根部，宜用直线往复法连续焊接，并注意使各部位焊缝的宽度保持一致。

4. 仰位三通管的焊接

仰位三通管的焊缝是仰角缝、坡仰缝、立缝和横缝的综合。要分 4 段进行，从仰角处开始，操作方法与立位三通管的下半部分相同。底层采用直线跳弧法运条，中间和盖面层采用锯齿形运条。主管子的中心部位较难焊透，应特别注意内壁根部的熔合。

6.2.2 固定异径三通管的焊接

异径三通管的焊接又称为马鞍口的焊接，其接头形式有两种，第 1 种是对接接头，如图 6-7 所示；第 2 种是插接接头，如图 6-8 所示。对接接头是将小管端头切割成马鞍形，并加工出 45°坡口，在大管上按照小管的内壁直径开孔后对接；插接接头是在大管上按小管外壁直径开孔，并加工出 45°坡口，将小管端头切割成马鞍后插入大管。常用的是第 2 种接头形式。异径三通管的焊接位置以小管为基准，大体可分为 3 种形式，即垂直俯焊、水平固定焊、垂直仰焊（见图 6-9）。

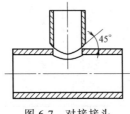
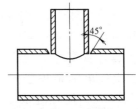

图 6-7　对接接头　　　　　　　图 6-8　插接接头

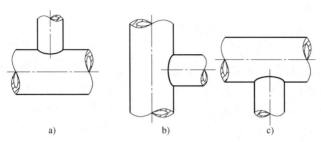

图 6-9 异径三通管的三种焊接位置

a) 垂直俯焊 b) 水平固定焊 c) 垂直仰焊

1. 异径三通管的垂直俯焊

在进行异径三通管的垂直俯焊时，大管水平放置，并将大管上开置的马鞍口向正上方，小管垂直放于大管正上方开的马鞍口处。

（1）根部焊道 定位焊及始焊点如图 6-10 所示。起弧和收弧位置如图 6-11 所示，即在与定位焊相隔 45°的两处位置上起弧焊接，收弧点在与起弧点相隔 90°的位置上。在引燃电弧从小管向大管搭桥连接后，电弧下压，2/3 的电弧在管内燃烧形成熔孔，采用小月牙形运条方法控制熔孔保持同样的尺寸。焊条与小管的夹角为 30°~40°。熄弧时应向后上方带弧 10mm 再熄弧，使熔池缓慢冷却，并带出一个斜坡，有利于接头。封闭接头的焊接必须将待焊接头焊道部位磨出斜坡，电弧到接头处向下压，听到"噗"的一声后电弧将焊缝根部击穿，这时再缓慢向上运条的同时进行划圈填充金属，直至填满接头后再沿斜坡焊接，向一侧收弧，收弧动作要缓慢。

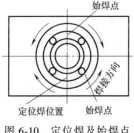

图 6-10 定位焊及始焊点

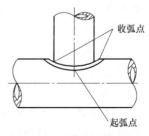

图 6-11 起弧和收弧位置

（2）填充层与盖面层焊道　填充层焊接时可采用斜线形运条法，坡口内要焊平。填充层、盖面层接头尽量采用"热接头"法。盖面层焊共有 4 个封闭接头，采用斜椭圆形运条法焊接，接头运条方式如图 6-12 所示。

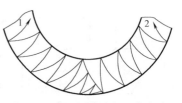

图 6-12　盖面层接头的运条方式
1—先焊焊道　2—后焊焊道

2. 异径三通管的水平固定焊

水平固定焊接异径三通管时，大管垂直放置，并将大管上开置的马鞍口朝向—侧，小管垂直放于大管一侧开的马鞍口处。

（1）试件的装配与定位焊　试件定位焊时，所使用的焊条与根部焊道焊接时所用的相同。定位焊要保证焊透，定位焊后要认真检查定位焊的质量，若发现定位焊缝有表面缺陷，应立即清除。若发觉焊接过程中有气孔或冷缩孔产生，则应设法除掉。一般若有冷缩孔产生时，在收弧定位焊的表面能见到花纹，此时可用锯条锯开，使冷缩孔露出，在以后的根部焊接中可将其熔掉。定位焊缝共3 处，每处焊缝长 10mm（见图 6-13）。

（2）焊接　起弧、收弧的焊接操作如图 6-13 所示，即从最低点正仰焊（亦即时钟 6 点钟）的位置往后10mm 处引弧。引燃电弧由小管向大管进行搭桥连接后，电弧下压，几乎整个电弧在管内侧燃烧，使大管的坡口底部和小管的端头各熔化 2mm 左右形成熔孔，电弧进行横向摆动，控制住同样大小的熔孔，按锯齿形短电弧连弧向上运条，焊条与小管轴线夹

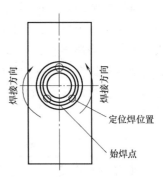

图 6-13　定位焊及始焊点

角为 45°，焊条与小管切线方向的夹角与水平固定管对接焊相同。仰焊部位外的部件，2/3 电弧将在背面燃烧。焊完半周后，应用砂轮机把甩出的两个头磨出斜坡，再进行下半周的焊接，以保证焊接

接头的质量。

3. 异径三通管的垂直仰焊

异径三通管垂直仰焊时，大管水平放置，并将大管上开置的马鞍口向正下方，小管垂直放于大管正下方开的马鞍口处。

(1) 根部焊道 定位焊及始焊点如图 6-14 所示，起弧和收弧位置如图 6-15 所示，即焊接起弧点在与定位焊相隔 45°处相对两点位置上，收弧点在与起弧点相隔 90°的位置。

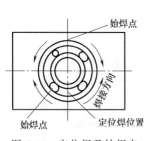

图 6-14 定位焊及始焊点

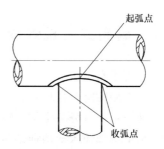

图 6-15 起弧和收弧位置

引燃电弧后从大管向小管搭桥连接后，电弧下压形成熔孔，采用小锯齿形运条法短弧连弧焊接，控制熔孔保持同样的尺寸，焊条与小管夹角为 30°~45°。熄弧时应向后方带弧 10mm 再熄弧，使熔池缓慢冷却，并带出一个斜坡，有利于接头。

(2) 填充焊道 填充焊道的焊接，可采用直线或斜线形运条法。第 1 道焊接时，焊条端部中心指向根部焊道上边沿，与大管间的夹角为 70°~80°；第 2 道焊接时，焊条端部中心指向根部焊道下边沿，与大管间的夹角为 45°~55°。

(3) 盖面焊道 盖面焊道可用直线或斜线形运条法，第 1 道焊接时，焊条端部中心对准填充焊道第 1 道的上边沿，焊条与大管的夹角为 70°~80°；第 2 道焊接时，焊条端部对准第 1 道下边沿，焊条与大管的夹角为 60°~70°；第 3 道焊接时，焊条端部对准第 2 道填充层焊道下边沿，与大管的夹角为 45°~55°。在进行填充和盖向焊接时，不论在什么位置焊接，都必须使熔池处在水平状态。

第7章

管板的焊接

7.1 骑坐式管板焊接

由管子和平板（上开孔）组成的焊接接头，叫作管板接头。

管板接头的焊接位置有垂直仰位和垂直俯位两种；按工件的位置转动与否，可分为全位置焊接与水平固定焊接；按工件的装配形式分骑坐式和插入式两种，如图7-1所示。插入式管板工件焊后仅要求一定的表面成形和熔深，骑坐式管板工件则要求焊透。

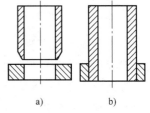

图 7-1 管板工件的装配形式

a）骑坐式 b）插入式

7.1.1 骑坐式管板的垂直仰位焊接

1. 打底焊

为了保证打底焊时坡口根部与底板熔合良好，焊接时，引燃电弧后对始焊端先预热，然后将电弧压低，待形成熔孔后，采用小幅度锯齿形横向摆动的运条方式，进入正常焊接直至焊接结束。操作时，电弧长度要控制得短些，保证底板与立管坡口熔合良好。

1）采用连弧焊仰焊打底焊时的最佳焊条角度如图7-2所示，首先在板侧起焊点处引弧（见图7-3中的 A 点）。稍作停顿预热后，将焊条对准坡口根部，向背面送入焊条。当听到击穿坡口根部的"噗"声后，说明已形成熔孔，采用小幅度锯齿形运条法摆动焊条进行正常施焊。

施焊过程中应始终采用短弧施焊。运条时，电弧在板端停留的

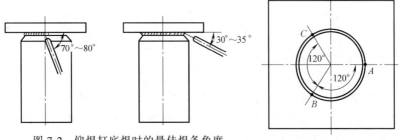

图 7-2　仰焊打底焊时的最佳焊条角度

图 7-3　起焊点和定
位焊缝的位置

A—起焊点　B、C—定位焊缝

时间应稍长些，在管端停留的时间应稍短些，保证将熔化金属液由板端带向管端，使得在板端的电弧深度较大，以防熔池金属下坠。同进电弧应稍偏向板孔，以防管壁被烧穿。注意先使板孔边缘与管子坡口根部形成熔池且连接在一起，然后才能继续向前运条。

　　2）采用灭弧法焊接时，焊条角度、起焊点位置与连弧焊相同（见图 7-2 和图 7-3）。

　　首先在板侧起焊点 A 位置引弧，稍作停顿预热后，将电弧对准坡口根部顶送焊条。当听到击穿根部的"噗"声后，说明形成了第 1 个熔池，这时应迅速灭弧。待熔池金属由红变暗后，按 A→B→C 路线，以断弧击穿运条法施焊（见图 7-4）。

　　A 点表示在板孔边缘引弧，稍作停留，使板孔边缘预热、熔化，将较多的熔化金属敷在板孔边缘的熔池上，然后将电弧带着熔化金属拉向 B 点停顿。B 点表示板孔边缘与管壁坡口根部共同形成的熔孔（即第 2 个熔池），其作用是保证坡口根部背面焊透、形成焊缝。当第 2 个熔池形成后，

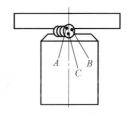

图 7-4　断弧击穿运条法

将电弧拉向 C 点灭弧。C 点表示在管子坡口根部灭弧，在 C 点灭弧的目的是保证管侧根部熔化，并加热从 A 点流淌到管子坡口根部的熔化金属，使其与管侧坡口根部金属熔合良好，防止产生未熔

合缺欠，如此 $A \rightarrow B \rightarrow C$ 反复运条进行施焊。

施焊过程中应始终采用短弧施焊，保持 B 点熔孔的大小一致，运条时以透过坡口背面 1/3 弧柱长度为宜，并且要控制 A、B、C 三点电弧的委弧停留时间。

2. 填充焊

填充焊前要将打底焊缝的焊渣清理干净，处理好焊接有缺欠的地方，填充焊缝的表面不能有局部突出的现象，保证焊缝两侧熔合良好。填充层的焊缝不能太宽或太深，焊缝表面要保持平整。

3. 盖面焊

盖面焊有两道焊缝，先焊上面的焊缝，后焊下面的焊缝。焊上面的焊缝时，焊条摆动幅度略微加大，焊缝的下沿要覆盖填充焊缝的一半以上。焊下面的焊缝时，焊缝上沿与上面的焊缝要熔合良好，保证两条盖面焊缝圆滑过渡，使焊缝外形成形良好。管板垂直固定仰焊的打底层焊缝的焊条角度与盖面焊缝的焊条角度分别如图 7-5 和图 7-6 所示。

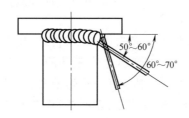

图 7-5　管板垂直固定仰焊的打底层焊缝的焊条角度

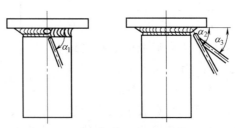

图 7-6　盖面焊缝的焊条角度

$\alpha_1 = 70° \sim 85°$　　$\alpha_2 = 60° \sim 70°$　　$\alpha_3 = 50° \sim 60°$

7.1.2 骑坐式管板的垂直俯位焊接

1. 装配和定位焊

管子和平板间要预留一定的装配间隙,定位焊要焊 1 点或 2 点。焊接时用 ϕ2.5mm 的焊条,先在间隙的下部板上引弧,然后迅速地向斜上方拉起,将电弧引至管端,将管端的钝边处局部熔化。在此过程中会产生 3~4 滴熔滴,然后立即灭弧,一个定位焊点即完成。

2. 打底焊

打底焊的作用主要是保证根部焊透、底板与立管坡口熔合良好,背面成形没有缺欠。

1)采用连弧焊焊接时,首先在左侧的定位焊缝上引弧,稍加预热后开始由左向右移动焊条。当电弧移到定位焊缝的前端时,开始压低电弧,向坡口根部的间隙处送进焊条,听到"噗噗"声即表示已经熔穿。由于金属的熔化,即可在焊条根部看到一个明亮的熔池(见图 7-7)。

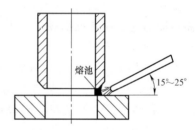

图 7-7 连弧焊焊接时的熔池

形成熔孔后,保持短弧并做小幅度的锯齿形摆动,电弧在坡口两侧稍加停留。打底焊时,焊接电弧的大部分覆盖在熔池上,另外一小部分保持在熔孔处。必须保持熔孔的大小一致,如果控制不好电弧,容易产生烧穿或熔合不好等缺欠。打底焊时的焊条角度如图 7-8 所示。

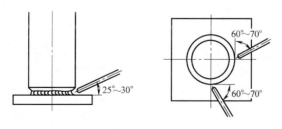

图 7-8 打底焊时的焊条角度

焊接时，将焊条适当向里伸入，每个焊点的焊缝不要太厚，以便于第 2 个焊点在其上引弧，如此逐步进行打底层的焊接。当一根焊条焊接收尾时，要将弧坑引到外侧，防止在弧坑处产生缩孔。

焊接过程中由于焊接位置不断地发生变化，因此要求操作者手臂和手腕要相互配合，保证合适的焊条角度，正确控制熔池的形状和大小。随着焊缝弧度的变化，手腕应不断转动，并保证电弧始终在焊条的前方，同时要注意保持熔池形状和大小基本一致，以免产生未焊透、内凹和焊瘤等缺欠。

打底焊的接头一般采用热接法，因为打底焊时熔池较小、凝固速度很快，所以操作时要迅速快捷。

在每根焊条即将焊完前，向焊接相反方向回焊 10～15mm，并逐渐拉长电弧至熄灭，以消除收尾处气孔或避免将其带至表面，以便在更换焊条后将其熔化。接头尽量采用热接法（见图 7-9），即在熔池冷却前，在 A 点引弧，稍作上下摆动移至 B 点，压低电弧，当根部击穿并形成熔孔后，转入正常焊接。

如果采用冷接法，一定要将接头处加工成斜面后再接头。焊接最后的封闭接头时，要保证焊缝有 10mm 左右的重叠，填满弧坑后灭弧。

2）采用灭弧法焊接时，引弧后向坡口根部压送焊条后停顿 1～2s，当听到击穿坡口根部的"噗"声后，说明第一个熔池已经形成，然后立即灭弧，按图 7-10 所示运条方式操作施焊。电弧在 1 点迅速引燃后拉向 2 点，穿透坡口根部后，向 3 点挑划灭弧，如此循环施焊操作。在施焊过程中应注意电弧应以熔化板侧坡口边缘为

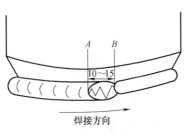

图 7-9　打底焊的接头方法

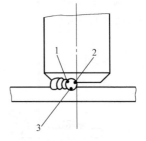

图 7-10　骑坐式管板垂直
俯位焊灭弧法焊接

主，管侧坡口边缘熔化应较少些，以防背面焊缝下坠，且应使 1/3
的电弧熔化坡口根部，2/3 的电弧覆盖熔池。

3. 填充焊

填充焊前要将打底层焊缝的焊渣清理干净，处理好焊接有缺欠
的地方，保证底板与管的坡口处熔合良好。填充层的焊缝不能太宽
或太高，焊缝表面要保持平整，填充层焊接时的焊条角度如图 7-11
所示。

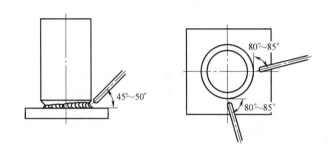

图 7-11　填充焊时的焊条角度

打底层焊完后，可用角向磨光机进行清渣，先磨去接头处过高
的焊缝，再进行盖面层的焊接。

4. 盖面焊

盖面焊焊接前同样要将填充层焊缝的焊渣清理干净，处理好局
部缺欠。盖面焊一般采用 φ3.2mm 的焊条。

盖面焊盖面层必须保证管子不咬边和焊脚对称。盖面层一般
采用两道焊缝，后道焊缝覆盖前一道焊缝的 1/3 ~ 2/3，避免在两
焊缝间形成沟槽和焊缝上凸，盖面焊时的焊条角度如图 7-12
所示。

焊接下面的盖面焊缝时，电弧要对准填充层焊缝的下沿，保证
底板熔合良好；焊接上面的盖面焊缝时，电弧要对准填充层焊缝的
上沿，该焊缝应覆盖下面焊缝的一半以上，保证与立管熔合良好。
连弧盖面焊时的焊条角度如图 7-12 所示，灭弧盖面焊时的焊条角
度如图 7-13 所示。

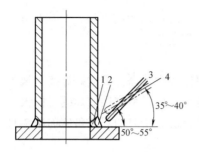

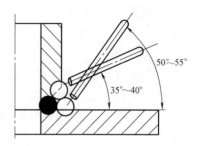

图 7-12　连弧盖面焊时的焊条角度　　图 7-13　灭弧盖面焊时的焊条角度

7.1.3　骑坐式管板的水平固定全位置焊接

骑坐式管板的水平固定方式如图 7-14 所示。

管板水平固定全位置焊要求对平焊、立焊和仰焊的操作技能都要熟练。焊接过程中焊条的角度随着焊接位置的不同而不断发生变化，各位置焊条角度如图 7-15 所示。

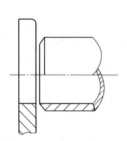

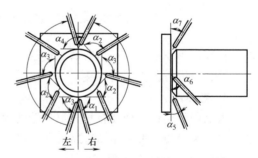

图 7-14　骑坐式管板的
水平固定方式

图 7-15　全位置焊时的焊条角度

$\alpha_1 = 75° \sim 85°$　　$\alpha_2 = 90° \sim 105°$　　$\alpha_3 = 100° \sim 110°$

$\alpha_4 = 110° \sim 120°$　　$\alpha_5 = 30°$　　$\alpha_6 = 45°$　　$\alpha_7 = 35° \sim 45°$

1. 打底焊

打底焊时，可以采用连弧焊法，也可以采用灭弧焊法。但必须采用左右两半圈进行焊接，先焊右半圈，后焊左半圈（见图 7-15），以减少缺欠的产生。

（1）右半圈的焊接　将管子截面看作一个时钟，在时钟 4 点处到 6 点处之间引弧，引燃电弧后，迅速将电弧移到 6 点至 7 点之间，对工件稍加预热后压低电弧，等管板根部充分熔合形成熔池和熔孔后（母材熔化金属液与焊条熔滴连在一起表示第 1 个熔滴形成）开始向右焊接，在 6 点至 7 点处的焊缝尽量薄些，以利于左半圈焊接时连接平整。

在时钟 6 点至 5 点位置焊接时（近似仰焊位置），为了避免产生焊瘤，操作时焊条要尽量向上顶送，可采用斜锯齿形运条，横向摆幅要小，运条间距要均匀且不宜过大，向斜下方摆动要快，向斜上方摆动相对要慢，在两侧稍加停留，采用短弧焊接。

在时钟 5 点至 2 点位置焊接时（近似立焊位置），焊条向工件里面送得要相对浅些，有时为了更好地控制熔池形状和温度，可采用间断灭弧焊或挑弧焊法灭弧焊接。采用间断灭弧焊时，如果熔池产生下坠，可采用横向摆动焊条且在两侧加以停留，扩大熔池面积，使焊缝成形平整。

在时钟 2 点至 12 点位置焊接时（近似平焊位置），应将焊条端部偏向底板一侧并做短弧锯齿形运条，还应使电弧在底板处停留时间稍长一些。

（2）接头　为了便于仰焊及平焊位置接头，施焊前半圈时，在仰焊位置（时钟 6 点）起焊点及平焊位置（时钟 12 点）终焊点的焊缝都必须超过工件的半圈，如图 7-16 所示。

（3）左半圈的焊接　焊接前先将右半圈焊缝的开始和末尾处的焊渣清理干净。如果时钟 6 点至 7 点处焊缝过高或有焊瘤、飞溅物时，必须进行清除或返修。焊接开始时，先在时钟 8 点处引弧，引燃电弧后，快速将电弧移到始焊端（时钟 6 点处）进行预热，然后压低电弧，以快速斜锯齿形运条，由 6 点

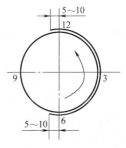

图 7-16　起焊点和
终焊点位置

向 7 点处进行焊接。左半圈的焊接除方向不同外，其余与右半圈基本相同。当焊至 12 点处与右半圈焊缝相连时，采用挑弧焊或间断

灭弧焊。当弧坑填满后，灭弧停止焊接。

（4）更换焊条 一般采用热接法，当弧坑尚保持红热状态时，迅速更换焊条后，在熔池后方约 10mm 处引弧，然后将电弧拉到熔孔处，焊条向里推进，听到"噗"声后，稍作停顿，恢复原来的操作方法焊接。有时也可采用冷接法，但是必须在熔池冷却后，将收弧处打磨出斜坡方可接头。更换焊条后在打磨处附近引弧，运条到斜坡根部时，焊条向里推进，听到"噗"声后，稍作停留，恢复原来的操作方法焊接。

（5）收弧 收弧时将焊条逐渐引向坡口斜前方，或将电弧往回拉一小段，再慢慢提高电弧，使熔池逐渐变小，填满弧坑后灭弧。

（6）操作要点 焊接过程中，要使熔池的形状和大小保持基本一致，使熔池中的金属液清晰明亮，熔孔始终深入每侧母材 0.5~1mm。同时应始终伴有电弧击穿根部所发出的"噗"声，以保证根部焊透。当运条到定位焊缝根部时，焊条要向管内压进，听到"噗噗"声后，快速运条到定位焊缝另一端，再次将焊条向下压进，听到"噗"声后稍作停留，恢复原来的操作方法。

2. 填充焊

填充焊的焊条角度和焊接步骤与打底焊相同，焊条的摆动幅度比打底焊时略大。填充层的焊缝尽量薄些，管子一侧的坡口要填满，且底板一侧要比管子一侧坡口宽出 1.5~2mm，使焊缝形成一个斜面，以利于盖面焊的焊接。

3. 盖面焊

（1）右半圈的焊接 引弧时在填充焊缝上 5 点到 6 点的位置引弧，然后迅速将电弧移到 6 点至 7 点之间预热后，压低电弧，采用直线形运条法施焊。焊接时应使熔池呈椭圆形，上、下轮廓线基本处于水平位置，焊条摆动到管与板侧时要稍作停留，而且在板侧停留的时间要长些，以避免产生咬边缺欠。焊缝应尽量薄，以利于左半圈焊缝连接平整。

时钟 6 点至 5 点处的焊接（近似仰焊位置）时，应采用锯齿形运条法。时钟 5 点至 2 点处的焊接（近似立焊位置），可采用间断灭弧焊。时钟 2 点至 12 点处的焊接（近似平焊位置），可采用间断灭弧焊。当焊到 12 点的位置时，将焊条端部靠在填充焊缝的管壁处，以直线形运条到 12 点与 11 点钟之间处收弧。焊条与板的夹角从仰焊部位的 45° 逐渐过渡到平焊部位的 60° 左右，焊条与焊接前进方向夹角随焊接位置不同而改变。

（2）左半圈的焊接　左半圈焊接前，先将右半圈的起焊位置和末端的焊渣清理干净，如果接头处存在过高的焊瘤或焊缝时，应将其处理平整。一般在 8 点处左右的填充焊缝上引弧，然后将电弧拉至 6 点处的焊缝起始端预热并压低电弧开始焊接。6 点到 7 点之间一般采用直线形运条，同时保证连接处光滑平整。当焊至 12 点位置时，连续做几次挑弧动作，将熔池填满后收弧。

7.2　插入式管板的焊接

插入式管板的焊接一般分两个层次。先用 φ2.5mm 的焊条进行定位焊（定位焊每一点的长度为 5~10mm），接着在定位焊缝的对面引弧，用 φ2.5mm 的焊条进行打底层的焊接，焊接电流为 50~100A，焊条与平板的夹角为 40°~45°，焊条不做摆动，操作方法与平面焊基本相同。焊完后用清渣锤进行清渣，再用钢丝刷清扫焊缝表面，然后焊接盖面层。盖面层用 φ3.2mm 的焊条，焊条与平板的夹角为 50°~60°，焊接时采用月牙形运条。

焊接插入式管板工件时，必须保证焊接两层，不能用大直径焊条只焊一层。因为这种接头往往要承受内压，如果只焊一层，虽然可以达到所需的焊脚尺寸，但由于焊缝内部存在缺欠，工作时往往会发生焊缝泄漏、渗水、渗气和渗油等现象。

7.3　水平固定管板的焊接

焊接示例：管口直径为 159mm，固定管壁厚度为 4~6mm。管板组对间隙固定为 3~3.5mm，板厚为 10~12mm，板侧钝边厚度为 0.5~1mm，组对固定点 3 处，焊点长度为 10~15mm，固定点两侧成坡状成形，组对前将焊口两侧 20mm 内油污、锈蚀清除。选 J422、E4303 焊条、直径分别为 2.5mm、3.2mm。焊接电流的调节范围为 80～95A、95～105A（见图 7-17）。

图 7-17　管板组对

7.3.1　管板第 1 层焊接

1. 第 1 层焊接熔池成形的运条方法

先于固定管口仰焊部位板面的钝边处，过中心线 20mm 点使电弧引燃，再使焊条未燃端贴于钝边处，使一点过渡的金属熔滴凸于板面外侧平面，然后使电弧稍作下侧回带后，使其熄灭。电弧熄灭后在熔池的亮色中，将焊条端对准于 A 点的上侧垂直管面处，当熔池温度由亮红缩成一点暗红时，再上推电弧穿过坡口间隙，并于管面处 B 点使熔滴金属过渡，然后做下移带弧同下侧 A 点的熔池凝结处相熔，形成基点熔池。再然后迅速熄灭弧、熄弧后，使电弧对准 A 点续弧处做委弧停留，使熔滴再次过渡，依次循环。

做电弧前移，宜使熔滴依次流过坡口间隙，电弧向上应使未燃端贴于仰焊处管面后，再使焊条未燃端于坡口钝边处做移动电弧动作，使熔滴过渡点与钝边处成平行状金属结构。

插管式管板第 1 层焊接，也宜做电弧上下一次成形带弧。带弧时，电弧宜先贴入仰管平面一侧，做委弧停留，使金属熔滴过渡后，再稍作下移带弧于下侧钝边处。此方法应注意上下电弧停留时，熔滴过渡的上、下厚度与中心熔池堆敷厚度的控制（见图 7-18）。

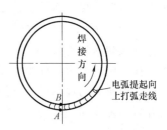

图 7-18　第 1 层焊接熔
池成形的运条方法

2. 第 1 层焊接熔池成形的平度

管板焊接应掌握熔池内、外两侧成形的平度和外背侧成形，可在熔滴过流状态观察时，增加和缩短委弧的时间，加大或缩小电弧进入焊接坡口根部钝边处的深度。

在电弧进入焊接坡口根部时，也应注意观察电弧的吹扫角度。当电弧贴向管面一侧委弧时，电弧的吹扫方向为坡口过流的间隙处，会使熔滴过渡管面熔合处较薄、熔池中心过渡较厚，管面外侧将出现上、下两侧的沟状过流成形。

为避免此种成形的发生，在电弧向坡口两侧的吹扫运条时，电弧的吹扫方向宜压低吹向管面的仰焊部位，使委弧后的过流熔滴超过并平于外背侧板面平度，再稍作下移电弧于下坡口一侧。

坡口下侧委弧时，如果钝边较小，电弧带入下坡口钝边外易出现豁状成形，避免的方法可在电弧外移下坡口钝边处时，稍作外移 2~3mm，并通过电弧委动的时间，使熔滴稍加溢出坡口过流端点，然后迅速做电弧抬起的动作。焊接坡口里侧熔池成形，如果电弧在仰焊管面一侧（B 侧）委弧，那么在稍作回带下压后，根部成形应凸于或平于中间熔池。如果委弧点熔池稍见液流滑动状态，那么应迅速做抬起动作，再使其回落。也可采用左、右两侧循环落弧的方法，在 A 侧熔滴过渡后做电弧上提的动作于 B 侧，当熔池由亮红色缩成一点时，再迅速将电弧落入 A 侧，或做下带的动作同下坡口 A 侧熔合相连（见图 7-19），此种方法能缓解骤然上升的熔池温度。

3. 第 1 遍焊层落弧的位置

管板仰焊部位，因坡口钝边处较薄，电弧进入坡口 A 侧根部，稍作委弧后，应快速抬起，缩小熔池在坡口钝边处液流的

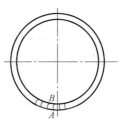

图 7-19 第 1 层焊接熔池成形的平度

范围。再次落弧点应贴向熄弧熔池斜后方的管面 B 侧，并压低吹向仰焊管面移动电弧的位置，使其平于熔池下点移动电弧的深度，稍作委弧后同底点熔池熔合相连。较薄熔池成形后，再使其熄灭，上、下两点熔池成形，仰焊及平焊爬坡段，也宜采用稍作错位的落弧方式，这样可以控制金属液流时 A、B 两点垂直落弧所形成的金属液下沉，使下点熔池堆敷成形增厚，解决药皮熔渣溢满 A 点前移方向等问题。

立焊端移动电弧的位置：因焊缝间隙成平行状态，A、B 两

侧可平行移动电弧。平焊爬坡段 A、B 两侧移动电弧，B 侧应先于 A 侧，即 B 侧先做委弧停留，再做平行带弧动作于 A 侧。若 A 侧先行，因上移后的 A 侧高于 B 侧，A 侧处的药皮熔渣会先于金属液产生液流至 B 侧，使 B 侧熔池前移受阻，在受阻后 B 侧的熔滴过渡因电弧的进入不能到位于续弧位置而使熔滴过渡成形受到影响。

随着焊缝间隙的逐渐收缩，电弧回落宜先穿过坡口间隙，再落弧于熔池的熔解处做过流吹扫，使电弧吹扫后的熔孔大于焊条的直径，然后做微小的下移横向带弧和委弧动作形成金属熔滴的过渡，再迅速做上移抬起的动作。当熄弧熔池温度稍见降低时，落弧于熔孔的上方，使熔孔延伸，再做下移动作于续弧处，依次循环。

电弧依次落弧与抬起，落弧位置过下或委弧形成熔池过厚，会使熔孔封死或被淹没，再次落弧的吹扫易产生大面积坠熔。

管板第 1 层封底焊接，应采用快速焊接，一次成形，避免焊接时间较长或间隔时间过长而引起的收缩。例如爬坡平焊段，间隙收缩后难以形成穿透性熔池，可先完成顶部爬坡段焊接，再以仰焊部位为始端，做前移运条于立焊段。

爬坡平焊段与仰焊段的引弧起点，应先形成较薄熔池，再逐渐加厚，成坡状成形，在起弧端点与焊道收尾处 5~10mm 采用连弧焊接，尽量增加熔池的温度。当电弧与端点相熔时，也宜使电弧下压，并在穿过坡口间隙后，稍作横向摆动，然后从熔孔根部逐渐带出电弧，填满尾弧熔坑后，再使焊条稍作前移，使电弧熄灭。

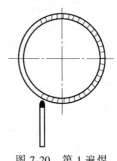

图 7-20　第 1 遍焊层落弧的位置

仰焊部位另一侧起弧，电弧引燃后不能一步到位，应先移动电弧到过流处，再做带弧动作到始焊端，压低电弧吹扫于坡口底边部的另一侧焊肉之上，顺弧形成 10mm 左右熔池（见图 7-20），然后调整焊条角度，做顶弧吹扫于续接点，并上下委弧，形成过流熔池。焊接完成，除净焊渣。

7.3.2 管板第2层焊接

焊接示例：焊接坡口深度为6~7mm，表面宽度为8~10mm，选 $\phi3.2$mm焊条，焊接电流的调节范围为100~120A。第2层填充焊接应注意以下3点。

1. 焊接电流的调节

1）第1层焊道的表面沟状成形过深，焊道成形较厚。通过调节焊接电流，电弧引燃后应使熔渣浮出与漂浮状态灵活，熔池前移延伸，有明显熔合痕迹。

2）第1层焊道的表层较平，焊道成形厚度较薄。通过调节焊接电流，电弧引燃后熔渣呈漂浮状态，熔池前移延伸，熔解线清晰。

2. 运条的方法

第2层焊接的引弧起点，应为仰焊部位过中心线20mm处，电弧引燃先形成较薄熔滴过渡，再逐渐加厚，形成 B、A 斜坡面成形，如果此时熔池堆敷成形过厚，可做抬起动作，并使电弧熄灭。当熄弧点（如 A 点）熔池由亮红色缩成一点暗红时，再使电弧回落于 B 点。

电弧至 B 点后，应做回推动作加厚熔池仰坡面成形，并掌握熔池成形的范围和液流的状态。如果熔池成形厚度为3~4mm，电弧回推熔池范围增大，呈液流状，可适当缩小电弧回推时的委动，使熔池范围缩小，然后斜向下带弧至 A 点，做委弧停留，并在委弧时控制熔渣在委弧位置的流量，使 B 点根部熔渣浮动灵活，熔池成形清晰可辨。管板仰焊部位熔池成形的 A、B 两点，B 点在前多于下侧 A 点，管板中段运条，落弧位置应在续接熔池的中心上方。一次落弧后，可先带弧于管面根部，再做下一个带弧动作于坡口一侧，熔池两侧委弧应使熔渣荡出熔池之外，使下落点熔池能形成一节闪光的金属液。

中段落弧位置的中心点，应能在电弧的横向吹扫时，形成较高熔池温度的再度熔解，避免起弧处产生缩孔、气孔、熔合不良等（见图7-21）。

管板上段爬坡及平焊部位的落弧位置，A 点应高于 B 点，即电弧从 C 点引燃带弧至 A 点之后，使 A 侧熔池厚度增加，然后平行带弧至 B 点，使根部 B 点金属液丰满，再做上移抬起动作。

图 7-21　运条的方法 1

管板 A、B 两点委弧，因 A 点委弧位置逐渐增高，熔渣液会先于金属液流入管面一侧根部，使 B 点熔池中熔渣堆积量过厚。操作时，应动作迅速，并采用顶弧焊接角度和小圆形的微量摆动，将富集的熔渣推出熔池大半，并控制和看住管面侧熔池底线的成形，避免因焊接电流较小、运条面较平、熔渣量过多等，引起熔池底侧边线不齐、含渣等弊病的产生。管板外凸面成形，因 A 点过高于 B 点，应逐渐加大带弧的动作，加厚 B 点成形金属的厚度，并使 B 点委弧过熔池中心线行至 D 点，然后留下中心线，A 点焊接坡口较深（见图 7-22）。

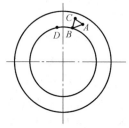

图 7-22　运条的方法 2

3. 第 2 遍焊接熔池的熔解深度与表面平度

第 2 遍填充焊接引弧后，应仔细观察熔池温度的变化，如果此层熔池对底层焊道表层的熔解痕迹过大，熔池颜色过亮，熔池成形范围过大，呈下塌趋势，应降低焊接电流，并适当延长电弧抬起后熄灭的时间。第 2 遍熔池对第 1 遍焊层的熔解，应使熔池熔解范围清晰，熔渣浮出漂浮灵活。

第 2 遍熔池表层应保证其成形的平度，避免融化区不能同两侧母材进行熔解性熔合，使熔池两侧沟状成形过深，中心熔池凸状成形过厚。在控制和掌握时，应根据中心熔池的液态滑动，适当延长和缩短熔池两侧电弧停留的时间，加快或减慢横向带弧的动作。第 2 遍熔池成形应薄厚一致、表面平整，一侧焊接完成后另一侧焊接与此侧应基本相同。焊接完成，除净药皮焊渣。

7.3.3 管板封底表层焊接

焊接示例：焊接坡口深度为 2.5 ~ 3mm，宽为 8 ~ 10mm，选 φ3.2mm 焊条，焊接电流的调节范围为 115 ~ 120A。

操作方法：封底焊接仰焊面熔池成形平度，可根据熔池成形时凸于或平于母材平面的多少做委弧运条。焊接坡口深度为 3mm，仰焊部位的焊接坡口高 8 ~ 10mm。也可采用单层焊排续方法，如图 7-23 所示。第 1 遍下层焊接，采用小圆形运条，根据熔池液流的状态及与母材平面的比较，掌握液态金属外扩的范围。例如熔池形成稍平于母材的平面，熔池流动状态平缓，熔池高度为 6mm。

仰焊部位单层排焊第 1 遍下层焊道的长度应到 F 点。焊接完成后，留住或除掉药皮焊渣。仰焊上边排焊，电弧起点应留出 10mm 给最后 1 遍焊道起弧（见图 7-23）。引弧后，先带弧稍作下压，形成上层熔池对下层熔池高点的铺盖。然后采用小圆形运条的带弧动作，对管道仰焊平面回推运条再形成仰焊面，熔池深

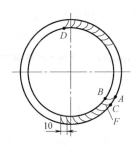

图 7-23 单层焊排续方法

度为 3 ~ 4mm。在熔池温度较高时，熔池与管道平面熔合处出现含沟过深点或过深线。可采用一次回推电弧至仰焊平面后，迅速移走或使其熄灭。当熔池温度稍有下降时，再做电弧回带动作至仰焊平面处。

仰焊上层熔池形成的范围不能过大，过大的熔池范围易出现液流金属无规律外扩，形成过凸的熔池上边部成形。

仰焊上层时的运条，焊至 F 点仰立爬坡部位后，做平行带弧动作至下层熔池续接点，并形成 B、A 点熔池宽度，使上、下两层焊接成形改为 B、A 横向运条一次成形。

爬坡及平焊段运条，起弧后先做带弧动作至 A 点，稍作委弧停留后，再做上坡状横向带弧至管面 B 点，稍作委弧停留，使熔

池厚度增加并凸于 A 点，然后做抬起动作带弧至熔池中心 C 点，再然后使电弧回落 A 点，依次循环。

爬坡平焊段厚度成形，A 侧成形与坡口边线做平度比较，B 侧管面成形与上侧熔池厚度做比较。因 B 侧爬坡平焊段较厚，熔池中熔渣难以逸出，熔池外扩成形较为吃力，宜在适当提高焊接电流的同时采用顶弧焊接角度，

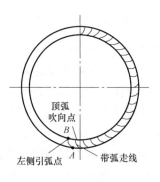

图 7-24　仰焊上边排焊

做小圆形断续的快速带弧，从前向后使熔池厚度增加。

右侧焊接完成后，左侧焊接引弧点应选在对接处起焊点前方 10~15mm 处，引燃后带弧吹向续接点，使两侧焊道的对接能形成较好熔解（见图 7-24）。

7.3.4　管板的封面焊接

管板的封面焊接时，仰焊部位起点应放到管板的中心部位，并根据焊道宽度紧贴坡口底侧边部，先形成 10~20mm 单层焊道。封面焊接如果先施焊于右侧，应紧贴 20mm 的中心点上侧，使电弧引燃并使电弧稍作下压，同底层焊道熔合相连，然后继续回弧贴向仰焊管壁平面 B 点，委弧形成基点熔点。再斜焊至 A 点，委弧使熔池外扩，同 20mm 焊道右端点相熔，并使 A 侧熔池外扩，淹没外圈底层焊道边线 1mm。熔池成形高度凸于母材平面 2mm 左右，并利用迅速抬起动作控制熔池液流外扩的程度。电弧抬起后，再贴熔池上端表面，快速带弧至仰焊面 B 点。按基点熔池高度，贴仰焊面再做一个下滑的落弧动作，从管面根部呈弧形或直线形下带至 A 点，再向上提起、熄灭。然后快速做带弧动作至 A 点，依次循环。

封面焊接中间段熔池的形成。电弧从 B 点委弧后，平行带弧至外坡口 A 点，使熔池凸于坡口边部 2mm，然后根据熔池的温度做挑弧、熄弧或连弧动作。或按熔池厚度，采用一侧抬起一侧落弧

的方法，即一层熔池成形后，电弧从一侧如 A 点做抬起动作，呈弧形线，从熔池上方划至 B 点，再以熔池滑动的范围做上移抬起的动作，依次循环。

中心平焊段，焊条宜多做管面侧运条，行至距中心线 20mm 左右时，可使上板面 A 点侧不过渡填充金属，空缺之处留于左侧焊接，完成右侧焊接，留住左侧药皮焊渣。

左侧焊接，从仰焊 20mm 前 10mm 处引燃电弧（见图 7-25），压低吹向 20mm 上方右侧起弧焊肉，并按右侧成形的方法，形成左侧熔池。

左侧封面、上爬坡段焊接的运条方法与右侧相同，正中收弧处应按右侧成形填满上侧成形金属。

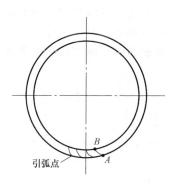

图 7-25　仰焊引燃电弧

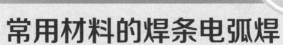

第8章

常用材料的焊条电弧焊

8.1 低碳钢和低合金钢的焊条电弧焊

1. 低碳钢的焊条电弧焊

低碳钢的焊接广泛采用焊条电弧焊。焊条在选择时应根据低碳钢的强度等级选用结构钢焊条，并考虑焊件所在的工作条件选用酸性或碱性焊条。低碳钢焊条电弧焊选用的焊条牌号见表8-1。

表8-1 低碳钢焊条电弧焊选用的焊条牌号

钢材牌号	焊一般结构(包括厚度不大的低压容器)用的焊条牌号	焊受压载荷,厚板,中、高压容器及低温容器用的焊条牌号	施焊条件
Q235	J421,J422,J423,J424,J425	J426,J427(J506,J507)	一般不预热
10、20、20G	J422,J423,J424,J425	J426,J427(J506,J507)	一般不预热
22G、20HP	J426,J427	J506,J507	厚板预热150℃

2. 低合金钢的焊条电弧焊

由于低合金钢焊缝长度的强度等级比低碳钢的高，为了达到焊缝与母材等强度的要求，应优先选用碱性焊条。碱性焊条具有抗热裂、抗冷裂的性能。焊接低合金钢的焊条见表8-2。

表8-2 焊接低合金钢的焊条

钢材牌号	焊条牌号	钢材牌号	焊条牌号
Q295	J422,J426,J427	Q345	J502,J506,J507
Q390 Q420 15MnVTi Q390	J506,J507,J553,J557	14MnMoV 18MnMoNb	J707

3. 低碳钢和低合金钢焊条电弧焊的焊接工艺

低碳钢、低合金钢是工程中常用的材料，为了确保此类材料的焊条电弧焊的施工质量，需优化具体的焊接工艺。

(1) 焊前准备　包括下列内容：

1) 根据施焊结构钢材的强度等级和各种接头形式，选择相应强度等级的焊条和合适的焊条直径。

2) 当施工环境温度低于 0℃，或钢材中碳的质量分数大于 0.41% 且结构刚度过大、构件较厚时，应采用焊前预热措施，预热温度为 80~100℃，预热宽度（与焊缝的距离）为板厚的 5 倍，但不小于 100mm。

3) 工件厚度大于 6mm 对接焊时，为确保焊透强度，在板材的对接边沿应切开 V 形或 X 形坡口，坡口角度 $\alpha = 60°$。钝边厚度 $P = 0~1mm$，装配间隙 $\delta = 0~1mm$；当板厚差 $\geqslant 4mm$ 时，应对较厚板材的对接边缘进行削斜处理。

4) 焊条烘干两次。酸性药皮类型焊条焊前烘干的工艺参数为：温度为 150℃、保温 2h，烘干两次；碱性药皮类型焊条焊前必须进行两次 300~350℃ 的烘干。

5) 焊前接头要清洁干净，将坡口或焊接处两侧 30mm 范围内影响焊缝质量的飞边、油污、水、锈蚀、氧化皮等清洁干净。

6) 当焊缝长度小于 50mm 时，焊前两端应加引弧板、熄弧板，其规格不小于 50mm×50mm。

(2) 焊接材料的选用原则　包括下列内容：

1) 首先应保证母材强度等级与焊条强度等级相匹配，并考虑不同药皮类型焊条的使用特性。

2) 考虑焊件所处的工作条件，其中承受动载荷、高应力或形状复杂、刚度较大的焊件，应选用抗裂性能和冲击韧度好的低氢型焊条。

(3) 焊接参数　包括下列内容：

1) 应根据母材板厚选择焊条直径及焊接电流，见表 8-3。

表 8-3　不同母材板厚焊条电弧焊所对应的焊条直径及焊接电流

板厚/mm	焊条直径/mm	焊接电流/A	备注
3	2.5	80~90	不开坡口
8	3.2	110~150	开 V 形坡口
16	4.0	160~180	开 X 形坡口
20	4.0	180~200	开 X 形坡口

注：表中电流为平焊位置焊接时所选值，立焊、横焊、仰焊时的焊接电流应比表中值降低 10%~15%；板厚大于 16mm 时，焊接底层应选用 φ3.2mm 的焊条，角焊焊接电流应比对接焊焊接电流稍大。

2）为使对接焊缝焊透，在底层焊接时应选用比其他层焊接较小的焊条直径。

3）厚件焊接时，应严格控制层间温度，各层焊缝不宜过宽，应考虑多层多道焊接。

4）对接焊缝正面焊接后，反面使用碳弧气刨扣槽，并进行封底焊接。

（4）焊接程序　包括下列内容：

1）焊接纵横交错的焊缝时，应先焊端接缝，后焊边接缝。

2）焊缝长度超过 1m 时，应采用分中对称焊法或逐步码焊法。

3）凡对称工件，应从中间开始向前、后两个方向焊接，并左、右方向对称进行。

4）先焊短焊缝，后焊长焊缝。

5）部件焊缝质量不好时，应在部件上进行反修处理，直至合格，不得留在整体安装焊接时再进行处理。

（5）操作要点　包括下列内容：

1）焊接重要结构时要使用低氢型焊条，必须经 300~350℃烘干 2h，一次领用焊条量不超过 4h 的用量，并将焊条装在保温筒内。其他焊条也应放在焊条箱内妥善保管。

2）根据焊条的直径和型号、焊接位置等调试焊接电流、选择焊接极性。

3）在保证接头不致爆裂的前提下，根部焊道应尽可能地薄。

4）多层焊接时，下一层焊开始前应将上层焊缝的药皮、飞溅等表面物清除干净，多层焊时每层焊缝的厚度不超过 3~4mm。

5）焊前工件有预热要求时，进行多层多道焊时应尽可能连续完成，保证层间温度不低于最低预热温度。

6）多层焊起弧接头应相互错开 30~40mm，"T"形和"一"字缝交叉处 50mm 范围内不准起弧和熄弧。

7）低氢型焊条应采用短弧焊进行焊接，选择直流电源反极性接法。

8.2　中碳钢的焊条电弧焊

焊接中碳钢时，应当尽量选用低氢焊接材料如低氢焊条，以提高抗热裂纹或抗氢致裂纹的能力。在少数情况下，也可采用钛铁矿型或钛钙型焊条，但必须有严格的工艺措施相匹配，即严格控制预热温度并减小母材的熔深，以减少焊缝的含碳量。焊条的具体选择见表 8-4。

表 8-4　中碳钢焊条电弧焊所用焊条

| 钢号 | 母材 $w(C)$ (%) | 焊接性 | 母材力学性能($\geqslant$) | | | | | 选用焊条牌号 | |
			R_{eL} /MPa	R_m /MPa	A (%)	Z (%)	A_K /J	不要求强度或不要求等强度	要求等强度
35	0.32~0.40	较好	315	530	20	45	55	J422 J423	J506 J507
ZG270—500	0.31~0.40	较好	270	500	18	25	22	J426 J427	
45	0.42~0.50	较差	355	600	16	40	39	J422 J423	J556 J557
ZG310—570	0.41~0.50	较差	310	570	15	21	15	J426 J427 J506 J507	

（续）

钢号	母材 $w(C)$ （%）	焊接性	母材力学性能（≥）					选用焊条牌号	
			R_{eL} /MPa	R_m /MPa	A （%）	Z （%）	A_K /J	不要求强度或不要求等强度	要求等强度
55	0.52 ~ 0.60	较差	380	645	13	35	—	J422 J423	
ZG340— 640	0.51 ~ 0.60	较差	340	640	10	18	10	J426 J427 J506 J507	J606 J607

中碳钢的焊条电弧焊工艺如下：

1）需要采取整体或局部预热并保持一定的焊缝温度，防止热影响区和熔敷金属产生硬脆的马氏体组织。35 钢和 45 钢的预热温度一般为 150 ~ 250℃；当含碳量提高，或板厚增加、刚度加大时，预热温度为 250 ~ 400℃。

2）焊后消除应力退火（特别是对于大厚度工件、大刚度结构件和处于动载荷或冲击载荷工况环境下的工件）。消除应力回火温度一般为 600 ~ 650℃。如果不能立即进行消除应力退火，则必须采取后热，以便扩散氢逸出，其温度视具体情况而定，其保温时间的计算方法为：每 10mm 板厚保温 1h。

3）除上述工艺措施外，为防止焊接裂纹，还需要注意以下事项：

① 焊接坡口尽量开成 U 形。如果工件有铸件缺欠，铲挖出的坡口外形应圆滑，其目的是减少母材熔入焊缝金属中的比例，有利于防止裂纹。

② 可以用气割、碳弧气刨等方法开坡口。

③ 焊条使用前要烘干。碱性焊条的烘干温度为 350 ~ 400℃，时间为 1 ~ 2h；钛钙型酸性焊条的烘干温度为 150℃，时间为 1 ~ 2h。

④ 第 1 层焊缝焊接时，尽量采用小电流、慢焊速，以减小母材的熔深。但必须注意母材的熔透，避免出现夹渣及未熔合等缺欠。

⑤ 焊后尽可能缓冷。

⑥ 有时可采用锤击焊缝的方法来减少焊接残余应力。

8.3 不锈钢的焊条电弧焊

各种不锈钢都具有良好的化学稳定性。通常不锈钢包括耐酸不锈钢和耐热不锈钢。能抵抗某些酸性介质腐蚀的不锈钢，叫作耐酸不锈钢；在高温下具有良好的抗氧化性和高温强度的不锈钢，叫作耐热不锈钢。

不锈钢可按成分和组织的差别进行分类，如图 8-1 所示。

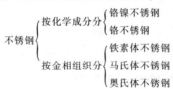

图 8-1　不锈钢的分类

8.3.1　马氏体不锈钢的焊接特点

马氏体不锈钢的主要特点是除含有较高的铬处，还会有较高的碳，可以用热处理方法提高其强度和硬度。随钢中含碳量的增加，钢的耐蚀性下降。这类钢具有淬硬性。在温度不超过 30℃ 的时候，在弱腐蚀介质中有良好的耐蚀性，对淡水、海水、蒸气、空气亦有足够的耐蚀性。热处理与磨光后具有较好的机械性能。

1. 马氏体不锈钢的焊接特点

由于马氏体不锈钢有强烈的淬硬倾向，施焊时在热影响区容易产生粗大的马氏体组织，焊后残余应力也较大，容易产生裂纹。含碳量越高，则淬硬和裂纹倾向也越大，所以其焊接性较差。

为了提高焊接接头的塑性、减少内应力、避免产生裂纹，焊前必须进行预热。预热温度可根据焊件的厚度和刚度大小来决定。为了防止脆化，一般预热温度为 350~400℃ 为宜，焊后将焊件缓慢冷却。焊后热处理工艺通常是高温回火。

焊接马氏体不锈钢时，要选用较大的焊接电流，以减缓冷却速度，防止裂纹产生。

2. 焊接方法

常用的焊接方法为焊条电弧焊，施焊时焊条的选用及要求见表 8-5。

表 8-5　马氏体不锈钢焊条电弧焊焊条的选用及要求

钢种	焊条 （国标型号）	焊接电源	预热及热处理
12Cr13	E1-13-16	交、直流	焊前预热 150~350℃，焊后 700~730℃回火
	E1-13-15	直流反接	
20Cr13	E0-19-10-16	交、直流	一般焊前不预热（厚大件可预热200℃），焊后不热处理
	E0-19-10-15	直流反接	
	E2-26-21-16	交、直流	
	E2-26-21-15	直流反接	
15Cr12W MoV（F11）	E2-11MoVNiW-15	直流反接	焊前预热 300~450℃，焊后冷却至100~120℃后，再经 740~760℃回火

8.3.2　铁素体不锈钢的焊接特点

铁素体不锈钢的塑性和韧性很低，焊接裂纹倾向较大，为了避免焊接裂纹的产生，一般焊前要预热（预热温度为 120~200℃）。铁素体不锈钢在高温下晶粒急剧长大，使钢的脆性增大。含铬量越高，在高温停留时间越长，则脆性倾向越严重。晶粒长大还容易引起晶间腐蚀，降低耐蚀性。这种钢在晶粒长大以后，是不能通过热处理使其细化的。因此，在焊接时防止铁素体不锈钢过热是需要解决的主要问题。

铁素体不锈钢一般采用焊条电弧焊方法进行焊接，为了防止焊接时产生裂纹，焊前应预热。为了防止过热，施焊时宜采用较快的焊接速度，焊条不摆动。窄焊道、多层焊时，要控制层间温度，待前一道焊缝冷却到预热温度后，再焊下一道焊缝。对厚大焊件，为减少收缩应力，每道焊缝焊完后，可用小锤锤击。

焊接铁素体不锈钢时焊条的选用见表 8-6。

表 8-6　焊接铁素体不锈钢时焊条的选用

钢种	对焊接头性能的要求	选用焊条(国标)	预热及热处理
10Cr17	耐硝酸及耐热	E0-17-16	焊前预热 120~200℃,焊后 750~800℃ 回火
022Cr18Ti			
10Cr17	提高焊缝塑性	E0-19-10-15	不预热,不热处理
022Cr18Ti			
019Cr18MoTi		E0-18-12Mo2-15	
Cr25Ti	抗氧化性	E1-23-13-15	不预热,焊后 760~780℃ 回火
Cr28	提高焊缝塑性	E2-26-21-16	不预热,不热处理
Cr28Ti		E2-26-21-15	

8.3.3　奥氏体不锈钢的焊接特点

铬镍奥氏体不锈钢在氧化性介质和某些还原性介质中都有良好的耐蚀性、耐热性和塑性,并具有良好的焊接性。在化学、炼油、动力、航空、造船及医药等行业应用十分广泛,这也是本章重点介绍铬镍奥氏体不锈钢的焊接问题的原因。

在该类钢中用得最广泛的是 18-8 型铬镍不锈钢。按钢中含碳量的不同,铬镍奥氏体不锈钢可分为三个等级:①一般含碳量(质量分数不大于 0.14%),如 12Cr18Ni9、1Cr18Ni9Ti 等;②低碳级(质量分数不大于 0.06%),如 03Cr18Ni16Mo5 等和超低碳级(质量分数不大于 0.03%),如 00Cr18Ni10、00Cr17Ni14Mo3 等。含碳量较高的不锈钢中,常常加入稳定元素钛和铌,如 1Cr18Ni9Ti、06Cr18Ni11Nb 等。超低碳级的铬镍不锈钢具有良好的抗晶间腐蚀性能。

为了节约镍的用量,我国发展了一些少镍或无镍的新钢种(如铬锰氮钢等),这些钢也具有优良的耐蚀性的焊接性。

奥氏体不锈钢的焊接性良好,不需要采取特殊的工艺措施。但当焊接材料选择不当或焊接工艺不正确时,会产生晶间腐蚀及热裂纹等缺欠。

1）晶间腐蚀发生于晶粒边界，是不锈钢极危险的一种破坏形式，它的特点是腐蚀沿晶界深入金属内部，并引起金属机械性能显著下降。晶间腐蚀的形成过程是：在450～850℃的危险温度范围内停留一定时间后，如果钢中含碳量较多，则多余的碳以碳化铬的形式沿奥氏体晶界析出（碳化铬的含铬量比奥氏体不锈钢的平均含铬量高得多）。铬主要来自晶粒表层，由于晶粒内铬来不及补充，会在靠近晶界的晶粒表层造成贫铬，在腐蚀介质的作用下，晶间含铬层受到腐蚀，即晶间腐蚀。

施焊时总会使焊缝区域被加热到上述危险温度并停留一段时间，因此在被焊母材的成分不当或选用焊接材料不当及焊接工艺不当等诸多条件下，焊接接头将会产生晶间腐蚀的倾向。

2）防止晶间腐蚀的措施：

① 控制含碳量。碳是造成晶间腐蚀的主要元素，严格控制母材的含碳量，正确选择焊接材料是防止奥氏体不锈钢焊接出现晶间腐蚀的关键措施之一。不锈钢焊件在不同条件下应选用不同牌号的电焊条，见表8-7。

表 8-7　常用奥氏体不锈钢电焊条的选用

钢材牌号	工作条件及要求	选用焊条（国标）
06Cr19Ni10	工作温度低于 300℃，同时要求良好的耐腐蚀性能	E0-19-10-16 E0-19-10-15
12Cr18Ni9	工作温度低于 300℃，同时对抗裂性、耐蚀性要求较高	E347-16
1Cr18Ni9Ti[①]	要求优良的耐蚀性	E0-19-10Nb-16 E0-19-10Nb-15
	对耐蚀性要求不高	A112
06Cr17Ni12Mo2Ti	抗无机酸、有机酸、碱及盐的腐蚀	E0-18-12Mo2-16 E0-18-12Mo2-15
	要求良好的抗晶间腐蚀性能	E0-19-13Mo2Cu-16 E00-18-12Mo2Cu-16
06Cr25Ni20	高温（工作强度小于 1100℃），不锈钢与碳钢焊接	E2-26-21-16 E2-26-21-15
铬锰氮不锈钢	用于醋酸、维尼龙、尿素、纺织品等产品的制备用机械设备	A707

①在用非标准牌号。

② 施焊中采用较小焊接电流。焊条以直线或画小椭圆圈运动为宜，不摆动，快速焊接。多层焊时，每焊完一层要彻底清除焊渣，并控制层间温度，等前一层焊缝冷却到小于 60℃ 时再焊下一层，必要时可以采取强冷措施（水冷或空气吹），与腐蚀介质接触的焊缝应最后焊接。

3）热裂纹是奥氏体不锈钢焊接时容易产生的一种缺欠。防止热裂纹的措施包括：

① 在焊接工艺上采用碱性焊条直流反接电源（交直流两用焊条也以直流反接为宜），用小电流、直焊道、快速焊接的方法进行施焊。

② 弧坑要填满，可防止弧坑裂纹。

③ 避免强行组装，以减少焊接应力。在条件允许的情况下，尽量采用氩弧焊打底、填充、盖面焊接，或用氩弧焊方法打底，用其他方法填充、盖面焊接。

8.3.4　奥氏体不锈钢的立焊

1. 焊接特点

18-8 型奥氏体不锈钢的焊条电弧焊单面焊双面成形立焊操作与碳钢、低合金钢单面焊双面成形相比更难掌握，其特点如下：

1）如果焊接工艺不当，那么易在焊接区域产生过烧和铬偏析引起的晶粒粗大，降低其使用性能。

2）引弧困难。奥氏体不锈钢电阻大，焊接时产生的电阻热也大，引弧时焊条容易与焊件粘住造成短路，使焊条发红、药皮开裂和脱落，影响施焊的正常进行。

3）立焊比平焊、仰焊位置在打底焊时的背面焊道更容易产生未焊透、凹陷、焊瘤等缺欠。而在表面成形时又易出现焊缝成形下坠而凸起明显，影响表面焊缝成形的美观，同时也容易产生层间夹渣、气孔等缺欠。

经实践，用以下操作方法在立焊奥氏体不锈钢时，既能使表面成形良好，又能保证其内在质量。

2. 焊前准备

1）选择性能较好的逆变电焊机，直流反接。

2）选用 φ3.2mm 的 A132 电焊条，按要求烘干，随用随取。

3）试件组对尺寸如图 8-2 所示，反变形量为 5~6mm。

4）为防止飞溅与电弧擦伤，组对焊接时试件表面坡口的两侧各 100mm 处涂稀白灰，但不得污染坡口内部。

需要注意的是，坡口的钝边厚度愈大，背面成形愈差。经验证明，钝边的大小与所用焊条直径有关。打底焊以 φ3.2mm 的焊条为例，当钝边厚度不小于 2.5mm 时，易产生背面成形低凹

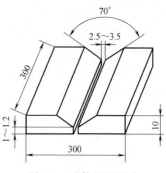

图 8-2 试件组对尺寸

和未焊透缺欠。不管是试板的焊接还是实物工件的焊接，要使背面成形良好，防止出现凹陷或未焊透等缺欠，组对时一定要控制好钝边厚度与组对间隙等尺寸，应做好焊接工艺评定，以合理的焊接参数去指导现场焊接，从而保证焊接质量。

3. 焊接工艺参数

焊接工艺参数见表 8-8。

表 8-8　焊接工艺参数

板厚/mm	焊层	焊接电流/A	运条法
10	打底层	90~95	三角形断弧法
	填充层	105~115	倒"8"字形连弧法
	盖面层	100~110	反月牙形连弧法

4. 施焊

1）在坡口内引弧，以短弧进行焊接。焊条与工件的倾角应保持 80°~85°，根据熔池成形情况而定，随时调整焊条角度，有时可达 90°，以促成背面成形良好，防止产生未焊透、凹陷、焊瘤等缺欠。采用三角运条法进行断弧焊接，如图 8-3 所示。

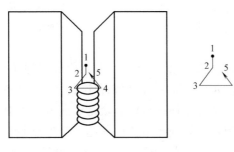

图 8-3　三角运条法

即从 1 点起弧（焊条对准间隙中心），往下运动至 2 点与 3 点，在 3 点稍停顿 1.5~2s 后，焊条再平移到 4 点，当焊条运动到 3 点至 4 点间隙中心时，电弧要有向后推压的手感。在 4 点处也要停顿 1.5~2s，电弧向上（5 点处）果断灭弧，焊条运动路线类似一个三角形，以此类推，一个熔池压住一个熔池的 1/2~2/3 向上断弧焊接，以免熔池局部温度过高。施焊操作时要掌握引弧、断弧的良好时机，即控制熔孔形状大小要一至，一般每侧坡口钝边熔化 1.5~2mm 为宜，才能焊出正、反两面成形良好、光滑、均匀的打底焊道。否则熔孔大了易形成焊瘤，熔孔过小又易形成未焊透缺欠。更换焊条接头时与前述单面焊双面成形操作相同。

2）控制层间温度，清理打底层的焊渣，待试板冷却到 60℃ 以下时，再进行填充层的焊接。采用倒"8"字形运条连续焊接，焊条与工件倾角为 75°~85°，倒"8"字形运条法如图 8-4 所示。

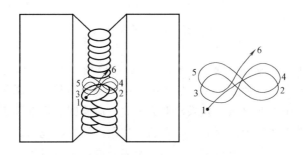

图 8-4　倒"8"字形运条法

即焊条从 1 点往上挑运条焊接，运动到 2 点时焊条往下划小半圆圈运动，再往上挑运动到 3 点也往下划小圆圈，再往上运动到 4 点……

焊条的运动路线类似一个倒 "8" 数字，但焊条从 2 点运动到 3 点、从 3 点运动到 4 点……时要稍作停顿，大约 1.5~2s，这样做的好处是能有利地将试件坡口两侧填足金属液，不会产生中间凸、两侧有深沟的焊道，有利于熔渣的浮起。手把要稳、运条要均匀，运条时电弧要短，切忌将焊条头（药皮）紧贴熔池边沿，以防止产生夹渣，填充焊缝距试板表面 1.5~2mm 为宜，并保持两侧坡口轮廓边沿完好，以利于盖面层的焊接。

3）层间温度的控制与填充层相同。焊接电流比填充层要稍小，焊条角度与填充层相同。为控制焊缝的表面成形，采用反月牙形运条方式连弧往上施焊，即焊条做月牙形摆动时是往上划弧线的（与低碳钢、低合金钢的运条方式不同），如图 8-5 所示。

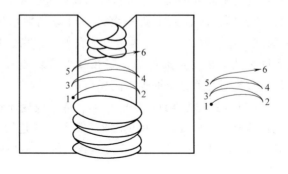

图 8-5　反月牙形运条法

电弧运到坡口两侧外边 1~2mm 处时要稍作停顿，以防咬边缺欠的产生。当发现金属液突然下坠，熔池中间凸起时，说明熔池温度已高，应立即灭弧。如果已形成焊瘤，应修磨后再继续焊接，以防止形成粗劣的表面焊缝。只有始终控制熔池的状况为椭圆形，运条手法要稳，摆动要均匀，才能焊出表面成形圆滑过渡、鱼鳞纹清晰、美观的焊缝。

8.3.5 不锈钢管道的焊接

1. 基本操作方法

（1）焊接示例 管道直径为 219mm，壁厚为 6~8mm，坡口的两侧组队成 65°角，没有钝边，两坡口的组队间隙为 3.5~4mm，坡口两侧的组对固定点长度为 20~30mm，固定位置（见图 8-6）焊接完成后将两侧磨成坡状，选 φ3.2mm A132 焊条，焊接电流的调节范围为 90~105A，焊接电源选用直流反接，焊前对所用焊材做烘干处理，烘干温度为 250~300℃，恒温 1h。

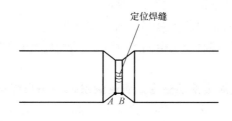

图 8-6 焊接示例

（2）管道的第 1 层焊接

1）管道第 1 层平焊段的焊接。

任何管道的焊接起焊前都宜对管道组对后的坡口间隙、焊接速度、焊缝间收缩量的大小做一大致的估计。此例焊接电弧的起点选择下 0°、上 0°点，左右两侧 40°之间坡口的预留间隙为 3.5mm。为了便于操作，此例焊接的起焊端选择上 0°点，左右两侧 40°（见图 8-7），起焊前先调节焊接电流，指数为 90A。电弧在坡口 A 侧引燃后，过坡口的钝边处，先使少量的液态金属过渡，然后迅速提走电弧，使其熄灭。当此处亮度稍见暗色后，再做快速落弧动作于 A 侧的相邻点 B 侧，落入后应贴于 B 侧的钝边处稍作委弧，并随着熔池的外扩与 A 点相熔形成基点熔池，然后迅速做电弧抬起的动作。当 B 点的亮熔池稍见暗色后，再做快速落弧动作于 A 点，依次循环。焊接应注意以下 4 点：

① 焊条角度的变化。不锈钢管道平焊段焊接宜与焊接方向成

60°~70°角（见图8-7），电弧进入续接点，多以1/3电弧穿过坡口间隙，以2/3电弧做续弧位置的吹扫。电弧落入后，稍作点弧，之后迅速从焊道成形方向推出。

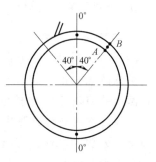

图8-7 焊条角度的变化

② 不锈钢焊接熔滴过渡的特点。焊接不锈钢焊条的液态金属过渡温度稍高或电弧穿过坡口间隙过多或一次过渡液态金属的量过多，续入熔池的液态金属会迅速下沉，并随着温度的增加使续入后的熔池范围全部下塌，或成豁口。为了避免此类现象的发生，应在焊接时控制熔滴的续入量，并使焊道成形厚度不超过2~2.5mm。

③ 坡口两侧边部的熔合。管道封底的第1层焊接多根据坡口两侧钝边处的熔合进行观察和移动电弧，在坡口的间隙稍大时，移动电弧的方法是焊条中心直接抵到坡口的钝边处，其目的是：使熔滴过渡后坡口处管内熔合线平整，避免带弧熔合时坡口钝边线内平面出现咬合痕迹和沟状成形线（见图8-8）。

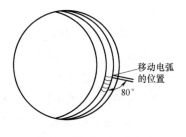

图8-8 移动电弧的位置

在第1层焊接封底的双侧移动电弧时，应避免偏于中心时引起的中心熔池过厚、熔解面过大。其原因是先一侧成形宜使少量熔滴在坡口的钝边线上过渡。如果范围过大过多，后一侧移动电弧的范围过小，后一侧移动电弧的熔透时间就会加长，而使熔滴的过渡量增加，使熔池的温度增加。

④ 电弧行至收尾时移动电弧的方法。第1层焊接电弧行至收尾时，电弧的进入仍采用两侧焊接方法，收尾后两侧焊道相交的最后一点根部必然出现大块的蜂窝状成形，其原因是坡口处双侧移动

电弧时在较窄、较小的坡口范围内低温度的双侧移动电弧很难使迅速点入后的液态金属形成最佳的熔透效果。避免的方法是：焊接行至尾部端 10mm 范围内时，宜根据坡口的间隙采用移动电弧焊接，并在焊前将相交点的被焊处磨成坡状，相交最后一点时，宜适当延长委弧的时间，然后继续移动电弧 10~20mm。

管道上两侧 40° 之间的焊接完成后，除净焊渣，两侧起焊端应采用砂轮打磨。

2) 管道第 1 层下部的焊接。

① 焊条角度的变化。仰焊部位焊接的焊条角度宜与焊接方向成 70°~80°，此角度能使过渡的熔滴挺度增加，使熔池外扩迅速，并形成坡口间焊道的熔透成形。下 45° 与立焊段 90° 点之间，焊条角度应与焊道的成形方向成 75°~80°，此种角度的电弧挺度有利于金属液熔滴的过渡。

② 电弧进入坡口钝边处的位置。不锈钢仰焊部位焊接焊条端推入坡口钝边处的位置应为焊条端部接近坡口钝边的边缘，推入时宜观察熔波上浮坡口管道内平面的位置。上浮位置过低时，电弧热源撤离后，熔波会迅速下沉，使焊道出现内凹下塌成形；熔池温度过高时，液态金属上浮量适当，但在电弧热源撤离后，熔池的下塌面也会出现凹状成形。改变以上弊病的发生应根据不锈钢焊接液态金属自坠成形较大的特点采用以下两种方法。

第 1 种方法是尽量上提电弧在坡口钝边处的位置，在电弧续入时，应观察电弧进入坡口钝边处的多少。如果焊条端部燃点距离坡口钝边线 2mm，熔波下塌位置适当，管道内熔池成形平整光滑，那么可以距钝边线 2mm 处为 2mm 线，并以其 2mm 的位置作为电弧前移上提停留的位置（见图 8-9）。

第 2 种方法是尽量缩短电弧进入坡口根部委弧的时间，合适电强度移

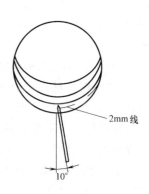

图 8-9 熔池的表面成形

动电弧后，应根据不锈钢熔滴过渡的变化，适当控制电弧形成熔池后撤离的时间。其方法是以电弧进入续弧位置使熔滴外扩，之后做电弧沿坡口面快速的上提移走动作，使熔池快速冷却。

3）管道 90°立焊段的第 1 层封底焊接。

先使焊条与下垂直面成 75°~80°角，引燃电弧的位置要以液态金属过渡到钝边处时内平面的高低为依据，焊条端部燃点续进熔池时应根据向里或向外的偏移量来确定电弧续入时委弧时间的长短。在熔池温度较高时，电弧的续入点应与坡口的钝边线保持一定的距离，如 1.5~2mm，下弧后利用电弧的推力推动金属液穿过坡口的钝边线，并适当缩短委弧停留的时间。相反，在电弧落入后，金属液过渡坡口的钝边线吃力，熔池熔解范围过小，在适当上提电流的强度时，还应使电弧续入的位置接近于坡口的钝边线，并适当延长钝边部位委弧的时间。

封底焊接完成后，除净药皮焊渣，有过深的含渣点要用砂轮打磨干净。

2. 不锈钢管道的填充焊接

（1）连弧焊　不锈钢焊条连续焊接与断续焊接熔池成形的反应是不一样的。连续焊接时，将一根焊条划分为 3 段，1/3 段的焊接电流感觉有些小，2/3 段焊条燃烧正常，3/3 段焊条脱皮迅速，熔滴过渡难以控制。熔池表面成形，1/3 段熔波成形正常，2/3 段熔滴过渡凸于 1/3 段，3/3 段熔池堆状成形过厚。此种现象是由不锈钢焊条的电阻较大造成的，它的改变方法可采用以下两点（见图 8-10）。

1）选用焊接电流时，比同等直径的焊条小 20%。

2）采用快速反月牙形带弧方法，反月牙形快速带弧，即电弧成反月牙形向上的推弧线。因带弧的速度较快，熔池成形较薄，熔池的温度较低，可避免熔滴连续过渡时堆状成形过厚、熔池温度过高、焊接坡口根部熔解线熔解不完全等弊病（见图 8-11）。

（2）连弧断续焊　连弧断续焊的焊条走线采用一侧抬起、一侧落弧的方法。操作时，电弧于一侧（如 A 点）委弧形成熔池后，呈反月牙弧形线，快速划过熔池的上方，并落入 B 点，稍作委弧

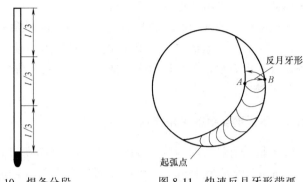

图 8-10 焊条分段 　　　　　图 8-11 快速反月牙形带弧

动作，呈弧形线从熔池的上方划过再落入 B 点。划过时，不产生过渡熔滴，依次循环。此方法成形的熔波均匀，能适当控制成形厚度。

（3）熄弧焊　电弧从 B 点落弧委弧形成熔池后，再做横向带弧动作于 A 点，委弧形成熔池后，再做快速的电弧抬起动作使其熄灭。当熔池温度由亮红色转为暗红时，再快速落弧于 B 点，依次循环。此种方法因一根焊条燃烧时被断续冷却，使焊条 2/3 段过的高温度得到充分缓解，过渡金属熔波平整光滑。在碱性不锈钢焊条的焊接中，如果落弧时能短弧使电弧带入续弧装置，那么也能收到好的效果。

封底填充焊接也可采用二遍成形，填充表层的厚度宜稍凹于母材平面 1~1.5mm，液熔池外扩应不破坏焊道外侧的原始边线。

3. 不锈钢管道的封面焊接

封面焊接选 $\phi3.2mm$ 焊条，运条采用连弧断续法，焊接电流的调节范围为 100~110A。操作时选起焊端仰焊部位过中心线 0° 点向左或向右 20~30mm 处，电弧引燃后，宜先使少量熔滴过渡，再由薄至厚进入正常焊接。按封面表层要求，金属液对坡口两侧原始边线覆盖 1~1.5mm，熔池中心成形高度为 1~2mm。成形时，电弧如果委弧于 B 点，电弧的吹扫位置宜停留于坡口边线的里侧，并使焊条吹扫端的外侧吹扫线同坡口边线呈平行状态，再以电弧向外侧吹扫的角度推动熔波滑动，并覆盖坡口边线 1~1.5mm，使熔合后焊道两侧的成形没有过深的熔合痕迹。

在电弧循环的吹扫时，吹扫的速度宜快。在电弧续入一侧位置使熔池外扩后，应做横向快速带弧动作于坡口另一侧，再以同样的焊条角度推出熔池覆盖坡口边缘，依次循环，封面焊接完成后要清除两侧飞溅。

8.3.6 不锈钢管板的平角焊接

选板材与管材，牌号为 1Cr18Ni9Ti，管材厚度为 6~8mm，板厚为 12mm，管径为 159mm，管板组对间隙为 2.5~3mm，组对固定点 3 处，坡口单侧成 45°角，坡口钝边厚度为 0.5~1mm，焊前将坡口两侧 20mm 内的油污、锈蚀清理干净，焊条选用 E347-16（A132），焊前对焊条做 150~200℃、1~2h 烘干处理，在运输与使用时，应放入烘干筒内随用随取。

第 1 层焊接选 ϕ2.5mm 和 ϕ3.2mm 的焊条，焊接电流的调节范围分别为 70~85A 和 90~100A，焊接电源采用直流反接。

1. 操作方法

（1）连弧焊 从固定焊的焊点间隙较大处且工件间隙较小处做引弧动作，熔滴过渡先贴向坡口一侧，形成点状熔池。电弧在坡口两侧的 A、B 处形成熔池后，可沿 A、B 熔池形成线的上边缘，做平行带弧动作至 A 侧。电弧于 A 侧停留，使熔滴金属过流焊缝间隙小，并凸于另一侧板面，再横向运条至板面 B 侧，委弧后，使下沉熔滴平于 A 侧过流点，焊接坡口内熔池表面同管壁熔合处，熔合深度应小于 1mm。当在频繁的连续运条时，熔池两侧委弧不能对熔池较高的温度进行控制，应适当下调焊接电流，或采用断续焊。

（2）断续焊 当基点熔池形成后，如果 B 侧熔池呈金黄色、下沉状，那么应使电弧贴于坡口一侧坡面，做前移带弧动作使其熄灭。当熔池亮色逐渐缩小时，再将电弧落入管面 A 侧熔池前端（见图 8-12）。落弧后，焊条未燃端与管壁平面不能贴实，

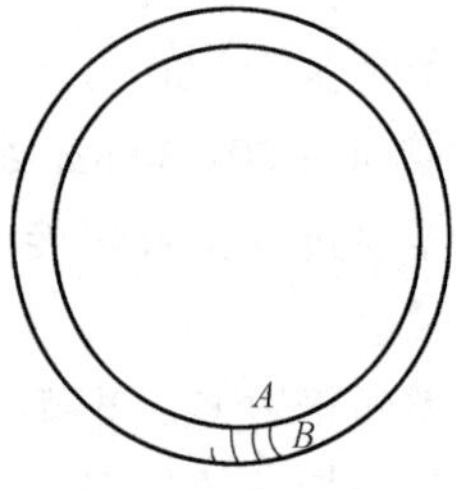

图 8-12 电弧贴于坡口一侧坡面

以免发生粘弧。然后做电弧下压动作，应以短弧迅速贴向管壁平面，形成熔池后，再做向 B 侧的推弧动作，并使熔池宽度推过 A、B 之间的中心部位，再迅速做电弧前移或熄弧动作。当熄弧熔池颜色由亮黄迅速转暗时，再将电弧落入 B 侧，并按 A 侧委弧的方法，形成 B 侧熔池。

1）对第 1 层焊接熔池厚度的掌握。

管板第 1 层焊接，由于立侧管壁较薄、一侧坡口形成焊接坡口较窄，应使少量熔滴过渡，形成较薄熔池，并以连弧、熄弧的动作控制不锈钢焊条药皮脱落的程度，以便在较细直径焊条熔池成形时使熔渣迅速浮出。

2）较薄熔池成形时的焊条角度。

管板第 1 层焊接时的角度变化对熔池成形影响很大。当焊条垂直于母材时，由于电弧对较大间隙的高温熔池难以控制，易使熔池出现下塌。第 1 层焊接的焊条角度宜为焊条与走向成 $60° \sim 70°$ 角，此种角度能使熔滴在推托中顺利过渡，并能对熔池温度进行较好控制。

3）第 1 层焊接熔池表层的平度对第 2 层焊接的影响。

管板第 1 层焊接应掌握熔池两侧成形的平度。若出现两侧成形含沟太深、中间凸起成形过大等情况，是由于电弧进入熔池时，电弧在坡口两侧没有做委弧停留，横向带弧速度过慢或过快造成的。因此例焊接管板连接焊接坡口的弧度较小、较深，砂轮打磨难以完成，焊层表面两侧含沟过深，会使第 2 层焊接出现以下弊端：

① 第 1 层焊层较薄，温度承受能力较差，在采用较小焊接电流的第 2 层焊接时，电弧吹扫的较低熔池温度对第 1 层焊层熔解较浅，第 1 层焊接产生的熔渣会在较低的温度中不能逸出而含在凝固的熔池之中，第 2 层焊接产生的新的熔渣，也会含在较深的含沟之内不能逸出而形成夹渣。

② 在采用稍大焊接电流对第 1 层焊层吹扫时，较高熔池温度会使两侧熔渣迅速浮出，但不易掌握熔池厚度、运条的速度及坡口两侧委弧时间。过高熔池温度会使第 1 层焊接的焊肉迅速下塌而形成坠熔，并使铬镍不锈钢中因熔合比的稀释而产生晶界间贫铬。

4）对第 1 层焊接熔池表面成形的观察和掌握。

第 1 层焊接应根据坡口及立管一侧熔池熔合的状态，掌握立管一侧的停留时间。若两侧委弧的时间较短，做横向带弧的速度较慢，熔池两侧融合点易出现过深的咬合痕迹，熔池中心出现堆敷成形。熔池中心的堆敷成形在观察时表现为药皮熔渣呈尖形漂浮状、金属液在中心熔池呈较快滑动状。解决方法如下：

① 延长坡口一侧委弧的时间，加快横向带弧的速度。

② 将电弧在坡口边缘委弧与落弧的位置稍作上提，使电弧下压后，再形成过流熔滴。立管母材一侧应在稍作委弧时，观察好熔池温度的变化，当熔池温度较高时，电弧带向立管一侧的电弧宜稍作前移，再划弧回带，使立管一侧熔池温度得到缓解。

5）管板第 1 层焊接的收弧与起弧。

起弧时，熔池起点应由薄至厚形成坡状成形。收弧时，电弧行至收弧处 5~10mm 时采用连弧焊接，并使电弧下压穿过始焊端间隙后，再逐渐向始焊点委弧上提，并稍加延长对端点焊肉的铺盖，再提走电弧。

6）管板第 1 层焊接过流熔池成形的熔合。

管板第 1 层焊接，应在坡口两侧委弧时，看准熔池过流坡口钝边处的程度，如坡口钝边边缘过流点豁状下塌、熔池中心下塌等，成形难以控制。管壁过流点的外背侧成形含沟过深等情况出现，是由立管一侧外背面沟状成形过深造成的，在焊接电流稍大、委弧时间稍长、焊条角度变化缓慢时，都易形成此种状态。

管板焊接双面成形的运条与委弧，应观察熔池另一侧（外背侧）熔滴过渡下沉的位置，若熔池下沉后没有超过外背侧母材平面，则应根据熔池两侧委弧时间上的变化和移动电弧位置的变化来控制熔池温度。焊接完成后，除净焊渣。

2. 管板第 2 层填充焊接

（1）第 2 层焊接熔池温度的观察　第 2 层焊接引弧后，应根据第 1 层焊层温度的具体情况，判断形成的熔池和电弧吹扫对第 1 层焊层咬合的程度。如果电弧每向前移动一步，能明显看见有咬合的痕迹，熔池形成范围金属液呈亮红色，那么此时熔池的温度过高。如果电弧前移委弧时没有明显可见的裸露线，那么此时的焊接电流强度适当、熔池温度适当。如果电弧前移时，药皮烊在电弧的周围，难以推动，电弧与熔渣间没有一条闪光金属液的裸露线，那么此时熔池的温度过低。

（2）第 2 层焊接熔池厚度的控制　　第 2 层焊接熔池的厚度应根据熔池温度的变化和电弧对第 1 层焊接焊道表层的熔合情况来控制。如果熔池成形厚度为 3mm，熔池形成范围呈迅速外扩状，熔池呈亮红色下塌趋势，电弧前移吹扫线咬合痕迹过于明显，那么说明第 2 层焊接熔池成形过厚。如果熔池厚度为 2 ~ 2.5mm，熔池外扩成形平稳，药皮熔渣在电弧的周围漂浮灵活，电弧前移吹扫线稍见咬合痕迹，那么说明第 2 层焊接熔池厚度适当。

（3）对第 2 层焊接熔池变化的观察与控制　　电弧引燃后，应采用微小的摆动方法，做快速的横向带弧动作，根据熔池对下面焊层的熔解情况，确定电弧的纵向移动速度，并形成较薄焊层，再连续向前快速带弧。并采用 80° ~ 85°顶弧焊接，使药皮浮动线与电弧之间始终存在一节清晰的观察线。焊接时，应观察、看准焊接坡口深处药皮熔渣浮动线在熔池中的变化，控制药皮浮动线与金属液的相混程度。如果药皮浮动线烊住电弧不动，液态金属与熔渣难以分辨，应做快速带弧的动作使电弧前移，加大药皮浮动线与电弧之间的距离，使熔渣浮出。

3. 管板第 3 层与第 4 层表层焊接

1）药皮熔渣浮动线与电弧之间距离的观察与控制。

E347-16（A132）焊条的电阻较大，焊接电流较大时，焊条燃至 2/3 后易产生发红、脱皮等现象，如果焊接电流适当，电弧在焊接坡口内推动熔渣时易产生吃力的感觉。要想控制第 3 层焊接熔渣浮动线在熔池中的位置，应采取适当加大顶弧焊、加快焊接速度、适当控制熔池厚度等方法，使熔渣浮动线始终漂浮在熔池的中间部位。第 3 层焊接熔渣浮动线的弯曲状态也是熔滴金属成形的状态。如果熔渣浮动线在熔池中心部位弧度过大时，金属液滑动的状态必然加快，熔池的中心部位必然出现凸起的较大棱状成形，熔池两侧必然出现沟状含渣线。如果熔渣浮动线与电弧吹扫线相混，则熔渣在焊接坡口根部因难以逸出，易形成淤渣。

第3层焊接药皮浮动线的最佳位置应为熔池的中心，此位置的熔渣漂浮灵活、弧度线较小，能使熔池形成后表面平整、两侧含渣线消失。

2）管面一侧电弧委动线的控制。

熔池同立侧母材面的熔合，应避免电弧过于贴近母材平面。当熔池两侧熔合线过深、电弧贴向立侧母材的吹扫线过近时，应适当使电弧端部吹扫线稍作外移，并利用电弧推出熔池的张力与母材相熔。再观察和掌握熔池同母材熔合处厚度的变化，若熔池厚度低于中心熔池的厚度，则立侧母材边部将出现沟状成形，此种成形是由于电弧端的吹扫离立侧母材面的距离过大（如2~3mm）或电弧推出熔池没有形成液流熔池的张力。

电弧同立侧母材面的距离，应根据熔池的张力对母材面淹没的程度来控制。当电弧的吹扫线同立侧母材相距1.5~2mm时，熔池同母材熔合适当。1.5~2mm线也应为电弧在立侧面的委弧停顿线。

当熔池同立侧面母材相熔时，也应观察熔渣在立侧面根部漂浮的位置。若熔渣在立侧面根部浮动缓慢，金属液同熔渣难以分清，则熔渣在焊接坡口根部逸出时易含在迅速凝结的熔池之中。此种成形是由于电弧对熔池里侧根部没有形成全部推动，金属液张力没有对焊道里侧根部进行均匀的熔解。

改变这种现象发生的方法有：①提高操作者对熔池观察的能力；②掌握熔渣在熔池中浮出漂浮的位置；③增加立侧面熔池的成形；④第3层焊接完成后，清除焊渣。

管板封底表层的焊接，应掌握熔池厚度成形时，凸于母材平面的多少，当熔池成形过凹时，封面焊接将难以形成饱满厚度；当熔池成形后，局部过厚，或过凹于母材平面时，因底层焊肉高低不平，封面焊接只能通过减薄或加厚熔池形成的方法来进行适当的调节，其难度较大，难以满足技术要求。

应通过熔池外侧边部与外坡口边沿板面平度的比较来控制封底表层熔池的平度，此种熔池厚度的控制应分为以下两种情况：

1）电弧能够推动熔池进行控制。

电弧能够推动熔池进行控制的情况，是由于焊接坡口的深度适当（如 2~2.5mm），此种焊接坡口深度不会形成较高温度的熔池外扩，使熔池里侧同立侧母材面相熔相连。

2）电弧勉强推动熔池进行控制。

电弧勉强推动熔池进行控制的情况，是由于焊接坡口过深（如 3~3.5mm），此时因熔池过厚、温度过高，使熔池外扩成形难以控制，熔池里侧同立侧母材面熔合易出现熔合线过深、熔池同管壁侧相熔温度过高等问题。

封底表层焊接焊接坡口较深时，应采用较薄焊层进行焊补，清除焊渣后再进行焊接。

4. 管板封面表层焊接

焊接示例，封面表层焊道宽度为 10mm。焊道表面凸起 1~2mm，选 $\phi 3.2mm$、$\phi 4.0mm$ 焊条，焊接电流的调节范围为 115~120A 和 140~150A。

（1）焊接电流的调节及焊条角度的变化

1）电弧引燃，熔渣漂浮线离焊条未燃端过远，熔池呈外扩滑动状时，为焊接电流较大。

2）药皮漂浮线离电弧过近，熔池成形状态被熔渣覆盖难以分清时，为焊接电流过小。

3）顶弧焊接对熔渣浮动线吹扫，熔渣在熔池表面浮动灵活，熔渣浮动线与焊条未燃端有一条清晰金属液的裸露线时，为焊接电流适当。

（2）焊条角度的变化 管板表层焊接应掌握不同位置的焊条角度变化。若在变化中动作迟缓，易使焊道成形出现以下弊端：

1）熔渣浮在电弧的周围，金属液态成形难以分清。

2）熔滴过渡线难以形成，熔池内侧堆敷厚度过小。

要想避免此种弊端的发生，操作者应根据熔池的宽度、厚度，一根焊条燃烧后形成焊道的长度及手握焊把的功力来确定所蹲处距焊件的距离和起弧点的位置。在一般情况下，当立管直径较大时，起弧点大多在左眼的垂直点。此点位置便于续接，焊条角度变化灵活，熔池形成便于控制。当立管直径较小时，可向左使起弧位置适当延长。

（3）运条对熔池里侧厚度形成的影响　电弧引燃于最佳续接点，电弧落入续弧点的速度要快，若速度过慢，带向熔池的电弧不能一步就位，电弧在没有落入续接点之前必然形成过渡熔滴，使电弧前移线因熔渣和金属液阻碍而较难形成电弧对里层焊道的熔解和吹扫，使熔池宽度扩展，立管一侧母材面熔池的上边缘易出现咬肉现象，平板外侧熔池因失控而过宽，熔池两侧成形也易出现夹渣，续接位置表面成形局部出现凸起。

电弧带入续接点时，可采用稍作顶弧的续接方法，进入续接点后稍作委动，应迅速根据熔池宽度稍作横向摆弧。此时若药皮熔渣烀住电弧不动，可稍作电弧外拨动作使熔渣大部分溢出熔池。

管与板正常运条的焊接角度不应过大。熔池两侧成形，外侧运条掐线应以封底表层的圆度外边线为标准。运条根据液流熔池对标准线的淹没来控制。并掌握好药皮熔渣在电弧外侧委动时，电弧前的过多液渣流量，使电弧与熔渣有一节闪光金属液的形成线。

管与板里侧的厚度成形，应根据凸起熔池的厚度和液流金属的状态，使焊条未燃端里侧吹扫线与上侧母材面之间形成 1~2mm 间隙。并利用电弧的推力推动熔敷金属同立侧平面熔合。

封面焊接熔池的厚度应超过电弧吹扫线的高度。当吹扫线位置过高时，熔池厚度平于电弧吹扫线，熔池与立侧母材表面熔合处易形成咬肉现象。封面焊接熔池成形应保证表面熔波均匀、平整、高度与宽度一致、焊肉饱满、立侧母材面没有咬肉现象。

8.4　铜及铜合金的焊条电弧焊

8.4.1　铜及铜合金的焊接特点

铜及铜合金经辗压或拉伸成不同厚度的铜板及铜合金板，不同规格的管子或各种不同形状的材料，都可以用焊接的方法制成各种不同的产品。铸造的铜及铜合金是通过模型直接浇铸成需要形状的部件或产品，焊接只用于修复或焊补。在焊接中易产生下列不良影响：

1）难熔合：铜及铜合金的导热性比钢好得多，铜的导热系数是钢的7倍，大量的热被传导出去，母材难以像钢那样局部熔化，对厚大铜及铜合金材料的焊接应焊前预热，采用功率大、热量集中的焊接方法进行焊接或焊补为宜。

2）易氧化：铜在常温时不易被氧化。但随着温度的升高，当超过300℃时，其氧化能力快速增大，当温度接近熔点时，其氧化能力最强，氧化的结果是生成氧化亚铜（Cu_2O）。焊缝金属结晶时，氧化亚铜和铜形成低熔点（1064℃）结晶。低熔点结晶分布在铜的晶界上，加上通过焊前预热，并采用功率大、热量集中的焊接方法，使得被焊工件的热影响区很宽，焊缝区域晶粒较粗大，从而大大降低了焊接接头的机械性能。因此铜的焊接接头的性能一般低于母材。

3）气孔：铜导热性好，其焊接熔池的凝固速度比钢快，液态熔池中气体上浮的时间短，来不及逸出，也会形成气孔。

4）热裂纹：铜及铜合金焊接时在焊缝及熔合区易产生热裂纹。形成热裂纹的主要原因包括：①铜及铜合金的线膨胀系数几乎比低碳钢大50%以上，由液态转变到固态时的收缩率也较大，对于刚度大的工件，焊接时会产生较大的内应力；②熔池结晶过程中，在晶界易形成低熔点的氧化亚铜和铜的共晶物；③凝固金属中的过饱和氢向金属的显微缺欠中扩散，或者它们与偏析物（如Cu_2O）及应生成的H_2O在金属中造成很大的压力；④母材中的铋、铝等低熔点杂质在晶界上形成偏析；⑤施焊时，由于合金元素的氧化及蒸发、有害杂质的侵入，焊缝金属及热影响区组织的粗大，加上一些焊接缺欠等问题，使焊接接头的强度、塑性、导电性、耐蚀性等低于母材所致。

8.4.2 焊条电弧焊焊补大型铸铜件

变压器调整机构的机头是大型铸铜件，由于浇铸温度偏低，出现铸造缺欠，造成1处缩孔（面积约750mm²、深25mm）、1条裂纹（深8mm、长140mm），缺欠的位置如图8-13所示。

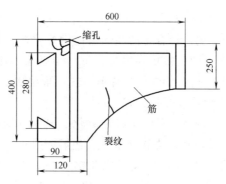

图 8-13 缺欠的位置

由于铸件尺寸厚大，受热面积大、散热快，焊补时应集中热源，采用焊条电弧焊进行焊补。

1. 坡口的制备

裂纹处开 60°~70°V 形坡口；缩孔处用扁铲铲除杂质后开 U 形坡口。坡口两侧 15mm 处要清理干净，露出金属光泽。

2. 焊条及焊机的选择

选用 $\phi4mm$ 的铜 107 焊条，焊前经 250℃、2h 烘干。焊机选用 AX1-500 型直流焊机，直流反接。

3. 焊补工艺

将工件放入炉中加热至 400℃，出炉后置于平焊位置。先焊裂纹，用短弧施焊，第 1 层焊接电流为 170A，从裂纹的两端往中间焊，焊接时焊条做往复运动，焊接速度要快。第 2 层的焊接电流比第 1 层略小（160A），焊条做适当的横向摆动，使边缘熔合良好。焊缝略高出工件平面 1mm，整条焊缝一气焊成，焊接速度越快质量越好。缩孔处因呈 U 形坡口状，填充金属量较大，故采用堆焊方法完成，焊接顺序如图 8-14 所示。堆焊至高出工件平面 1mm 即

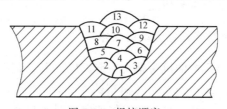

图 8-14 焊接顺序

可。第 1 层的焊接电流大些，其余层的小些（大的为 160A，小的为 150A）。各层之间要严格清渣。

整个焊接过程中，搬动和翻动焊件时要注意，因焊件处于高温状态，容易变形、损坏。

4．焊后处理

焊后用平头锤敲击焊缝来消除应力，使组织致密，以此改善机械性能。焊件置于室内自然冷却即可。经机械加工，除焊缝颜色与母材略有不同外，未发现有裂纹、夹渣、气孔等缺欠。

8.5 铝及铝合金的焊条电弧焊

铝具有密度小（$2.7g/cm^3$）、耐蚀性好、很高的塑性、良好的焊接性、优良的导电性和导热性等优点。因此铝及铝合金在航空、汽车、电工、化学、食品及机械制造行业中得到广泛的应用。

按其制造工艺可分为两大类：一种是能经辗、压、挤成形的铝及铝合金，称为变形铝合金（所谓熟铝）；另一种是铸造铝合金（所谓生铝）。

纯铝的强度较低，根据不同的用途和要求，在铝中加入一些合金元素（如锰、镁、硅、铜、锌等）来改变其物理、化学和力学性能，形成一系列的铝合金）（见图 8-15）。

铝合金 {
  变形铝合金 {
    非热处理强化铝合金、防锈铝合金 { 铝镁合金
                                      铝锰合金 }
    热处理强化铝合金、硬铝、锻铝、超硬铝等合金
  }
  铸造铝合金：铝硅合金、铝锰合金、铝镁合金、铝锌合金
}

图 8-15 铝合金的分类

8.5.1 铝及铝合金的焊接特点

1）铝及铝合金的表面有一层致密的氧化膜（Al_2O_3，厚度约为 $0.1 \sim 0.2\mu m$），该氧化膜的熔点高（2050℃），而纯铝的熔点是 658℃，焊接时，这层薄膜对母材与母材之间、母材与填充材料之

间的熔合起着阻碍作用，极易造成焊缝金属夹渣和气孔等缺欠，影响焊接质量。

2）铝合金的比热容大、导热率高（约为钢的 4 倍），因此焊接铝及铝合金时，比焊接钢要消耗更多的热量。为得到优质的焊接接头，应尽量采用热量集中的钨级交流氩弧焊、熔化极气体保护焊等焊接方法。

3）铝的线膨胀系数和结晶收缩率比钢大两倍，易产生较大的焊接变形和应力，对于厚度或刚度较大的结构，大的收缩应力可能会产生焊接接头裂纹。

4）液态铝可大量溶解氢，而固态铝几乎不溶解氢，铝的高导热性又使液态金属迅速凝固。因此，液态时吸收的氢气来不及析出，而留在焊缝金属中形成气孔。

5）采用气焊、焊条电弧焊、碳弧焊等焊接方法时，如果焊剂清洗不净易造成焊接区域腐蚀。

6）铝及铝合金焊接时，固—液态转变时无颜色变化，易造成烧穿和焊缝金属塌落。在焊接过程中，合金元素易蒸发和烧损，降低使用强度。

8.5.2 常用铝及铝合金的焊接方法

一般板厚在 4mm 以上或小铝合金铸件的焊补才采用焊条电弧焊。因铝电焊条为盐基型药皮（含氯、氟等），极易受潮，为防止气孔，使用前必须进行严格的烘干处理（150℃烘干 1~2h）。使用直流反接电源。施焊时焊条不宜摆动，焊接速度要快（比焊接钢时要快 2~3 倍），在保持电弧稳定燃烧的前提下采用短弧焊，以防止金属氧化、减小飞溅和增加熔深。焊后应仔细清除焊渣。

8.5.3 铝及铝合金焊接材料的选择

焊条电弧焊焊接铝及铝合金焊条的选择见表 8-9。

表 8-9 铝及铝合金焊条的选择

焊条牌号	焊芯成分(质量分数,%)			焊接接头抗拉强度/MPa	用途
	硅	锰	铝		
铝 109	—	—	约 99.5	≥65	焊接纯铝及一般接头强度要求不高的铝合金

（续）

焊条牌号	焊芯成分(质量分数,%)			焊接接头抗拉强度/MPa	用途
	硅	锰	铝		
铝209	约5	—	余量	≥120	焊接铝板、铝硅铸件、一般铝合金及硬铝
铝309	—	约1.3	余量	≥120	焊接纯铝、铝锰合金及其他铝合金

8.5.4 铝及铝合金的焊前准备及焊后处理

1. 焊件的清理

1）清理的目的：除去表面油污、脏物及氧化膜，是保证铝及铝合金焊接质量的重要措施。

2）清理部位：清理焊件的坡口两侧或缺欠四周宽度不小40mm的范围。

3）清理的方法及措施：采用化学清洗与机械清理两种方法：①化学清洗是用质量分数为10%左右的氢氧化钠水溶液（40~50℃）将清理部位擦洗10~20min后，用清水冲净，这样能使氢氧化钠与氧化铝作用生成易熔的氢氧化铝，以保证焊接质量；②机械清理是用丙酮或酒精等擦拭清理部位，再用细的不锈钢丝轮（刷）及刮刀除去氧化膜，并用干净白棉布（纱）擦拭。清洗完的工件应尽快在12h内完成焊接，以防再生成新的氧化层。

2. 预热

由于铝的导热性比较强，所以为了防止焊缝区热量的流失，焊前对厚度不小于8mm的铝板或较大铸件进行预热，一般可根据情况选择预热至100~300℃。

3. 焊后处理

焊后留在焊缝两侧及周围的残留焊粉和焊渣，在空气、水分的参与下会激烈地腐蚀铝件，所以必须及时清理干净。焊后清理的方法是将焊接区域在质量分数为30%的硝酸溶液中浸洗3min左右，用清水冲洗后，再风干或低温（50℃左右）干燥。

8.6 镍及镍合金的焊条电弧焊

1. 焊条

镍及镍合金的焊条电弧焊所用焊条牌号有 Ni102 纯镍焊条、Ni207 镍铜合金焊条和 Ni317 镍基耐热合金焊条，焊条的熔敷金属化学成分及用途见表 8-10。

表 8-10 镍及镍合金焊条电弧焊常用焊条的熔敷金属化学成分及用途

牌号	化学成分(质量分数,%)									
	碳	钛	锰	铁	铌	硅	镍	铜	铬	钼
Ni102	0.06	1.5	2.5	4.5	2.5	1.5	余量	—	—	—
Ni207	0.15	1.0	4.0	2.5	0.3	1.5	≥62	27~34	—	—
Ni317	0.10	—	2.0	7.0	0.3~0.8	0.8	≥55	—	20~23	8.0~10.0

牌号	用途
Ni102	纯镍
Ni207	镍铜合金
Ni317	镍基合金,铬镍奥氏体钢

2. 焊接参数

镍及镍合金在焊条电弧焊时应选用小电流、短弧和尽可能快的焊接速度。当选用不同的焊条时，其焊接电流的选用见表 8-11。

表 8-11 焊接电流的选用

焊条直径/mm	2.5	3.2	4.0	5.0
焊接电流/A	50~70	80~120	105~140	140~170

3. 焊接操作技术

1) 运条时焊条不做横向摆动，当必须摆动时，摆幅不应超过焊条直径的 2 倍。

2）多层焊时要严格控制层间温度在 100℃ 以下，焊完一道焊缝后，要待焊件冷却至能用手摸后，再焊下一道焊缝。

3）为防止弧坑裂纹，断弧时要进行弧坑处理（将弧坑铲除或采用钩形收弧）。最终断弧时，一定要将弧坑填满或把弧坑引出。

第9章

铸铁件的焊接（焊补）操作技巧

9.1 概述

铸铁是机械工业中应用非常广泛的材料。但铸铁件在生产中由于各种原因，经常会产生铸造缺欠，如砂眼、缩孔、密集性气孔、裂纹、夹砂、疏松、欠肉等，在使用过程中也常出现裂纹、损坏等缺欠。因此，铸铁件的焊补就成为很普遍、很重要的工作，做好这项工作就能为国家节约大量的人力、物力和财力，所以铸铁件的焊补具有很重要的意义。

铸铁是碳的质量分数大于2.11%的铁碳合金。按照碳在组织中存在的不同形式，铸铁可分为4类：①白口铸铁，碳几乎全部以渗碳体的形式存在，断面呈银白色，性硬而脆，不能进行机械加工，工业中很少应用，是焊补铸铁件中最难焊的种类；②灰铸铁，碳以片状石墨的形式存在，因断口呈暗灰色，所以称为灰铸铁。由于灰铸铁具有良好的耐磨性、吸震性、切削加工性能、铸造性能及较小的缺口敏感性等，所以在生产中得到了广泛的应用，也是我们在焊补铸铁中常见的种类；③球墨铸铁，碳以球状石墨的形式分布在基体上，球状石墨与片状石墨相比，对基体产生的应力集中小得多，所以球墨铸铁比灰铸铁的强度和塑性要高，可部分代替碳钢铸件使用，用于制造耐磨损，受冲击的重要零件，如曲轴、载重汽车的后桥、齿轮箱等，也是常焊补的铸铁种类之一；④可锻铸铁，将白口铸铁加热到900~1000℃缓慢冷却，经过较长时间的退火处理，使渗碳体分解为团絮状石墨，称为可锻铸铁。可锻铸铁具有较高的抗拉强度和较好的塑性，但并不能锻造。适宜于铸造形状复杂、受冲击载荷的薄壁小型零件。

有些铸铁件由于长时间在高温等环境下工作，其石墨析出量增多并聚集长大，石墨熔点高，难于熔合，同时高温生成铁、锰、硅等金属氧化物的熔点也高，焊补时金属液与熔渣不清，无法形成熔池，烟雾大，焊条熔滴打滚、不熔合，增加了焊补难度。

铸铁件的焊补方法主要有冷焊法与热焊法两种。选择焊补方法时主要应根据铸件大小、厚薄、形状复杂程度及焊后是否要机械加工的问题，来制定致密性、强度、颜色等方面的技术要求。

9.2 冷焊法

铸铁件的冷焊法一般采用焊条电弧焊方法进行。其工艺简单、焊工劳动条件较好。焊前不预热，焊件在冷状态下焊接，受热小、变形小、熔池小，可全位置进行施焊。在焊接工艺得当的情况下，白口层较薄，可进行机械加工。

1. 缺欠的检查

焊前对铸件缺欠（主要指裂纹）的检查是非常重要的，只有发现全部问题，才能处理彻底。检查方法包括：①用 5~10 倍放大镜查出裂纹的最终点；②将裂纹不明显的部位用火焰加热到 200℃左右，可用热胀冷缩法将不明显的裂纹显示出来；③还可以采用煤油渗透法来检查，渗煤油后，擦去表面的油渍，再撒上一层滑石粉，用小锤轻敲，不明显的裂纹就会显露出来。

2. 坡口形式

坡口可开成 V 形或 U 形，坡口底部要求带有圆角，坡口角度视铸件厚薄、缺欠形状而定，一般以 50°~70°为宜。这样可减少母材在焊缝中的熔合比，从而达到减小焊接应力、防止裂纹、避免焊道根部剥离的目的。

3. 钻止裂孔

钻止裂孔是为了防止铸件在焊接中受热时裂纹继续向两端延伸扩展，用于减缓焊接应力的有效措施。根据铸铁件缺欠的厚薄，一般钻 $\phi 6 \sim \phi 10mm$ 的孔即可，孔的上端用较大的钻头扩成喇叭口状，以使焊接熔合良好。

4. 焊接场地的要求

选择温度在 15℃以上的室内施焊，一般不宜在露天作业，严禁在通风处施焊。

5. 焊前清理

由于使用过的铸铁件一般沾满油污、水分及锈蚀等，焊接时如不彻底清理干净将严重影响焊接质量，甚至使焊接不能顺利进行，所以焊前的清理工作十分重要，要求清理至露出金属光泽。

6. 焊接材料的选择

为确保焊补质量，正确选择焊接材料是关键。由于铸铁材质不同，各种金属元素含量不一，石墨的存在形式不同，铸铁缺欠内部的腐蚀渗透也不一样。一般的经验是：选用焊条应主要看焊条熔化后与焊件的吻合是否良好，与母材熔合良好、能均匀稳定地进行焊接的就是较理想的焊接材料。

例如采用普低钢电焊条（E4315、E4316、E5015、E5016 等）。其优点是成本低、抗裂性较好，能与母材较好地熔合，有一定的强度，适合于不要求机械加工的铸铁件焊补。其缺点是焊缝的塑性较差，当工艺采取不当时，焊缝易产生裂纹和剥离现象。

采用镍基铸铁焊条，其抗裂性及机械加工性均较好，能溶解碳而不形成脆硬组织，同时镍是较强的石墨化元素，对减弱熔合区白口层有利，不易出现裂纹。但其价格较高，不利于在大量或大面积的铸铁焊补时使用。可采用镍基焊条焊过渡层，再用普低钢焊条填充坡口。实践证明，选用该方法进行铸铁冷焊，不但焊接质量令人满意，而且大大降低了焊接材料成本。

与此同时，我们还将二氧化碳气体保护半自动焊用于铸铁件的焊补（焊丝选用 H08Mn2SiA），也取得了很好的效果。

7. 电源极性

焊接电源交、直流均可，但以直流为宜。镍基焊条应用直流反接，碳钢焊条（指碱性）采用直流反接为好。

8. 焊前低温预热

焊前预热能均衡焊接区域的温度，对控制白口层，减少焊接热应力，进一步清理坡口内的油污、水分等杂质，使焊缝熔合良好大有好处。

其做法是用氧-乙炔火焰等将坡口以及坡口两侧各 100mm 内预热到 150℃ 左右，但应注意的是预热温度上升要均匀，不能在某一点或区域上升太快。

9. 焊接电流要适中

施焊电流的大小选择很重要，必须严格掌握。当焊接电流过大时，焊接区域温度上升得既快又高，热影响区增大，产生的热应力也明显增大，出现裂纹剥离的倾向也会增大；当焊接电流过小时，会使母材熔合不好，强度下降，也容易产生裂纹。为降低焊接温度并使其熔合良好，应尽量采用小直径焊条施焊，焊接电流可按表 9-1 选用。

表 9-1 焊接电流的选用

焊条直径/mm	2.5	3.2	4
焊接电流/A	75 ~ 85	90 ~ 120	140 ~ 160

10. 运条法

根据铸铁的特性，施焊时的运条手法以直线划小圈为宜，焊道宜窄不宜宽，宜采用直线划小圈方式运条不宜采用月牙形或锯齿形等两边摆动的运条法施焊。焊接时宜采用中等弧长施焊，而不宜采用短弧或长弧施焊。

11. 控制焊接温度

控制焊接温度除采用适当焊接电流和运条手法外，还要做到每段焊缝不宜过长，不使电弧高温在某一焊接区域停留时间过长而造成局部温度过高，从而达到减少焊接应力、不产生焊缝剥离和裂纹的目的。每段焊道的长度应控制在 40 ~ 60mm 范围内，每段焊道温度冷却到 50 ~ 60℃（手摸能忍耐住）后，再焊下一道。

12. 合理的焊接顺序

合理的焊接顺序能均衡焊接区域的温度，减少焊接应力，这是控制和减薄白口层、防止产生焊缝裂纹和剥离的关键。一般焊接顺序按"先短后长""先里后外""分段退焊"和"分段跳焊"的方法进行。

13. 填满弧坑

实践证明，弧坑是铸铁焊接的薄弱部位，对焊接应力十分敏感，弧坑不填满，极易出现爆裂形的弧坑裂缝。如果弧坑在焊接中未消除或存在焊缝中，机件受载后，就有扩展的可能。焊补中除填满弧坑外，还要注意严禁在焊缝以外的地方乱打火引弧而造成弧疤。

14. 焊后及时锤击

每焊完一小段焊道，应立即用尖头小锤锤击焊肉，使其均匀布满小麻坑。这样做能使晶粒拉长、组织细密、消除部分焊接应力。

15. 多层多道焊法

对一些厚度大的铸铁件，用窄焊道多层堆焊法将坡口填满。此种方法能较好地控制和减少焊接应力，防止裂纹和剥离。焊接时由底部开始，从两侧往上焊起（见图9-1）。

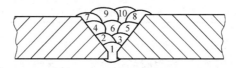

图 9-1　多层多道焊的焊接层次

16. 栽丝法

在坡口两侧钻孔攻螺纹，拧入钢螺钉（栽丝），相互焊牢，并逐步将螺钉熔合于焊缝中。此种方法能提高强度，是防止焊缝剥离的极好措施，同时也是焊补厚大件及强度要求高的铸铁件常用的方法之一。

17. 挖补镶焊法

对于无法修复并且破损严重的铸铁件，去除缺欠后，按其缺欠尺寸的几何形状下料进行挖补镶焊（材料用低碳钢板或从废弃的铸铁中取料均可）。施焊时要严格按照铸铁焊接工艺进行。

18. 渗镍（铜）法

焊接铸铁时，我们常用碳钢焊条，这些焊条对一般铸铁吻合很强，熔合也较好。但由于该种焊条的抗拉强度较高，产生的焊接应力大、白口层也厚，容易产生裂纹及焊缝剥离，故采用渗镍（铜）法。

方法是将用过的 BH-Z308、BH-Z408、BH-Z508 焊条头去除焊药皮并剪成 5~6mm 小段填入坡口内，施焊时使镍与碳钢焊条充分熔融成打底层，然后再用碳钢焊条填充形成焊缝。渗铜法是将 $\phi2.5~\phi3mm$ 的废铜丝剪成小段填入坡口，施焊方法同上。

19. 变质铸铁的焊法

有些铸铁由于经受高温会使铸铁的化学成分发生变化而变质。例如用气焊时，熔化金属液与白色渣滓混合在一起不熔合；用电弧焊时，不管选用什么焊条，熔化的金属液打滚与母材不熔合，给焊接带来困难。产生这种情况一般被认为焊接性差，不能焊接。

遇到这种情况，为提高焊条与母材的熔合力，多采用 E4303 等焊条在坡口内敷焊，然后用砂轮打磨后再焊，直至焊条与母材熔合良好为止。

20. 焊缝表面不宜高

铸铁焊接应严格控制，尽量不使焊缝高于母材的平面，如果高于母材平面，就会因中间的焊缝收缩而产生较大的应力，这对防止裂纹和焊缝剥离很不利。如果焊缝低于或平于母材平面，则有利于减少焊接应力。

9.3 热焊法

铸铁件的热焊法包括半热焊法。热焊时工件需预热至 600~700℃，半热焊时工件需预热至 400℃左右。预热方法可采用电加热、加热炉或者砖砌的炭炉加热，也可以采用煤气火焰或气焊火焰加热。根据缺陷处刚度的大小，可整体预热也可局部预热。焊接方法一般有焊条电弧焊，氧-乙炔焊方法。热焊法的特点是生产率低、焊工施焊条件差，大焊件预热困难，甚至不能采用热焊；焊接时熔化的金属量多，冷却速度又慢，因此要预先在焊接处制备模子，防止熔化金属流溢，故只适于平焊位置焊接。热焊法的主要优点是焊后工件白口化不严重、焊后便于机械加工、焊缝的强度与基体金属相一致。

1）焊接材料的选用见表 9-2。

表 9-2　焊接材料的选用

焊补方法	所用焊条（丝）
电弧焊热焊	Z238、Z248
电弧焊半热焊	Z208、Z238、Z248

2）氧-乙炔焊是焊补铸铁件常用的焊接方法。采用该方法焊补的铸铁件能有效地预防白口组织与裂纹的产生，致密性好，焊补后的铸铁件的强度、焊缝颜色与母材基本相同，焊接质量较好，但焊工的劳动条件太差，必须做好防热、防烫等安全防护。

加热火源一般采用地炉（炭火炉）、工件小的可以直接用氧-乙炔焰加热到 700℃ 左右进行焊补。焊丝一般采用铸铁焊丝或废活塞环，焊剂采用剂 201。

3）焊补注意事项：①坡口不要开透，一般开到工件缺欠深度的 4/5 即可；②施焊时，因工件红热灼人，焊工不易操作，应将除焊补区域外的其他部位用石棉板或其他隔热材料覆盖，并做好其他的防护措施；③工件较大的情况下，应设两套以上氧-乙炔焊具，一人施焊，其他人进行辅助加热；④施焊中，应控制好熔池温度，熔池温度高会使焊缝变硬、变脆，熔池温度低会使焊缝熔合不良、影响接头强度，合适的熔池温度从目测看是金属液清晰、有油状感、流动性也较好，焊丝与母材熔合也好；⑤气焊焊补的操作要点是：搅、挑、刮。搅是指施焊时采用中性焰或微碳化焰，焰芯离工件 5~6mm，焊嘴划圈运动，焊丝蘸上剂 201 在熔池中搅动，这样做能使被焊铸铁件的坡口底部充分熔化，并促使熔渣浮到熔池的表面。挑就是将缺欠底部或坡口表面的氧化膜、夹杂物等脏东西从熔池中挑出去，使熔池金属液清晰，避免产生夹杂、熔合不良、气孔等焊接缺欠。刮是将多余的焊肉刮去，清除新的氧化膜，达到整形、恢复原来工件表面形状的目的。

焊后立即用炭火覆盖，使温度重新达到 600~700℃，而后随炉冷却。

9.4 铸铁件的焊接（焊补）实例

9.4.1 大型球磨机底座的"挖补银焊"工艺

国家某重点水泥厂扩建工程的主要生产设备大型球磨机，在安装过程中不慎将底座严重损坏，材质为灰铸铁（见图9-2）。该机底座体积大、破损面积大、焊缝长、焊缝的填充量大、被焊处受力也较大，尤其是在坡口加工时还发现该件原铸造质量不好，在破碎处有多处铸造缺欠。若焊接工艺采取不当还易在焊缝区域产生硬度较高的白口层及裂纹。这一切不但给焊补工作带来很多的不利因素，也给焊后机械加工带来很大的困难，为此制定了以下"挖补银焊"工艺方法。

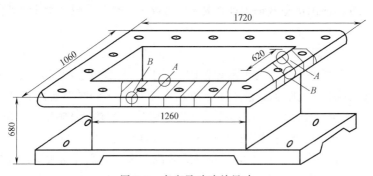

图 9-2 底座及破碎处尺寸

1. 坡口及银块的制备

1）将球磨机底座破损处用机械方法削平取直，并用砂轮磨出不带钝边的坡口，坡口形状如图9-3所示。

2）按底座原形状尺寸划料（材料选用废弃灰铸铁件），用龙门刨床加工成银块，但其尺寸要稍大于原形状尺寸（留出再加工余量），以便焊补后再精加工成原尺寸形状。

3）将焊补区域内的气孔、疏松、夹砂清除干净，使其露出金属光泽。

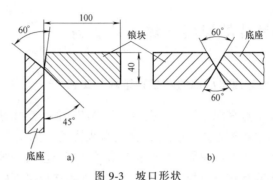

图 9-3 坡口形状

a）A 处坡口形状 b）B 处坡口形状

2. 焊接材料及焊接设备

1）氧-乙炔焊设备。

2）选用直流弧焊机，反接施焊。

3）选用抗裂及加工性能较好的 Z408 电焊条，焊前需 150℃ 烘干 1h，随用随取。

3. 施焊

1）焊前预热。为平衡焊接前、焊接中及焊接后的温差比，减小焊缝白口层的厚度和宽度，防止产生裂纹，采取焊前局部预热法，用氧-乙炔火焰将施焊处及"铸铁锒块"加热至 150℃ 左右。

预热时力求周围温度上升均匀，因为不均匀的加热产生的热应力会导致母材内部产生微裂，形成裂源。预热面积可稍大些，这样做可防止焊缝区产生或减少淬硬组织（白口层）。

2）将锒块对正进行定位焊（坡口两面），要求定位焊每段的长度为 60mm 左右，焊接高度为 4~5mm，间距为 150mm 左右，定位焊道两端呈缓坡状。

3）控制变形量，将施焊部位垫成横焊位置，采用对称分段、分散退焊、多层多道焊的方法来完成焊接。

施焊中，运条速度要慢些，以划小圈式运条法为宜。电弧在尖角处要多停留一段时间，以保证夹角处熔合良好，避免未熔合、气孔、夹渣等缺欠。每焊完一层要清除焊渣，用 5 倍放大镜检查，确定无气孔、裂纹后再焊下一层。

每段焊道的长度应控制在 60mm 左右，每焊完一段立即锤击，减少焊接应力，等冷却到大约 60℃ 时再焊下一段，整个焊接过程按图 9-4 所示焊接顺序进行。

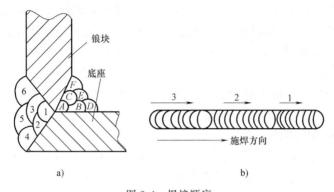

图 9-4　焊接顺序

a）各层焊道的排列顺序　b）每段焊道的焊接顺序

电弧长度要适中，电弧过短会影响渣的上浮，易造成夹渣、熔合不良，电弧过长能使电弧保护气幕形成不好而产生气孔，电弧长度最好保持在 4mm 左右。弧坑要填满，防止弧坑裂纹的产生。

焊接电流的大小对焊补质量有很大的影响，焊接电流过大，焊条药皮易发红、脱落，也会造成夹渣及熔合不良，焊接电流大还容易产生裂纹或焊缝剥离现象，所以一定要严格控制焊接电流。一般 φ3.2mm 焊条焊接电流选用 120A，φ4mm 焊条焊接电流选用 140～150A 为宜。

4. 焊后处理

施焊结束后，清除焊渣，用 5 倍放大镜检查焊缝，确定无气孔、裂纹等缺欠后再把施焊部位重新加热到 300℃ 左右，用石棉被覆盖，室温冷却后进行机械加工至要求尺寸。

9.4.2　汽轮发电机的"栽丝冷焊"工艺

某电厂建设中，不慎将一台新 3000kW 汽轮机的下气缸右底座严重摔坏（下称缸体），材质为 HT250。汽轮发电机是发电厂的核心设备，对各项技术指标均有严格的要求，尤其是该设备价格昂贵，又没有现成的同型号设备更换，厂方十分着急。为节省资金、保证工期，成立了"汽轮发电机焊接修复攻关小组"进行攻关处理。

该缸体质量大（质量为 9.5t），破损处的断面厚（98mm），焊缝的填充量大，被焊处受力也较大，易变形，尤其是在坡口加工时还发现该件原质量不好，在坡口处发现了铸造夹砂、疏松、气孔等缺欠，若焊接工艺采取不当，极易在焊缝区域产生硬度较高的白口层及裂纹。经慎重研究，并征得制造厂家与发电厂有关人员的同意，采取了以下"栽丝冷焊"工艺方法，并取得了良好的效果。

1. 焊前准备

将缸体破坏处用砂轮加工成 X 形坡口，将焊补区域内的气孔、疏松、夹砂清除干净使其露出金属光泽。为提高焊接接头的强度、降低焊接应力、防止焊缝剥离和产生裂纹，坡口内采用"栽丝加固法"进行焊接。

栽丝加固的方法是在坡口处均布钻孔、攻螺纹，将 M8 螺钉拧入 X 形坡口内壁后，用焊条逐个将螺钉周围焊住，再连接整个焊缝，填满坡口。因为螺钉承担了一部分焊接应力，所以在大厚度铸铁件焊补中能有效地起到防止焊缝剥离和产生裂纹的作用。螺丝间距为 30~40mm。

2. 施焊

1）为平衡焊接前、焊接中及焊接后的温差比，减少焊缝白口层的厚度和宽度，防止产生裂纹，采取焊前局部低温预热法，用氧-乙炔火焰将坡口两侧各 100mm 处加热至 100~150℃。预热时力求周围温度上升均匀，因为不均匀的加热产生的热应力会导致母材内部产生微裂，形成裂源。预热面积可稍大些，这样做可防止焊缝区产生或减少淬硬组织（白口层）。

2）将断块对正进行定位焊，要求定位焊每段长度为 30mm 左右，焊高为 4~5mm，间距为 100mm 左右。定位焊的焊道两端呈缓坡状。

3）为控制变形量，将施焊部位垫成横焊位置，采用对称分断、分散退焊、多层多道的方法完成焊接。施焊时应先逐个将 M8

螺钉周围焊住，再连接整个焊缝。施焊中，运条速度要慢些，以直线划小椭圆圈式运条为宜。电弧在夹角处要多留一段时间，以保证夹角处熔合良好，避免未熔合、气孔、夹渣等缺欠，每焊完一层要认真清渣，用 10 倍放大镜检查，确定无气孔、裂纹、夹渣后再焊下一层。

每段焊道长度应控制在 60mm 左右，每焊完一段立即锤击，减少应力，等冷却到 60℃ 左右再焊下一段，整个焊接过程按上述焊接顺序进行。

电弧长度要适中，电弧过短会影响熔渣的上浮，易造成夹渣、熔合不良，电弧过长会使电弧保护气幕形成不好而产生气孔，电弧长度最好保持在 4~5mm 为宜，弧坑要填满。

3. 焊后处理

施焊结束后，清除焊渣，用 10 倍放大镜检查焊缝，确定无气孔、裂纹等缺欠后，再把施焊部位重新加热到 300℃ 左右，用干白灰覆盖，室温冷却后进行机械加工至要求尺寸。

汽轮发电机缸体的焊补成功，保证了工程进度，为国家挽回经济损失 80 万元。

9.4.3 多路阀壳体的焊补

多路阀为某精密设备的液压件，工作压力为 4.2MPa，材质为灰铸铁。裂纹长度为 120mm，裂纹部位的厚度为 13mm 左右。该件已先后用 Z308 与 Z408 焊补过两次，经试压仍然泄漏。根据该件已焊过两次和使用的状况，决定采用 Z248 电弧热焊法进行焊补。其焊补过程如下：

1）将缺欠的焊肉用低碳钢焊条大焊接电流吹掉，用角向砂轮打磨，露出金属光泽。

2）将多路阀壳焊补部位朝上填平，砌炭火炉，将多路阀壳加热到暗红色（600~700℃）。

3）将施焊部位用石墨碳条造型，防止金属液流失。

4）采用 ϕ4mm Z248 电焊条，直流正接，焊接电流为 160 ~ 170A，连续施焊。

5）焊后立即用焦炭将多路阀壳覆盖，重新加热至 600~700℃后，随炉冷却。

6）用角向砂轮稍加打磨，经 5MPa 水压试验，稳压 10min 试验无泄漏，装机使用 6 年未发现异常。

9.4.4 铸铁件镶补低碳钢板

某单位的东方红拖拉机在冬季施工时，气缸体水套壁冻裂，裂缝长达 100mm 左右。曾先后焊补两次，终因工艺不当，致使裂缝扩展到 140mm 左右，同时又出现了多道不同方向的裂纹。根据上述情况，改用了镶补低碳钢板工艺，并严格遵循电弧冷焊的操作要点予以修复。焊后运行良好，未发现渗漏现象。其焊补过程如下：

1. 焊前准备

1）清洗工件。仔细找出裂纹和微裂纹的位置并确定大小，做好标记。

2）按标记用钻头直径为 6~8mm 的手电钻钻孔（要按标记转一圈，孔与孔之间的间距尽量小，孔与孔之间连接部分用扁铲铲掉），然后锉成 30°坡口。

3）制备厚度为 4mm 的 Q235 钢板，镶块的几何形状与尺寸应与缸体挖掉部分相同。然后锉成 30°坡口，并用氧-乙炔焰烤红再自然冷却。

2. 焊补工艺

1）选用直流弧焊机反接；焊条为 ϕ3.2mmZ308，焊接电流为 95A。

2）焊接电弧要短。

3）焊条稍作划圈式摆动。

4）施焊时严格采取短段、分散、断续和捶击相结合的方法。其焊接顺序如图 9-5 所示。

5）每段焊缝长度不得超过 30mm；每段焊缝一次

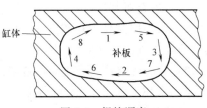

图 9-5　焊接顺序

成形，焊完一段立即用小锤锤击。锤击时频率要快、用力要轻。而且一定要待第1段焊道冷却到不烫手时再焊第2段。每段焊后应经认真检查，确定无缺欠后再施焊下一道，直至焊完为止。

9.4.5 大型减速器箱的焊补

某砖瓦厂大型制砖机，由于长期使用和维护不当，致使减速器箱底座的滑道（材质为灰铸铁）断碎（见图9-6）。由于该机承担任务重，又买不到新配件，于是采用镶补低碳钢板焊接工艺而后手工加工的方法进行修复。

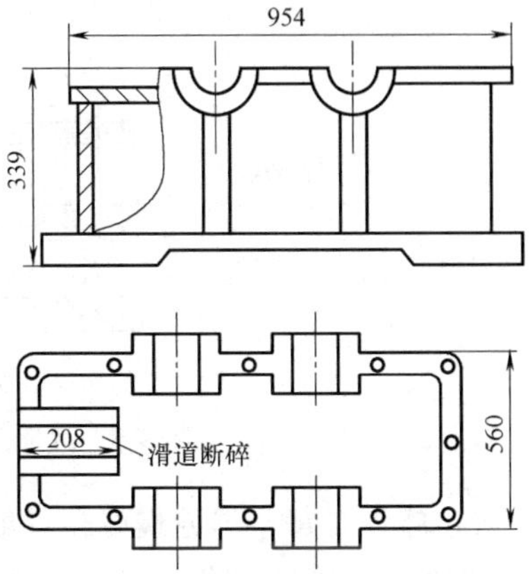

图9-6 减速器箱断碎的位置

1. 焊前准备

1）首先量好滑道尺寸，并做好记录，然后把破损的滑道全部铲除，并将施焊部位铲齐，开30°坡口。

2）用同样厚度的Q235低碳钢板按原来的尺寸焊成滑道，并将与减速器箱底座对接时的焊接部位也铲成30°坡口。

3）将对焊好的滑道用氧-乙炔焰烤红后自然冷却。

4）为加强滑道的强度，在滑道底部加焊支撑板，做法是钻两个ϕ12.5mm孔，并穿入M12长螺栓两条，两头焊牢，然后穿在变速箱壳体上，按原滑道尺寸用螺母调整拧固（但不要拧得太紧）。

5）准备ϕ3.2mm、ϕ4mm的Z208电焊条。

6）交、直流弧焊机均可，但用交流弧焊机更好。

2. 施焊工艺

1）先用氧-乙炔焰将施焊部位预热到暗红色（大约500°左右）。

2）将组对焊好的低碳钢板滑道按原尺寸对在减速箱底座上，用ϕ3.2mm的Z208电焊条进行定位焊，定位焊点要长些，焊接电流为110A。

3）焊接顺序是先焊短缝，后焊长缝，最后焊支撑板与减速箱底座连接的两条角缝（见图 9-7）。

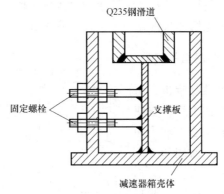

图 9-7　减速器箱的焊补

4）施焊时每条焊缝最好摆成船形位置，使焊缝平滑过渡，焊满坡口即可。尽量焊平，不让焊缝金属高出母材，以减少加工量。

5）每条焊缝焊接两遍，第 1 遍用 $\phi3.2mm$ 的 Z208 焊条，焊接电流为 110A，第 2 遍用 $\phi4mm$ 的 Z208 焊条，焊接电流为 145A，焊接过程中不得中断，连续焊接而成。

6）施焊时做划圈式运条，注意使焊缝两侧充分熔合，在确定没有夹渣、气孔、未熔合等缺欠后方可焊接第 2 遍。

3. 焊后处理

1）各道焊缝均焊完后，仔细检查，确定无裂纹、未熔合等缺欠后，再将焊补区重新预热到暗红色（500℃），随室温冷却。

2）因焊补区域在减速器箱边缘处，焊接应力能自由释放，所以在焊接过程中以及焊后不必锤击。

3）工件冷却至 100℃ 左右将减速器箱内外 4 个螺栓拧紧。

4）等工件彻底冷却后，用手砂轮磨去焊缝高出的部分，并用锉刀、油石研磨光后，滑道即可使用。

9.4.6　球墨铸铁管的焊补

某施工工地不慎将一地下埋的输水管弄破（见图 9-8）。

输水管的材质为球墨铸铁，根据球墨铸铁的焊接特性，采取以下焊补措施。

1. 焊前准备

1）关闭供水阀门，抽出管内余水。

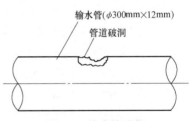

图 9-8　输水管破损

2）用氧-乙炔焰烘烤焊补区域的水分，用手砂轮清理泥土、锈蚀使其露出金属光泽，确认破损处扩散的裂纹终端。

3）为减少焊接应力，防止焊接裂纹的出现，补板不采用对接焊口，而是采用搭接焊口。

4）补板采用 $\phi300mm×10mm$ 的 20 钢无缝钢管下料，按球墨铸铁管的破洞尺寸放大，下料补板要压过破洞边沿 50mm，接能面越贴紧越好，补板一周磨出单边 35°坡口。

5）将下好料的补板用氧-乙炔焰整体加热到 700℃ 左右（红热状态），自然冷却。将球墨铸铁管破洞处加热到 400℃ 左右，自然冷却。

6）选用 Z×5-400 型弧焊机，直流反接，选用 $\phi3.2mm$ 的 A302 奥氏体不锈钢电焊条，按规定烘干，随用随取。

2. 过渡层的焊接

将冷却后的补板放在球墨铸铁管焊补区中心上，用粉笔画下记号，取下补板，然后用 $\phi3.2mm$ A302 电焊条沿粉笔处球墨铸铁管的表面上敷焊一层过渡层，要求过渡层宽 20~25mm，焊高为 4mm（见图 9-9）。

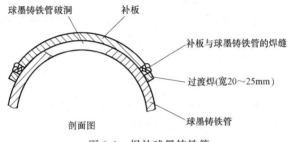

图 9-9　焊补球墨铸铁管

焊敷焊层时，焊接电流在能熔合良好的情况下应尽量小，$\phi 3.2mm$A302 焊条的焊接电流选 100~110A，焊接速度要均匀，尽量将过渡层焊平，避免焊道间出现沟棱现象，并要做到焊缝宽窄一致。

控制热输入不得过大，采用分段、断续、间隔焊法，焊每段过渡层的面积在 400~600mm²，焊完一段应立即锤击。过渡层不得有裂纹、气孔、夹渣、弧坑等缺欠。

过渡层焊完，将补板放上，若有不适的地方就用砂轮打磨补板，使其镶入过渡层内进行定位，之后开始焊接。

3. 过渡层与补板的焊接

采用 $\phi 3.2mm$A302 电焊条进行焊接，施焊时要严格遵守"铸铁冷焊"法的原则进行焊接，即短焊道、适中焊接电流（110A 左右）、对称、分散、严格控制每段焊缝的长度不大于 60mm，控制焊接温度，待冷却到不烫手时（小于 40℃），再焊下一段，以分散应力。

焊后不热处理，自然冷却，确认无裂纹、夹渣、气孔等缺欠后，通水使用。

9.4.7　变质铸铁件的焊补

铸铁件经受高温或遇酸碱的介质后，会使铸铁的化学成分发生变化（变质），给焊接带来困难。例如气焊时，熔池有反火星、反浆、金属液不清的现象，白色渣滓很多不熔合；电弧焊接更困难，焊条一熔化根本就留不住，熔化的金属液打滚、起泡、起渣与母材不熔合。变质铸铁件的焊补有以下方法。

1. 钎焊法

1）铸铁钎焊的质量与焊口清理干净与否有很大关系，因此要严格清理焊口内外的氧化层、油污、水分等，并使其露出金属光泽。

2）铸铁的钎焊与熔化焊不同，其坡口的面积要大一些，目的是增加熔合接触面，以提高焊补质量，坡口形状如图 9-10 所示。

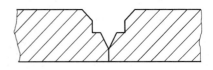

图 9-10　变质铸铁钎焊的坡口形状

3）焊补时采用黄铜气焊丝，焊剂为剂 301。根据被焊工件决定焊枪和焊嘴的型号，一般采用中号焊枪（H01-12）2~4 号焊嘴。

4）焊补时宜采用微氧化焰。采用该火焰形式有两个好处，一是能将坡口表面的石墨烧掉，提高焊接的熔合强度，二是在钎焊过程中减少铜焊丝中锌的蒸发和氧化，防止产生气孔。

5）施焊温度要适宜。温度过低，钎料（黄铜焊丝）一熔化就成球状与母材不熔合；温度过高，钎料熔液冒蓝烟（锌烧损严重），也会不与母材熔合。施焊时，当焊补区加热到暗红状态时（600℃左右），立即撒上一层薄焊剂（剂 301），当温度继续加热到 950℃左右时，用黄铜焊丝蘸上剂 301 往坡口内涂擦焊上一层薄焊层，然后再继续填满整个焊缝。

6）钎焊时也要防止温度过高，产生较大的焊接应力。选择合理的焊接顺序，如由里往外焊补，避免热量集中；先焊短焊缝，后焊长焊缝；长焊缝要分段焊，每段长 100mm 左右，焊完一段待温度下降到 300℃左右时，再焊另一段，并注意各段之间要衔接好。

2. 碳化焰焊补法

施焊时严格采用碳化焰焊补，用内焰加热，当焊补区周围的温度达到 900℃左右时，熔池已形成，停留几分钟（有渗碳还原作用）后再添加焊丝就能熔合。气焊丝采用废活塞环（汽车上的铸铁胀圈），焊剂采用剂 201。

在施焊过程中，气焊丝在碳化焰的笼罩下在熔池中搅动，并添加焊剂帮助清渣，当熔池中的白渣浮起时，应及时用焊丝将熔池中的白渣挑出，再焊接就能顺利进行了。碳化焰焊补法如图 9-11 所示。

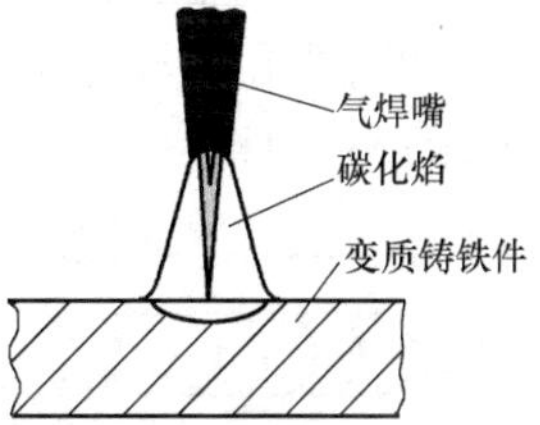

图 9-11 碳化焰焊补法

3. 电弧焊切割、焊接法

焊补裂纹时，应在裂纹的两端钻直径为 6mm 的止裂孔。然后用大焊接电流（将裂纹呈立焊位置）碳钢焊条电弧切割坡口，切割好的坡口不可用砂轮磨光，用清渣锤将飞溅、氧化物清除干净即可。待切割温度冷却到 60℃左右时，用直径不大于 ϕ3.2mm 的碱性焊条（E5016、E5015、E4315、E4316 均可），严格按冷焊铸铁方法进行焊补。施焊中如遇到电焊条熔化后打滚不熔合的状况，还应用电焊条切割的方法进行切割，直到熔合良好为止。

9.4.8 发动机缸体裂纹的冷焊

在东风 153 载重汽车康明思发动机缸体的水套外壁上有一条平行于上平面的 260mm 的裂纹。

1. 焊前准备

1）在裂纹处用氧-乙炔焰将油污烧净，再用钢丝刷刷出金属光泽。

2）检查裂纹长度，在裂纹的两端（超过裂纹 5~10mm 处）钻 φ6mm 止裂孔。

3）沿裂纹的走向用角向砂轮开出 U 形坡口，坡口深度为缸体裂纹处壁厚的 2/3，坡口两侧也打磨露出金属光泽。

4）选用 Z308 电焊条，φ3.2mm，交、直流均可，但直流反接为宜。

2. 焊接方法

1）在裂纹处进行低温预热，温度大于 150℃。低温预热有两个好处，一是减少焊接时的温差比，这对减少焊接应力、防止焊接裂纹有好处；二是能进一步烧损清理裂纹处的油污，能增加熔敷金属的熔合力，同时也能防止气孔的产生，增加焊缝处的致密性。

2）焊接电流为 110~120A。

3）采用分段逆向焊法，每段长度应不大于 30mm，按图 9-12 所示进行焊接。

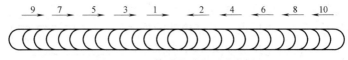

图 9-12　缸体裂纹分段逆向焊法

4）焊接速度在熔合良好、焊高高出缸体平面 1~2mm 的情况下，尽量稍快些。

5）每段焊后，用小圆头尖锤轻轻迅速锤击焊缝及焊缝的两侧，使其布满锤击小坑，待冷却到手能摸的温度后（大约 60℃）再焊下一段。

6）当发现焊道自身卷曲起棱不与母材熔合时，应把它磨去重焊，直到熔合好为止。

7）焊好裂纹，再分两次将止裂孔焊补好，焊补止裂孔的运条手法为划圆圈，从孔的外围往里圈焊，填满孔后立即锤击。

3. 焊后检验

冷却后，在焊缝区域涂上白灰浆（或用白粉笔涂擦），等白灰浆干燥后在焊缝背面（缸体内）涂抹煤油，做渗漏试验。如果发现小黄点，则进行焊补。确定无渗漏后装机使用。

9.4.9 球墨铸铁高炉冷却壁渗漏的焊补

冷却壁是高炉的重要组成部件之一，其材质为球墨铸铁，结构如图 9-13 所示。

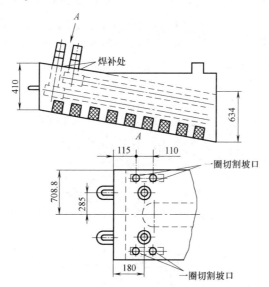

图 9-13 冷却壁的结构

在宝钢集团上海第一钢铁有限公司 $750m^3$ 大型高炉安装施工中，发现由于铸造工艺不当，造成冷却水循环蛇形管与冷却壁的接触面强度低，甚至蛇形管内部接头焊接质量差，打压时渗漏严重。为不影响施工进度，通过对冷却壁具体情况的分析及现场试焊，采取镶焊 20 钢加固套的方法修复了冷却壁。

1. 焊前准备

1）坡口制备。用气割炬沿铸造管外圈在冷却壁母材上切割出上宽约为 20mm、下宽为 16mm、深为 10mm 的坡口，底部呈圆弧状，并用微型角向砂轮将坡口打磨，露出金属光泽。

2）焊条选择。选用 ϕ3.2mm 的 Z408 焊条和 ϕ4mm 的 J506 焊条。焊前，Z408 焊条需经 150℃、J506 焊条需经 350℃烘干处理，恒温 1h 后随用随取。

3）预热。焊前用大号焊炬将坡口及两侧加热至 350℃，温度上升力求均匀。

2. 焊接

预热后立即进行套管的定位焊，定位焊缝对称分布，焊缝要饱满、填满弧坑，每道焊缝长 30~40mm。

焊补时，先用 ϕ3.2mm 的 Z408 焊条在坡口内堆焊一层隔离层，焊接位置如图 9-14a 所示，焊接顺序如图 9-14b 所示。

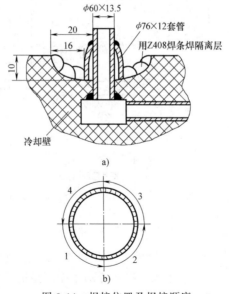

图 9-14　焊接位置及焊接顺序

a）焊接位置　b）焊接顺序

每焊一层，立即锤击焊道以减少内应力，并用 5 倍放大镜检查焊道，确定无裂纹、气孔缺欠后再焊下一层。焊完隔离层后，再用 ϕ4mm 的 J506 焊条焊满坡口，余高约为 6mm，焊接顺序同上。最后焊接管与管角焊缝。焊接需连续进行，以保持层间温度。

焊接过程中运条速度要慢，以划圈式运条为好，电弧在尖角处要稍作停留，保证熔合良好。电弧长度保持在 3~4mm，焊接电流略大于一般铸铁的焊接，ϕ3.2mm 焊条选 120A，ϕ4mm 焊条选 160A。

3. 焊后处理

焊后用 5 倍放大镜检查焊缝确无气孔、裂纹等缺欠后，再将焊前预热的部位重新加热到 300℃，用干燥白灰粉覆盖焊缝，保温缓冷。冷却后进行水压试验（工作压力为 0.5MPa），超载试压 1.3MPa，稳压 10min 无渗漏则为合格。

第10章
铸钢件的焊接（焊补）操作技巧

铸钢件的焊接或缺陷焊补工艺是铸钢件焊接或缺陷修复的技术支持，也是焊接操作的指导性技术文件和焊接或焊补质量检查的主要依据。熟练的操作技巧是铸钢件焊接或缺陷修复能够成功的基本保证。

10.1 铸钢件焊接（焊补）存在的主要问题

虽然在铸钢件焊接或缺陷焊补修复的应用方面取得了很大发展，并积累了丰富的实践经验，但也还存在一些疑难问题或在操作过程中经常遇到一些困难。譬如有些铸造缺陷难以清除干净，铸钢件焊后变形，焊补区硬度过高或偏低，熔敷金属与母材不易熔合，缺陷焊补一次合格率不高，焊渣不容易清除，焊补区硬度和颜色与母材本体有差别等。为解决这些疑难问题，克服这些困难，必须对这些问题进行深入认真的分析，并提出解决对策。还应做好焊补前的准备工作，对缺陷现状进行详细分析，同时要掌握正确的焊接或焊补操作要点。

1. 铸造缺陷难以清除干净或无法清除

（1）缺陷现状　铸钢件上有时存在一些难以清除干净或无法清除的铸造缺陷，这些缺陷主要有裂纹、疏松、缩孔、点状夹渣等。

（2）原因分析　在铸钢件生产中，由于铸造工艺过程的复杂性和铸钢件结构的特性，不可避免地存在各种缺陷，特别是铸钢件的冒口下或增肉区域，厚大截面或热节部位的疏松、缩孔、点状夹渣、网状裂纹等缺陷。由于这些缺陷在很多情况下在结构的断面上是分散或分层密集存在的，特别是铸钢件的冒口下如果存在疏松、缩孔、点状夹渣、网状裂纹等缺陷，必须在一定的深度范围才能将其清除干净。有些铸钢件，正是由于缺陷的深度太深，甚至穿透铸钢件，加上铸钢件结构的影响，使缺陷难以清除，不得不报废。

（3）解决措施　这些缺陷采用打磨的方法不仅费时费力，还很难清除干净，如果采用碳弧气刨清除，有可能在局部热应力的作用下使密集的点状缺陷或疏松性缺陷形成网状裂纹。因此，最好采取机械加工的方法去除缺陷。

2. 预热温度对焊接质量的影响

目前，铸钢件的焊接或焊补几乎全部需要在预热条件下进行，而且要求有较高的预热温度（通常要求在 150~250℃ 内，而且多需要整体预热），直接造成工作环境差、操作难度大的问题，同时也影响到了焊补质量。

（1）原因分析　由于铸钢件多是厚壁件，体积大、刚度大，同一铸钢件上的缺陷较多，铸钢件的材料大多数含碳量或碳当量又较高，如果不进行预热或预热温度不够，那么焊接过程的快热、急冷及受热不均匀会产生较大的焊接应力，引起铸钢件发生变形和产生裂纹，焊缝金属熔合得不好也会产生裂纹，造成焊补区组织过硬组织或出现气孔，熔敷金属与母材不易熔合等。

（2）解决措施　尽可能采用超低氢和超低碳焊接材料，同时在有条件的情况下采用气体保护焊，这样预热温度就可以适当降低 50~150℃。保证焊接质量好坏的关键不全是预热温度的高低，还包括操作者的操作水平好坏，焊接过程的温度及范围是否能均匀保持，以及焊后是否采取保温缓冷措施。

3. 缺陷焊补一次的合格率

缺陷焊补一次的成功率不高，同一处缺陷需反复多次焊补。主要问题出现在焊缝与母材交界的熔合区域焊缝上无损检测不合格，易出现裂纹、线性缺陷或夹渣，以及熔敷金属与母材熔合不良而产生的未熔合，对于穿透性坡口或对接坡口根部有时还存在未焊透等缺陷。

（1）原因分析　铸钢件经超声波检测发现的缺陷经过清除后

的坡口一般都较深、较大，而且不规则，即使采用加工方法清除后的坡口，其坡口角度和表面状态也没有达到要求。焊补过程由于坡口角度不正确，坡口表面不干净，坡口表面的组织致密度太差，焊接操作时角度掌握得不好，焊接方法、焊条直径和焊接电流选择不合理等是熔合区无损检测不合格的主要原因，特别是打底层和过渡层更易出现焊接缺陷。

（2）解决措施　焊前检查坡口，必要时可进行超声波检测（包括采用横波斜探头），主要是检查坡口边缘或近表面是否还有残存的超标缺陷，或缺陷虽然没有超标，但距坡口较近，在后续的坡口填充过程中受到焊接热循环的作用可能有扩大的趋势；对由于加工或缺陷所处位置无法满足坡口角度要求的，可以采用修刨或焊接方法先将坡口修成或焊接成符合要求的角度，避免形成直角，同时对坡口表面进行清理或采用丙酮等清洗剂清洗干净，深度较大的坡口可采用先焊打底层和过渡层的方法，并对打底层和过渡层进行磁粉检测确认后再进行填充焊接。

4. 焊渣不容易清除

焊补过程中，由于坡口位置、角度及操作的影响，再加上焊缝温度较高，使部分焊补过程形成的熔渣不容易去除干净，在焊缝中形成夹渣缺陷。

（1）原因分析　焊补坡口位置和角度不正确，焊补操作时焊道与焊道之间覆盖宽度太小形成沟槽，都会使焊缝形成夹渣。在预热温度较高时的焊补，由于焊补区局部热源散热较慢，使焊补区温度较高，焊渣在高温下不易脱落，特别是二氧化碳气体保护焊时出现的表面浮渣，如果采用除磷针或风铲在焊后立即清渣，高温下敲击可能会将焊渣和母材或焊缝紧密地粘连在一起，冷却后夹在焊缝内部，形成夹渣。

（2）解决措施　选用脱渣性较好的焊条施焊，正确选择焊补坡口的角度，必要时对坡口进行修刨，焊补操作时焊道与焊道之间覆盖宽度不低于坡口宽度的1/3。对于高温下的清渣，可以在焊后稍等一会儿，待焊补区温度稍降下来再清渣，效果会好些。对于标准要求较严的，发现夹渣时可以采用打磨的方法去除。

5. 焊接区和母材过热区的裂纹

主要出现在铸钢件材质对裂纹敏感性较大的钢种，以及较大坡口的铸钢件的焊接或焊补。大致有以下几种：焊缝上的裂纹、熔合线上的裂纹、热影响区和母材过热区的裂纹。

（1）原因分析　焊补区裂纹主要是由于焊前预热温度或焊接温度不够。焊补位置不容易加热和保温，焊接过程中保温效果不好，特别是中间停焊时，没有采取火焰加保温材料覆盖焊补区保温的方法，如果天气较冷，会造成焊补区冷却速度过快，特别是焊后保温效果不好、消应力处理不及时等都是形成裂纹的原因。裂纹主要出现在焊缝和熔合线上。铸钢件过热区裂纹主要是由于靠近焊补区的母材疏松、夹渣较严重引起的，在焊补区焊接应力的作用下形成的属于热裂纹，并大部分以断续、条渣的形式反映出来。

（2）解决措施　加强焊前预热、焊补过程中和焊后消应力前对焊接区温度的控制，采用天然气火焰和保温棉对焊接区覆盖保温，尤其是对一些容易散热的部位，如小坡口、铸钢件边缘的焊补、表面堆焊等，更应做好保温缓冷措施，直到进炉消应力。

6. 铸钢件的焊后变形

变形主要出现在圆形、半圆形、环形、薄壁件或长条结构铸钢件中，有扭曲变形、弯曲变形、角变形，以及圆形和半圆形件变形成椭圆。

（1）原因分析　对于铸钢件来说，大多数的刚度都比较大，因此焊后的应力一般较大，而变形现象相对较小。但对于圆形、半圆形、环形、薄壁件或长条结构的铸钢件，当受到焊接过程不均匀的加热与冷却时，在自由状态下也会产生较大的变形，变形量的大小要依据结构的几何形状、焊接工作量的多少、焊接方法和工艺参数来确定。

（2）解决措施　防止铸钢件焊后产生变形主要有以下几种措施：

1）尽可能采用牢固的拉筋使铸钢件刚性固定，拉筋的形状要根据铸钢件的结构和可能产生变形的情况制作，对于圆形、半圆形结构可采用槽钢或方钢等制作米字形拉筋；对于环形结构，比如水轮机上冠可采用钢板在其过流面随形立放焊牢；对于薄壁件或长条结构可以将两件或多件拼接后再焊。总之，拉筋要牢固，并起到防止变形的作用。

2）焊接方法尽可能采用变形较小的气体保护焊或氩弧焊，同时在工艺参数上选择小规范。

3）大面积堆焊时尽可能采用立焊或横焊位置操作，同时采用对称焊、断续短段分散焊、跳焊等方法。

7. 焊补区硬度过高或偏低

对于焊后要求对焊补区进行硬度测试的部位，焊补区硬度出现过高或偏低及硬度不均匀的现象。这个现象主要出现在水电产品的叶片、下环和水泥制品中的轮带等产品中。

（1）原因分析　这与焊接方法、焊接材料的选择、焊前预热温度、焊后缓冷方法、消应力处理方法及热处理温度等因素有关。一般情况下，其他参数相同时，采用气体保护焊比采用焊条电弧焊的焊补区硬度要低。同样，焊前进行预热，焊后采取缓冷措施，可以降低其焊补区硬度。最重要的是焊后消应力处理的方法和温度的选择，整体进炉消应力的效果最好。

（2）解决措施　条件允许时，尽可能采用气体保护焊，主要是气体保护焊的焊丝中的碳含量相对较低，同时注意焊前预热和焊后缓冷的保温要求，焊后必须进行消除应力退火，如果采用局部消应力，比如采用远红外电加热，加热片和保温棉必须覆盖好，同时热电偶必须定位焊在焊缝区。

10.2　铸钢件严重疏松性缺陷的修复要点

10.2.1　缺陷的清除

当碳的质量分数超过 0.35% 或碳当量为 0.45% 的铸钢件经超声波检测发现缺陷时，如果此时铸钢件缺陷部位的致密度差，疏松严重时，最好采用加工或打磨的方法消除，当采用碳弧气刨消除缺陷后，会在一定深度内难以操作，并有可能使圆点状的超标缺陷在局部受到不均匀加热和快速冷却后形成网状裂纹。这是因为碳的质量分数超过 0.35%或碳当量为 0.45%的铸钢件在采用碳弧气刨消除缺陷的过程中，易受到空气和碳弧气刨使用的压缩空气形成的冷气的影响造成铸钢件气刨表面淬火，再加上由于局部受热不均，铸钢件致密度差、疏松严重，使圆点状缺陷在淬火热应力的作用下形成网状裂纹。

图 10-1 和图 10-2 所示是材质为 ZG35Mn 的齿圈，齿面上的是超声波检测发现的点状超标缺陷在采用碳弧气刨清除过程中形成的网状裂纹。

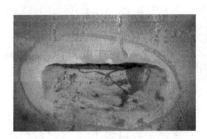
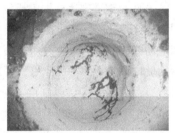

图 10-1　点状超标缺陷　　　　　　图 10-2　网状裂纹

10.2.2　坡口要求及处理

焊前采用风铲（$R>6mm$ 的球形铲头）对已确认缺陷消除干净的整个坡口进行密集性锤击，并且锤击力度要大，如果在高温（400~500℃）加热状态下进行锤击则效果更好。锤击可以改善铸钢件坡口表面的组织状态，细化了晶粒，增加了晶粒的表面积，减少了低熔物质的分布，使表面组织是在铸—锻联合工艺下形成的，其铸造表面的微孔、疏松及粗大枝晶明显减少，位错有所增加。锤击所产生的冷作硬化作用可以消除微小缺口和改善缺口的几何形状，在这种经过锤击强化后的坡口表面进行焊接，可以减少焊缝根部未熔合和裂纹等缺陷。

经过锤击后的坡口应打磨进行磁粉检测或渗透检测来检查确认。

10.2.3 焊补修复的操作要点

1. 坡口打底层和过渡层的焊接

较大坡口先进行打底层和过渡层的焊接，打底层和过渡层最好采用焊条电弧焊方法进行焊接，而且第 1 层要采用小直径焊条，焊后进行磁粉检测。坡口如果太大，还需要进行一次或多次中间消应力处理。如果焊补区还有 50~200℃ 的温度，又不可能冷却至常温再进行无损检测，可以采用干磁粉无损检测检查，确认底部焊缝质量是否符合要求。

2. 加工后的疏松区缺陷焊补

有些铸钢件在完成加工后发现一些点状缺陷、形状不规则的断续裂纹或线性缺陷。这主要是由疏松或成分偏析引起的，点状缺陷可采用电动磨头敲击后焊补。对于裂纹或线性缺陷，当经打磨或加工消除后的坡口深度小于 20mm 时，可以采用氩弧焊焊补，焊至坡口表面时将坡口边缘堆焊 1 层或 2 层（见图 10-3 和图 10-4）。当坡口深度超过 20mm 时，先对坡口进行预包边堆焊（采用氩弧焊或 ϕ3.2mm 的小直径焊条先在整个坡口边缘堆焊一层），在整个坡口焊 1~2 层过渡层后，再采用二氧化碳气体保护焊或焊条电弧焊填充坡口。

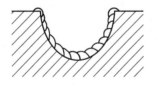 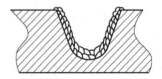

图 10-3　坡口边缘 1 层焊道包边焊　　　图 10-4　坡口边缘 2 层焊道包边焊

3. 采用断续短段分散焊

断续短段分散焊主要适用于铸钢件材质性能较高、经过调质处理或铸钢件已处于精加工状态的情况。这种方法可以有效地分散焊接热量，并使热应力均匀分布，避免局部出现过大的内应力，减少焊后铸钢件变形。

4. 焊缝的层间或道间锤击

多层多道焊时，采用手锤或风铲（R>6mm 的球形铲头）在每层焊缝上进行锤击，打底层焊道最好对每道焊缝进行锤击，使熔敷金属得到延展。但应注意，如果锤击得过重过急，反而容易形成塑性变形，会在变形处引起裂纹。因此应很好地掌握锤击的程度，充分注意，细心观察。

10.3 铸钢件大（深）坡口焊补的操作技巧

10.3.1 存在的主要问题

当坡口深度超过 200mm 时可称为大坡口或深坡口，铸钢件大坡口的焊补操作难度较大，一次焊补合格率不高，焊后存在的主要问题如下：

1）焊缝与母材熔合区（包括熔合线）焊后经超声波检测、磁粉检测或渗透检测时发现存在未熔合、夹渣、裂纹或线性缺陷。

2）焊缝与母材过热区焊后经超声波检测时容易发现超标缺陷。

3）焊缝和热影响区容易产生裂纹、气孔、夹渣等缺陷。

4）母材过热区以外的裂纹。

10.3.2 缺陷产生的原因分析

1. 焊缝与母材熔合区的缺陷

产生原因是坡口表面没有打磨或清理干净，坡口部位或边缘还可能存在疏松现象，坡口角度不合理，操作困难，在焊补操作过程中，打底用焊条直径和焊接电流较大，操作角度没有掌握好，预热和后热管理不善，未起到应有的效果，打底层和过渡层没有进行检查和及时进行预防白点退火或消应力处理。

2. 焊缝与母材过热区的缺陷

这种缺欠是出现在母材上的，主要有两个原因：①母材上的缺陷位置处于超声波检测的盲区或深度超过了磁粉检测能达到的位置，或者由于种种原因无损检测没有发现；②坡口底部或边缘母材过热区在焊前存在经超声波检测已检测出来的不超标缺陷，但在焊补后由于焊接和热处理过程热应力的影响，使缺陷有所扩展，当焊后对焊补区进行超声波检测时发现该处经超声波检测判定的不超标缺陷已扩大成为超标缺陷。

3. 焊缝缺陷

焊缝上的缺陷主要是裂纹、气孔和夹渣。

1) 焊缝裂纹大多是低温裂纹，主要原因包括：①预热温度不够或焊补过程中温度保持得不好，局部加热拘束度大，预热效果往往相抵；②后热或预防白点退火没有做好；③焊条在使用过程中受潮或焊补区没有及时覆盖。

2) 气孔产生的主要原因是焊条受潮、坡口表面不干净、焊接电流过大、摆动幅度过宽。

3) 夹渣主要有缝道境界的夹渣和焊缝内的夹渣。缝道境界的夹渣是因为两相邻焊缝的熔合不好，形成沟槽，沟槽内熔渣又没有清除干净而残留在的缝隙内形成夹渣。焊缝内的夹渣主要是焊接过程运条操作不良，焊接电流和焊接速度选择不合理。在高温下也会由于脱氧生成物产生熔渣，这些熔渣大部分在焊道的两边，如果清理不干净，正好被第 2 层焊缝覆盖，残留在多层焊缝金属内变成了夹渣。

4. 母材过热区外的裂纹

其产生的原因是母材本身的组织疏松、致密度较差，或有夹渣等缺陷在焊补前的超声波检测、磁粉检测中未被发现或没有超标。由于大坡口焊接拘束度较大，产生的应力也较大，而焊缝的组织致密度一般是较好的，这就使焊缝强度会高于母材，强度相对较低的母材在焊接应力的作用下就可能会出现裂纹或将原来未超标的缺陷扩展形成超标缺陷。

10.3.3　焊补的操作技术及要求

大坡口焊补后的质量能否符合要求，主要取决于焊接过程的有效管理和操作者技术水平的发挥。针对铸钢件大坡口在焊补后存在各种缺陷的原因进行分析，采取的主要工艺措施和处理方法如下：

1. 缺陷的清除

铸钢件中存在的所有超标缺陷都必须彻底清除。焊接修补之后，经检验仍有残留的超标缺陷，就必须返修至符合要求，否则会给今后出现断裂事故埋下隐患。

消除缺陷可使用碳弧气刨、火焰切割、电动磨头打磨、扁铲铲除、砂轮打磨和机械加工等方法。使用火焰切割消除缺陷，对于碳含量较高或碳当量较高的钢种或裂纹性质的缺陷不易采用，同时火焰切割会使疏松或缩孔缺陷形成裂纹，使裂纹缺陷进一步延伸或扩展。扁铲目前也很少使用，主要是其力量不够，效率太低。机械加工方法的周期长、费用高，所以也很少使用。电动磨头适用于小缺陷或点状缺陷的消除。目前应用最多的是采用碳弧气刨加砂轮打磨的方法，这种方法效率最高，又容易发现缺陷，用碳弧气刨把大缺陷消除后，再用砂轮机在表面打磨干净。要注意在采用火焰切割或用碳弧气刨消除缺陷时要根据铸钢件的材质对母材进行适当加热。

2. 坡口要求

1）坡口应采用磁粉检测或渗透检测，以确认缺陷是否清除干净。

2）坡口的尺寸、角度和形状必须合适，适应操作并符合要求，坡口不允许有尖棱角现象。

3）检查坡口及附近 50~100mm 范围内有无缩孔、裂纹等缺陷。坡口及附近如果有缺陷，焊前一定要预先修补或修复，特别是在坡口底部的热影响区和过热区范围，如有必要，可以采用超声波双晶斜探头和磁粉检测来确认。坡口底部热影响区和过热区如果还有未超标缺陷则要对其进行判别，如果缺陷可能会影响后续焊缝质量，就应该清除。

4）坡口表面的粗糙度和清洁度。特别是采用切割或碳弧气刨方法制备的坡口，表面残存的氧化渣、沟槽、渗碳层等必须打磨干净，对碳弧气刨刨削后的表面要求打磨 1~1.5mm 深，主要是去除气刨过程的热影响区范围。而坡口表面氧化渣、渗碳层及渗透检测后残存的污垢、油污、锈蚀及水分等必须被清理干净，可采用打磨、清洗剂或丙酮清洗。

3. 预热温度和范围

大坡口的焊补，预热是重要的、必须的，预热温度要根据铸钢件材质的碳当量确定，但局部预热范围至少是坡口深度尺寸加上200mm 以上，且要求采取保温棉覆盖等保温措施。

4. 焊补过程的操作要求

1）焊接过程的温度和保温范围一般应按照铸钢件的预热温度及预热范围来要求，这一点对于铸钢件大坡口的焊补是极为重要的，也是防止焊补区产生裂纹的重要措施之一。

2）相邻两焊道之间要相互覆盖 1/3～2/3，避免两焊道之间的沟槽太大，熔渣不易清除，每层或每道焊缝的焊渣和飞溅必须清理干净，可采用气刮铲或除鳞针进行清理，必要时采用砂轮打磨的方式清理。同时根据铸钢件材料的要求要对每层焊缝进行均匀锤击。

3）大坡口焊补应先焊打底层和过渡层，打底层和过渡层的厚度根据坡口大小确定。由于二氧化碳气体保护焊在深而窄的坡口内进行第 1 层焊接时，焊道上容易出现裂缝，所以最好采用焊条电弧焊焊接打底层和过渡层，同时可采取降低第 1 层焊接电流、减少熔深的方法，以避免裂缝的发生。

4）对较大坡口或深坡口要注重第 1 层焊缝的检查，必要时可采用磁粉检测或渗透检测。当焊补区处于高温状态（≤200℃）时，可以采用干磁粉检测，特别重要的情况下还可以采用超声波双晶斜探头检查，来确认根部焊缝与母材的熔合是良好状态的。

5）要尽可能地采用熔化极气体保护焊，可以提高焊接效率，降低焊接过程的温度要求，减少焊接应力状态。一般采用图 10-5 所示水平叠置法或图 10-6 所示螺旋叠置法进行焊接，用水平叠置法时要注意坡口与母材边缘始终形成一定的 R 形状，以避免坡口边缘产生未熔合或裂纹等缺陷。

6）分段分层焊补。大坡口的深度一般较深，而且焊后需要进行超声波、磁粉无损检测等，为了确保焊缝质量，避免全部焊完

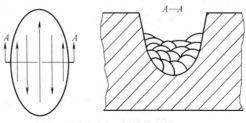

图 10-5　水平叠置法

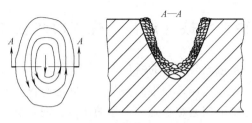

图 10-6　螺旋叠置法

后，焊补区经超声波检测发生，在焊缝根部或中间部位还有超标的焊接缺陷需要返修，而这些部位的返修又必须将已符合要求上的部分焊缝全部清除，才能修复到焊缝根部或中间部位的焊接缺陷。所以，可以将一个大坡口在填充焊接时，把坡口深度分成 50~100mm 为一层，即坡口每焊 50~100mm 的焊缝就进行一次超声波、磁粉无损检测，这样焊缝根部或中间部位出现的缺陷就可以及时返修，同时使整个坡口的焊补质量得到有效的控制。图 10-7 所示为一个深度为 390mm 的坡口按每 100mm 一段来分层的示意图。

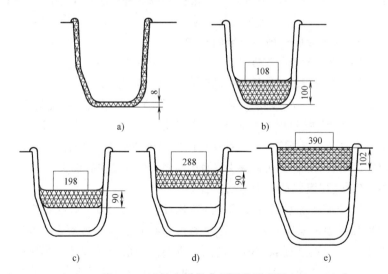

图 10-7　大坡口分段分层焊接示意图

a）打底层和过渡层　b）第 1 段 100mm 填充层　c）第 2 段 90mm 填充层

d）第 3 段 90mm 填充层　e）第 4 段 102mm 填充层+盖面层

10.4 铸钢件焊接（焊补）操作的注意事项

铸钢件焊接或缺陷修复的质量能否符合产品的技术标准和使用要求，与其在焊接操作过程中的一些细节问题有很大关系。有些时候，正是这些细节问题影响到了产品的质量，使本来一次可以修复合格的铸钢件不得不进行多次返修，甚至无法修复而使铸钢件报废，因此需要特别关注。

1. 焊前坡口表面的清洁和清理情况

铸钢的焊接多用于管道对接、阀体组焊、修补焊接以及铸钢件尺寸不符堆焊或耐蚀层和抗磨层的堆焊，因此在焊前将铸钢件需要焊接、焊补或堆焊表面的污物、变质处、疲劳处、氧化皮、氧化渣、渗碳层等去除，并打磨干净露出金属光泽。铸钢件表面的水、锈斑、灰尘、油污或其他有机物等，焊前也必须清除干净，以便在良好的铸钢件表面上施焊。如果清理不彻底，坡口或堆焊表面还残留有没有清理干净的地方，在焊接接头或焊补区会产生未熔合、未焊透、夹渣、气孔甚至裂纹等缺陷。

2. 环境温度对预热温度的影响

环境温度对预热温度及焊接过程温度的影响较大，也就是说，在同样条件下进行铸钢件焊接或缺陷焊补时，预热温度是可以不完全相同的。一般情况下，环境温度较低的冬季应该选用预热温度的上限，这样可以使焊接过程温度不至于下降太快，造成焊接区温度较低的状况。反之，环境温度较高的夏季可以选用预热温度的下限，这样既可以确保预热温度，又可以减少在夏季高温下施焊操作的难度。

3. 过程温度的控制与后热保温

对于需要加热焊接或焊补的铸钢件，预热温度、焊接过程温度和后热保温都是防止焊补区产生裂纹的有效措施。当预热温度符合要求后，焊接过程温度的控制尤为重要。一般要求在整个焊接过程中，焊接区及周围250mm范围内的温度应该保持在铸钢件的预热温度范围内。后热保温是指坡口焊补完成后的加热保温，一般可以低于预热温度50~100℃，在此温度下保持至消应力热处理。如果同一铸钢件上有多处缺陷焊补，每处焊完后都应在此温度范围内保温。当铸钢件焊后需要先进行超声波、磁粉或渗透检测，再进行消应力热处理时，可采取焊后先对焊缝进行预防白点退火，保温缓冷至常温后进行无损检测，检查符合要求后再进行消应力热处理的方法。预防白点退火温度应高于预热温度150~200℃，但这种方法不适用于高碳钢及调质处理后的低合金高强度结构钢。

4. 深度小于20mm的浅小坡口焊接或焊补时应该注意的问题

针对裂纹敏感性较强的材料和经过调质处理的铸钢件，在焊补过程中预热温度以及保温和后热处理不好的情况下，由于坡口尺寸较小，焊补过程中焊补区产生的热量相对较低，而且散热很快，温度不容易保持。如果预热温度不够，或在焊补过程中温度保持得不好，也没有重视后热和保温，那么焊后快速冷却时极易在焊补区产生裂纹。

5. 两坡口之间隔离区的处理

采用焊接方法修复缺陷时，在同一平面的几处相邻缺陷的间距小于30mm时，为了不使两坡口中间的金属受到焊接应力-应变过程的不利影响，应将隔离区与两坡口连通成同一坡口进行焊补（见图10-8）。

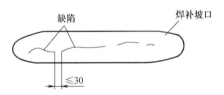

图 10-8　相邻几个缺陷连接起来成一个坡口

6. 层间或道间锤击

锤击是用风铲（R>6mm的特殊球形铲头）连续打击焊缝金属表面使其产生塑性变形的操作方法，这种方法在焊接上不但可以消除部分残余应力而且在焊层间还能防止变形和裂纹。

层间锤击是指上层焊缝焊完后，下一层焊缝还没有开焊时的锤击；道间锤击是指上道焊缝焊完后，下一道焊缝还没有开焊时的锤击。焊接过程中由于焊缝金属的收缩产生很大的应力，以致在焊接区产生裂纹。锤击可以使焊缝金属得到延展而消除部分焊接应力，而且细化了晶粒，增加了晶粒的表面积，减少了低熔物质的分布，提高了抗裂性。锤击也可以改善焊态组织，具有增加韧性的良好作用。

锤击的温度通常在 $100 \sim 200 ℃$（也就是焊后立即锤击），在这个温度范围内能有效地预防氢脆。锤击的方式要根据焊接处大小、形状相应地使用手锤或风铲等方法。

如果锤击过重，反而容易形成塑性变形，会在变形处引起裂缝，特别是脆性材料、马氏体不锈钢及超超临界铸钢材料，焊后一般不要求锤击。多层焊时，打底层和盖面层一般也不要求锤击，这是因为打底层焊缝一般应力较小，锤击反而容易破坏坡口底部（特别是穿透性缺陷）焊缝的质量，盖面层锤击后焊缝表面质量也会被破坏。各类材料焊补时焊缝锤击范围及力度要求见表 10-1。

表 10-1　焊缝锤击范围及力度要求

铸钢件材料的类别	锤击方式	锤击力度	锤击时期
碳素钢、低合金钢、铬钼钢	1）坡口封闭端向开口端 2）先沿坡口或焊缝边缘锤击，后中间	均匀、中等力度、并随坡口焊量增大而加重	$100 \sim 200 ℃$
铬钼钒钢、低合金高强度结构钢		均匀，轻度锤击	焊后立即
马氏体不锈钢，超临界和超超临界钢	不进行锤击	—	—
模具钢	1）坡口封闭端向开口端 2）先沿坡口或焊缝边缘锤击，后中间	重度锤击	焊后立即
奥氏体不锈钢、高锰钢	不限	可采用手锤或气刮铲轻微锤击	焊缝温度低于100℃

7. 不规则坡口形状的焊补

坡口形状不规则，是指同一坡口底部不一定在同一平面上，有的坡口内还有局部很深或很宽的小坡口或凹坑。焊补的次序是先将小坡口或凹坑部位焊至与坡口表面相平，使此处同整个大坡口一样深，或者先在坡口宽处和较深部位进行焊补，使整条坡口宽度和深度均匀一致，然后再将整条坡口焊补完，这样可以减少焊接过程的应力和变形。

8. 打底层和过渡层的焊接

（1）焊接的目的　过渡层焊接的作用是减小本体上热影响区的宽度，降低热影响区的应力。通常情况下，本体淬硬倾向大于焊接材料，这主要取决化学成分，即含碳量或碳当量，一般情况下，焊接材料的含碳量或碳当量要低于母材。由于母材和焊接材料相互融合，即可知过渡层的塑韧性以及焊接过程中淬硬倾向介于本体与焊材之间，即过渡层的力学性能优于坡口周围本体，在拉应力的作用下可起缓冲作用，防止坡口周围被拉裂。

打底层焊接的主要目的是减少填充焊时焊接应力对母材的影响，避免母材近缝区裂纹缺陷的产生。

（2）打底层和过渡层的焊接厚度　打底层和过渡层的焊接厚度要根据坡口大小来确定，只有达到一定厚度才能有效保护母材。为保证焊接质量，一般都要求焊两层以上，第 1 层采用 ϕ4mm 焊条，第 2 层采用 ϕ5mm 焊条，这时由于打底层焊接完成后需要进行打磨后方可进行磁粉检测，如果只焊 1 层打底层，打磨时大部分焊缝会被打磨去除，造成打底层过薄而起不到保护母材的作用。

（3）螺旋施焊　对于铸钢件结构复杂，刚度较大，坡口较大、较深、缺陷严重的焊补，应先焊过渡层。打底层焊接要求从坡口底部开始按顺时针或逆时针方向螺旋施焊，焊满整个坡口（见图10-9）。

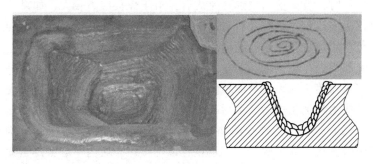

图 10-9　打底层及过渡层的焊接

（4）过渡层焊接的工艺措施 包括下列内容：

1）预热，对过渡层焊缝进行锤击消应力，如果坡口较大，必要时还可以进行热处理消应力。

2）过渡层焊接最好采用熔深较小的焊条电弧焊方法，以减少母材的稀释率，大坡口过渡层焊后可采取干磁粉无损检测对焊缝进行检查。必要时也可以对焊缝打磨后进行超声波横波检测，以确认底部焊缝的质量状况。

3）尽可能选用强度等级稍低于母材、塑性较好、碳含量较低的低氢焊条。

4）采用小电流焊接，第1层用小直径焊条。

9. 焊补过程焊渣和飞溅的清理

焊补过程产生的焊渣和飞溅对焊补区质量检验和产品使用的影响很大，这些焊渣和飞溅残留在焊缝中，形成的夹渣不仅降低了铸钢件的有效截面积，影响产品的正常使用，而且对于铸钢件质量的要求较高，在超声波检测灵敏度较高或要求采用在超声波横波检测时极易超标。因此，焊接过程必须采用刨锤、风铲、除鳞针、除锈器（带有钢针的风刷）或砂轮等将熔渣和飞溅逐层逐道地清除干净。

10. 压边焊缝的作用及要求

（1）压边焊缝的作用 压边焊缝又称溜边焊缝，这是在铸钢件缺陷焊补实践中总结出来的防止熔合区出现咬边和裂纹的有效方法，主要用于坡口面积较大的焊补区中。所谓压边焊缝就是在铸钢件焊补时，坡口盖面层焊缝完成后，由于焊接应力较大，如果母材存在疏松现象，很容易将母材与焊缝的熔合区拉裂的情况。因此，在母材和焊缝金属熔合区周围焊一道回火焊道，其作用一是对上道焊缝起回火作用，二是防止焊缝过渡到母材时由于产生咬边缺陷而引起应力集中和需要后续精整，还可以防止热处理和加工过程受到的热应力和加工应力叠加后在焊缝热影响区或熔合区出现裂纹。

（2）焊接压边焊缝的要求 压边焊缝焊接时必须在坡口盖面层焊缝完成后立即焊接，焊道位置以焊接熔合区为中心，焊道宽度要使母材和焊缝覆盖宽度均匀，并以窄焊道不摆动方法进行，以防止焊道过宽会出现新的缺陷。采用小直径焊条、小焊接电流和短弧焊，避免焊接过程产生新的咬边、气孔和夹渣等缺陷。图 10-10 所示为坡口焊完后的压边焊缝。

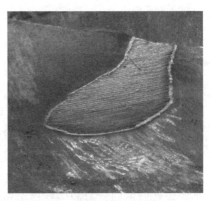

图 10-10 坡口焊完后的压边焊缝

11. 关于焊接应力孔的要求

在焊接铸钢件封闭焊缝时，例如铸钢件清砂孔封板的焊接，或由于结构需要而在铸钢件某些位置进行的盖板焊接就属于此类。此类焊缝的焊接接头是封闭状态的，在焊后消应力处理时会产生大量的气体，这些气体受热膨胀后在封闭的焊缝中形成巨大的应力，当应力值超过焊缝金属的屈服强度时，或者焊缝中的一些原本没有超标的缺陷在巨大的应力作用下扩展，就会在封闭的焊缝中形成裂纹。因此必须焊前在坡口上预留应力孔，待消应力热处理后进行焊接。这种应力孔焊接后产生的应力较小，只需要进行局部消应力或预防白点退火即可。

（1）应力孔的位置和数量 最好不要在焊缝转角处及交叉处等应力集中部位预留应力孔，应力孔的数量要根据焊缝的长度和深度确定，一般来说有 1~2 个就可以了，如果焊接直径或面积较大的封板，最多可以预留 4 个应力孔。预留的应力孔太多，会对后续应力孔焊接和局部消应力处理带来一定的难度，预留多个应力孔时，应尽可能对称布置。

（2）应力孔的大小及焊接要求 应力孔的尺寸要根据坡口深度确定，只要形成的坡口有利于焊接操作就可以，预留的应力孔在消应力处理前必须修整好，形成良好的焊接坡口，采用碳弧气刨修整的应力孔必须打磨干净，坡口根部要求圆滑过渡，坡口进行磁粉检测或渗透检测。应力孔坡口的焊接及焊缝质量检验要求与铸钢件封板焊接的要求相同，焊后热处理可以采用远红外电加热进行局部消应力处理。

10.5 铸钢件焊接（焊补）实例

铸钢件在制产品缺陷的焊接修复，是指铸钢件在生产制造过程中从高温退火热处理后到产品发货前这一阶段，包括冒口切割、热处理、加工（粗加工、精加工）、表面精整等过程，按各类产品技术标准进行无损检测和尺寸检查发现的各种超标缺陷、尺寸不符及加工失误的现象，采用焊接或粘接方法进行修复的技术，以及针对铸钢件在这一阶段中可能出现的各种缺陷而编制的专用工艺。主要是确定针对不同材料的铸钢件出现的各类铸造缺陷，所采取的工艺措施和提出的工艺方法和技术参数能否满足铸钢件修复后的质量标准和产品使用要求。

粗加工是指铸钢件产品加工后尺寸上还留有精整、热处理和精加工过程需要的尺寸余量，铸钢件的缺陷主要是在粗加工后经各种无损检验和尺寸检测发现，并进行焊补修复。

精加工是指铸钢件产品已完成全部加工，具备装配或发货条件；半精加工是指基本上完成加工，只是局部还有少量约在 0.5mm 以内的余量。铸钢件处于精加工或半精加工时缺陷修复的难点主要是：修复过程既要防止铸钢件变形，克服焊接操作难度大、消应力热处理困难等，又要满足焊后铸钢件尺寸、硬度和无损检测的要求。

加工失误是指铸钢件在加工过程中出现的各种加工错误，造成的铸钢件尺寸超差或局部缺肉现象，以及加工孔中心尺寸偏移、凸台位置错位等，使铸钢件尺寸或形状发生变化，必须进行焊接修复矫正使其符合产品图样尺寸和产品技术条件的要求。采用焊接方法修复加工失误的铸钢件，主要的难点是：修复过程既要恢复铸钢件的尺寸，又要防止铸钢件因焊接变形而使修复件出现新的尺寸偏差，还要满足焊后尺寸和焊缝无损检测及表面硬度的要求。

10.5.1 叶片缺陷的焊接修复

1. 水轮机转轮叶片裂纹的焊补

水轮机转轮叶片，材质为 ZG06Cr13Ni5Mo，单件净重约 18t，在浇注打箱落砂后热处理前，发现其冒口部位出现数条分散的、没有规律的裂纹。叶片裂纹形状、位置分布如图 10-11 所示，叶片裂纹长度尺寸见表 10-2。

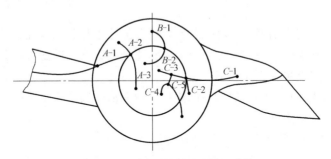

图 10-11　叶片裂纹形状及位置分布

表 10-2　叶片裂纹长度尺寸　　　　（单位：mm）

裂纹编号	A-1	A-2、A-3	B-1	B-2	C-1、C-3	C-2	C-4	C-5
裂纹长度	650	600	240	280	1150	230	230	500

（1）焊接修复的可行性及焊接性分析　叶片多条裂纹在冒口部位，有的还交叉连接，由于冒口部位可能存在成分偏析和疏松现象，增加了焊补修复的难度。为了确保叶片焊补修复后能够满足产品设计和使用要求，对叶片型面几何尺寸进行检查，并对裂纹部位进行取样分析。分析结果表明，叶片化学成分和力学性能符合设计要求，可以保证原材料符合母材设计标准；金相分析表明，Ni4 钢的组织以回火马氏体为基体，有一定量的残留奥氏体和少于 5%（质量分数）的 δ 铁素体。碳化物成网状分布在铁素体边缘上，由于基体内富集的 C、Ni 元素及铁素体扩散的原因，可以获得一定量残留奥氏体组织，因而大大提高了 Ni4 低碳回火马氏体钢的塑性和韧性。根据母材金属的物理性能、组织及裂纹所在位置，决定了叶片的焊补具有较良好的焊接性。

叶片经高温退火处理切割冒口后进行性能热处理，观察到叶片法兰端的原始裂纹的长度没有扩展，裂纹深度不超过 220mm。从叶片工作的受力情况分析，可视为一个悬臂梁结构（进水后受振情况除外），其最大力矩位于叶片法兰与叶面交界处（脖子截面），而叶片的裂纹处于非主要受力截面，对该处裂纹的焊补，其焊缝可视为联系焊缝，在保证焊补质量的前提下，是可以满足设计要求的；

（2）修复程序　考虑到叶片现状还处于打箱后的毛坯阶段，为了防止裂纹扩展和延伸，必须先钻止裂孔，然后进行高温退火热处理。修复主要程序如下：

切割冒口→钻止裂孔→性能热处理→清除裂纹修制坡口→预热焊补→消应力处理。

（3）焊前准备　包括下列内容：

1）在裂纹两端前约 20～30mm 位置钻止裂孔，孔径为 φ25mm，钻孔深度超过裂纹深度 5～10mm。

2）裂纹清除及坡口制备的要求：采用碳弧气刨清理裂纹并修制出相应的 U 形坡口，坡口的形状和尺寸要做到即方便于焊接操作又要使焊补的金属填充量最少（见图 10-12）。

3）坡口及其周围 100～150mm 处均打磨光滑使其符合无损检测的要求，进行磁粉和超声波检测。采用超

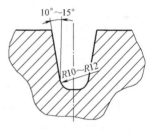

图 10-12　焊接坡口示意图

声波检测主要检查坡口的根部及其周围母材的内部质量，为保证后续焊补质量打下基础。

（4）焊接方法及焊接材料的选择　为了确保焊补修复的质量，在现有条件下，采用焊条电弧焊。焊条的选用是根据母材成分的化验结果，镍的含量在设计要求的下限，为此考虑焊缝金属的设计应使熔合线附近的过渡区有较为理想的稀释率，使其获得成分均匀的焊缝，且 Ni 含量接近设计母材 Ni 含量的上限值，有利于提高熔化区的抗断裂性。因此，采用 06Cr13Ni5Mo 的同材质焊条，焊条使用前在烘箱内经 350℃×1h 烘干，使用过程中放在保温桶内，随用随取。

由于焊条镍的含量稍高于母材，可以保证堆焊金属在焊态既有

较高的强度又比母材有较好的塑性。焊条的化学成分见表 10-3。

表 10-3　焊条的化学成分　　　（质量分数，%）

碳	硅	锰	铬	镍	钼	硫	磷
≤0.08	<1.0	<0.2	12~14	5.5~6.5	0.4~1.0	<0.03	<0.03

（5）预热及保温　整体进炉预热，预热温度为 250℃，保温 12h 后出炉，将叶片吊至焊接场地用天然气烧嘴火焰在叶片法兰与叶面交界处局部加热保温，局部加热部位如图 10-13 所示。

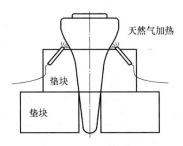

图 10-13　局部加热部位

（6）修复工艺要点及焊补操作步骤　包括下列内容：

1）为了防止焊接过程出现裂纹，采用较小的焊接热输入，小电流、窄焊道操作，焊条不进行摆动，采用多层多道分段施焊法进行操作，每层每段焊缝长度控制在 120~180mm，焊缝接头互相错开 20~30mm。打底层和过渡层采用 $\phi4.0$mm 焊条，焊接电流为 130~170A；其余各填充层采用 $\phi5.0$mm 焊条，焊接电流为 170~220A。

2）采用梯形分段逐步施焊法，焊接方向始终从坡口封闭端指向自由端，施焊时采用坡口逐步增肉镶边的焊补方法，以减小焊缝金属的收缩应力对母材的影响，坡口断面始终呈 U 形（见图 10-14）。

3）先焊冒口部位的坡口和分叉的坡口，使分叉的坡口与其相连的坡口形成一个整体坡口后，再将这个坡口焊完。

4）焊接电源采用直流反接，焊补过程中天然气烧嘴火焰在叶片法兰与叶面交界处持续加热，使焊补区及周围 250mm 范围内的温度不低于 120℃。

5）所有坡口焊接工作量完成 1/2 时，进炉进行中间回火消应力处理，这样既可以分阶段地消除焊接应力，又可以使焊缝中的淬硬组织得到软化，提高焊缝的抗拉裂性能。

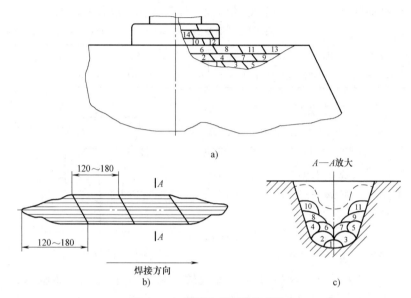

图 10-14 梯形分段逐步施焊法

a) 坡口梯形逐步施焊 b) 焊接接头相互错开 c) 坡口逐步增肉施焊

6）焊补应一次完成，除中间消应力处理和严格控制焊接层间温度外，其余焊接过程是连续施焊，层间温度为 80~300℃。

（7）焊后消应力处理及焊补质量检验 消应力处理是在焊补区温度缓冷至 80~120℃时再将叶片进炉消应力回火处理，目的在于使焊缝金属有较多的马氏体转变，然后缓慢升温回火处理使焊缝金属及母材热影响区淬火组织转变为回火马氏体组织，以消除焊接应力和提高塑性。

中间消应力处理温度同最终消应力处理温度相同，均为 570~590℃，中间热处理的保温时间可以低于最终消应力处理的保温时间。焊接修复完成后，对焊补区进行磁粉和超声波检测，没有发现缺陷，焊接修复质量满足使用要求。

2. 叶片轴头贯穿裂纹的焊接修复

叶片材质为 ZG06Cr13Ni4Mo，热处理后毛坯状态时，在轴头位置发现一处沿轴头厚度方向穿透的裂纹，裂纹走向是从轴的法兰端面向轴的中心过渡。为了防止裂纹继续扩展和延伸，采用加工方法

清除裂纹并形成相应的坡口，加工后的坡口尺寸约为 1200mm×
200mm×400mm，裂纹位置及加热位置如图 10-15 所示。

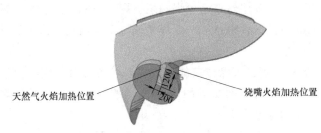

天然气火焰加热位置　　　　　　　　　　　　　烧嘴火焰加热位置

图 10-15　裂纹位置及加热位置

（1）坡口修整　包括下列内容：

1）采用碳弧气刨或砂轮打磨方法修刨加工后的坡口，对坡口
边缘加工形成的直角部分打磨倒圆使其形成 $R \geqslant 8mm$ 的圆弧，同时
打磨去除坡口内的其余渗透检测显示的缺陷并形成圆滑过渡的凹
坑，对坡口及周边 30mm 范围进行渗透检测。

2）坡口内的氧化皮及修刨后渗碳层等必须打磨去除；将坡口
及周边 200mm 范围的表面油污、无损检测后残留的污物采用丙酮
清洗干净。

（2）焊前预热　由于坡口较大，为了确保焊接质量，采用整
体进炉预热至 200℃，保温 6h。出炉后为了便于焊接操作，将叶片
坡口向上摆放，使焊接操作在横焊位置进行，并将叶片支平垫稳。
采用天然气烧嘴火焰在坡口背面叶片法兰与叶面交界的部位局部加
热，同时在坡口表面采用天然气火焰局部加热（见图 10-15）。

（3）焊接修复顺序　坡口修刨打磨→渗透检测→进炉预热→
打底层、过渡层及直角焊接→消应力处理→打磨→磁粉检测（干
粉）→焊补完成→最终消应力处理→修刨打磨→磁粉检测、超声
波检测。

（4）工艺要点及焊补操作规程　包括下列内容：

1）采用焊条电弧焊和二氧化碳气体保护焊，焊条牌号为
0Cr13Ni5Mo，焊丝牌号为 ER415L，保护气体采用 95% 氩气+5% 二
氧化碳的混合气；焊条使用前经 350℃×1h 的烘干，使用过程装入

焊条保温桶内，随用随取。

2）先采用焊条电弧焊，φ4.0mm 焊条焊过渡层、小凹坑及坡口内的直角，过渡层要求至少焊两层，厚度≥6mm，直角位置要求焊后 R>10mm；然后用 φ5.0mm 焊条或二氧化碳气体保护焊进行坡口填充层焊接。

3）焊补过程，去除坡口部位火焰，采用天然气烧嘴火焰在坡口背面叶片法兰与叶面交界的 R 部位局部继续加热，叶片焊补过程温度及层间温度见表 10-4。

表 10-4　叶片焊补过程温度及层间温度

焊接方法	焊补过程中坡口及周边 250mm 范围温度/℃	层间温度/℃
二氧化碳气体保护焊	80~120	≤300
焊条电弧焊	≥120	≤350

4）焊补过程中坡口纵断面始终要保持 U 形，每焊一层要及时将坡口内的焊渣和飞溅清理干净，焊缝与母材接触位置的 R≥30mm，中途停焊时及时采用天然气火焰对焊缝表面进行加热，并采用保温棉覆盖周围区域进行保温。

5）焊补操作由下往上依次进行，由于坡口较大，焊后在打底层、过渡层及直角 R 分别进行一次中间消应力处理，消应力处理温度为 570~580℃。

6）坡口两端的焊缝要打磨修整并进行焊补，焊补高度与母材表面平齐。

7）每次进炉消应力处理后均对焊补区打磨进行磁粉检测（干粉）；焊接电源采用直流反接，焊接规范参数见表 10-5。

表 10-5　焊接规范参数

焊接方法	焊材直径/mm	焊接电流/A	电弧电压/V	气体流量/(L/min)
焊条电弧焊	φ4.0	130~170	23~25	—
	φ5.0	170~220	24~26	—
二氧化碳气体保护焊	φ1.2	200~280	23~32	15~25

（5）焊后消应力处理及焊补质量检查　全部焊完后，用保温

棉覆盖保温缓冷至 90~150℃ 左右进炉进行最终消应力处理，消应力处理温度为 570~580℃。

采用焊接方法修复的叶片轴头，焊补区经磁粉检测和超声波检测符合标准要求。

3. 叶片轴头过切焊接修复

材质为 Cr13-Ni4 的马氏体不锈钢的叶片轴头加工时因加工失误，将轴头中心偏移使轴头半边圆弧加工过量形成缺肉，最大过切量约为 12mm，总长度约为 600mm，轴头过切位置如图 10-16 所示。

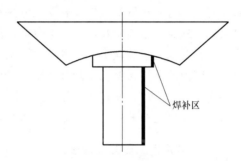

图 10-16　轴头过切位置

（1）修复操作主要流程　焊补→叶片整体尺寸及堆焊厚度检查→进炉消应力→叶片整体尺寸及堆焊厚度检查→加工→无损检测。

（2）焊前准备　包括下列内容：

1）焊前对叶片整体尺寸和轴头进行检查测量，在铸钢件上标记出缺肉区域及焊补量；为了防止焊接过程变形，采用拉筋在叶片轴头两肩部位和轴进行装焊连接，使其刚性固定。

2）调整叶片摆放位置，尽量保证横焊位置便于施焊，堆焊厚度为缺肉量加至少 5mm 的加工量。

3）采用丙酮将轴头需要堆焊部位进行清洗，去除表面油污、水分。然后采用天然气火焰对焊补区底部进行局部预热，预热温度 ≥100℃，预热范围为焊补区及周边 200mm 范围内。

4）采用焊条电弧焊，同材质焊材，焊条牌号为 0Cr13Ni4Mo，ϕ3.2mm；焊条使用前经 350℃×1h 的烘干，使用过程中装入焊条保温桶内，随用随取。

（3）焊补工艺要点及操作过程　包括下列内容：

1）焊补在轴的半个圆弧面上进行，两端焊缝应过轴的中心 2~5mm，堆焊厚度为 5~17mm 均匀过渡，焊缝表面要平整。

2）焊补过程中，每焊一层要及时清渣，焊接时尽量采用小的焊接规范，层间温度≤300℃；中途停焊时，除采用天然气火焰继续进行持续加热保温外，还要采用保温棉覆盖焊缝，确保预热范围温度不低于100℃。

3）焊接时采用挡板遮挡叶片，避免风速过高产生气孔。

（4）焊缝、叶片轴头尺寸、焊补质量检查及消应力处理 全部焊完后，对叶片堆焊焊缝及轴头尺寸进行检查，保证焊缝最低点加工量≥5mm、轴端面及焊区两边熔合线位置具有加工量，如果尺寸不符合要求，可以进行焊接修补至符合要求后进炉消应力热处理，消应力前采用保温棉添堵保护轴头端面螺纹孔，消应力温度为570~590℃。出炉冷却至常温后，去除拉筋，并再次对叶片整体尺寸和焊缝厚度进行测量，符合要求后进行加工至符合图样要求。

10.5.2 水轮机上冠的焊接修复

1. 上冠径向裂缝的焊接修复

（1）上冠裂缝现状及处理方法 水轮机上冠是由高铬、高强度、低碳马氏体不锈钢整铸而成。在高温退火、切割冒口后发现裂缝，裂缝是从上冠顶部开始沿直径方向从过流面到法兰几乎全部裂穿，裂缝开口约25~45mm，长约2000mm。上冠裂缝位置如图10-17所示。

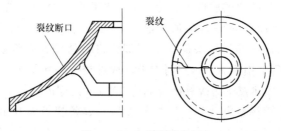

图10-17 上冠裂缝位置

经过对上冠裂缝产生的原因和现状以及产品使用的要求进行分析后，认为上冠裂纹属于冷裂，铸钢件的成分和组织是良好的，而且目前处于毛坯状态，不影响后续的加工尺寸，只要采取合理的工艺措施和操作方法是可以修复的。

为了防止裂纹延伸，在上冠裂缝部位采用 Π 形拉筋将其连接固定，然后对上冠进行性能热处理，热处理后清除裂纹，进行焊接修复。Π 形拉筋在过流面和法兰端面均装焊，拉筋采用厚度为 40mm 的低碳钢板制作，过流面每隔 500mm 装焊一个，拉筋装焊位置如图 10-18 所示。

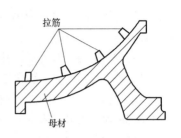

图 10-18　拉筋装焊位置

（2）焊前准备　包括下列内容：

1）裂缝清除及坡口制备。由于采用拉筋进行刚性固定，性能热处理后，裂纹开口没有继续张开和扩展。因此，采用火焰气割、碳弧气刨方法清理裂缝，同时制备出相应地随形焊接坡口，法兰端为双面 U 形坡口，其余部位为单面 U 形坡口，坡口形状尺寸如图 10-19 和图 10-20 所示。

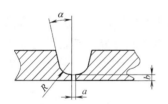

图 10-19　单面 U 形坡口

注：$\alpha = 10° \sim 15°$；$R \geqslant 8$；$a = 2mm$；$b = 3 \sim 4mm$。

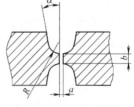

图 10-20　双面 U 形坡口

注：同图 10-19。

2）将坡口打磨干净，表面不允许存在氧化渣、渗碳层，并要求圆滑过渡，采用磁粉检测检查坡口及周边 20mm 范围内。

（3）焊前预热　整体进炉加热 250℃，保温 4h 以上，炉冷至 200℃ 出炉，出炉后用保温棉覆盖坡口周围保温，并在坡口底部采用天然气火焰局部加热。

（4）工艺要点及焊接操作过程　包括下列内容：

1）采用焊条电弧焊，$\phi 4.0 mm$、$\phi 5.0 mm$ 的同材质焊条，在焊接过程中，坡口底部采用天然气火焰持续加热，确保焊补区及周边

300m 范围内的温度不低于 120℃，层间温度 ≤250℃。

2）为了减少焊接应力，采用山形分段施焊法，从坡口中间往两端施焊。

3）焊补应一次完成，中间不停顿，焊接位置为爬坡焊，焊补过程要特别注意两边焊缝与母材的熔合，每焊一道将焊渣清除干净，单道焊操作，焊条不做横向摆动，穿透部位的坡口采用同材质 $\phi5.0$mm 焊芯并排连接制作成垫板。

4）焊接电源采用直流反接，用 $\phi4.0$mm 焊条从正面即大坡口面开始先焊穿透部位和法兰段坡口，焊至同未穿透坡口底面和侧面平行，并将整个坡口底部和两侧面局部凹坑焊平，然后进行坡口打底层和过渡层焊接，打底层和过渡层焊接后开始用 $\phi5.0$mm 焊条填充，焊至坡口深度 1/3 时或大于 60mm 时，翻面进行反面清根。

5）采用碳弧气刨清根，清根要清透并去除垫底用的同材质焊芯，打磨干净后进行磁粉检测（干粉），然后将反面坡口焊完后进行中间消应力处理。出炉后继续将正面剩余坡口焊完，进行最终消应力处理。

（5）消应力热处理　无论中间或最终消应力处理，焊后必须立即进炉，并炉冷至 80~120℃ 开始缓慢升温，其目的是减少焊补区开裂的危险性，中间消应力处理后去除拉筋。消应力处理的温度为 570~590℃。

（6）焊补过程质量控制与焊后检查　包括下列内容：

1）为了确保焊补过程的质量，对打底层和过渡层焊缝、第 1 次翻面前的正面焊缝、清根后的根部、中间回火前后及最终焊完进炉前等工序均采用磁粉检测（干粉）。

2）最终消应力处理出炉后冷却至常温，对焊补区表面打磨进行磁粉检测和超声波检测，超声波检测采用斜探头和直探头两种方式进行。

采用以上工艺方法修复上冠径向裂缝，焊缝质量通过无损检验，结果符合标准要求，可以满足产品的使用要求。

2. 水轮机上冠圆周方向裂纹的焊接修复

材质为 ZG06Cr13Ni4Mo 的上冠打箱后发现两条较长的裂纹缺

陷，一条是从法兰端开始沿直径方向在过流面上延伸约 1000mm 长的穿透裂纹，最大开口宽度为 10mm。由于试料等物体的阻挡，该裂纹又从试料边缘沿过流面的圆周方向延伸，延伸长度约为 2700mm。该裂纹上又出现 5 处与其相连的长度为 150~350mm 的分叉裂纹。另一条裂纹在过流面上沿圆周方向延伸，裂纹长度约为 900mm。上冠裂纹的位置如图 10-21 所示。

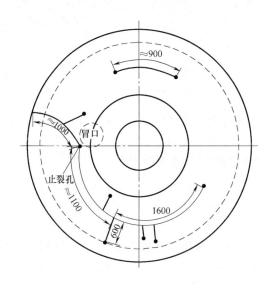

图 10-21　上冠裂纹的位置

（1）焊前准备　包括下列内容：

1）采用碳弧气刨在所有裂纹前端约 50mm 位置刨一个止裂孔（包括穿透缺陷前端），孔径为 60~80mm，深度为 50~80mm；然后进行高温均匀化退火，均匀化退火时升、降温速度 ≤50℃，出炉后切割冒口。

2）沿裂纹每隔 500mm 左右焊一个厚度 $\delta = 50mm$，材质为 Q235 的低碳钢板制作的 Π 形拉筋，进行性能热处理，性能热处理后清除裂纹并修制坡口进行焊补。

（2）裂缝清除及坡口制备　包括下列内容：

1）采用碳弧气刨清除裂纹，清除裂纹的同时制备出相应的随形焊接坡口，法兰端为双面 U 形坡口，如图 10-22 所示；其余为单面 U 形坡口，如图 10-23 所示。

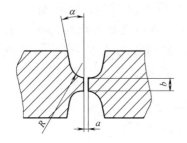

图 10-22　双面 U 形坡口

注：α=10°~15°；R≥8；a=2mm；b=3~4mm。

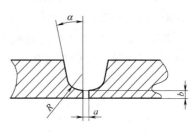

图 10-23　单面 U 形坡口

注：同图 10-22。

2）坡口打磨干净并圆滑过渡，不允许存在氧化皮、氧化渣、渗碳层等，坡口及周围 20mm 范围内采用磁粉检测确认。

（3）温度的均匀性　由于裂纹较为分散，为了确保焊补过程的温度的均匀性，减少焊接应力，焊前采用整体进炉加热 250℃，保温 4h 以上，出炉后用天然气火焰对所有坡口底部进行局部加热保温。

（4）焊接材料　采用焊条电弧焊，牌号为 06Cr13Ni4Mo 的同材质焊条，ϕ4.0mm、ϕ5.0mm。使用前经 350℃×1h 的烘干，使用过程中放在焊条保温桶内，随用随取。

（5）焊接修复方法及操作过程　包括下列内容：

1）两个主要坡口同时从正面即大坡口面开始进行施焊操作，对于有分叉的坡口先将所有分叉坡口焊至同大坡口平齐，再焊穿透部位和法兰段坡口，焊至同未穿透部位坡口底部平齐，形成一个坡口后再对该坡口进行打底和过渡层焊接。

2）焊补过程，采用天然气火焰对坡口底部进行持续加热保温，确保焊补区及周围 250mm 范围内的温度控制在 100~150℃，层间温度为 100~300℃。

3）采用单焊道，焊条不做横向摆动，每层或每道将焊渣清除干净；穿透部位坡口采用同材质 ϕ5.0mm 焊芯并排连接制作成垫板；反面清根采用碳弧气刨，清除干净后去除垫板，并打磨干净，进行磁粉检测（干粉）。

4）为了减少焊接应力，对坡口没有封闭的长裂纹和分叉裂纹，采用梯形分段施焊，对封闭的坡口采用山形分段施焊。

5）所有坡口用 $\phi 4.0$ mm 焊条进行坡口打底层和过渡层焊接，用 $\phi 5.0$ mm 焊条进行坡口填充焊接，焊至坡口深度 1/3 时或至少60mm 时，翻面进行反面清根；将清根后的反面坡口焊完，进行中间消应力处理。为了便于施焊操作，中间消应力后去除拉筋。中间消应力后出炉，再焊剩余坡口，全部焊完后进行最终消应力处理。

（6）消应力处理及要求 消应力处理是在不能及时进行正、回火性能处理的条件下进行的，无论是中间回火还是最终消应力处理，均要求焊后立即进炉，并炉冷却至 80℃ 以下开始缓慢升温。中间消应力处理的温度和最终消应力温度相同，均为 570~590℃。

（7）焊接过程质量检查及焊后检验要求 中间消应力处理出炉前、后各进行一次磁粉检测（干粉），最终消应力处理后打磨焊补区进行磁粉检测、超声波检测及硬度测试，超声波检测采用直探头和斜探头（60°、45°）。无损检测结果符合要求，焊接修复质量满足使用要求。

3. 上冠缺肉的堆焊修复

材质为 ZG06Cr13Ni4Mo 的上冠粗加工后，在过流面、法兰端面和外圆局部均有缺肉，无法满足精加工尺寸要求，需要通过堆焊使其符合图样要求。

（1）焊前准备 包括下列内容：

1）修刨打磨所有缺肉的黑皮区域并进行磁粉检测确认；将上冠小头朝下就位后，在外过流面采用垫铁垫来使其平稳，然后测量尺寸缺肉情况并划线，将需要堆焊的区域划在工件上，并做出标记，标明需要堆焊的位置和厚度尺寸。

2）装焊拉筋：为了防止焊接变形，在上冠法兰端面到中心把合面装焊随形拉筋，拉筋在消应力处理出炉冷却至常温后去除，并将焊缝位置刨磨平整，进行无损检测。

（2）焊补工艺要点及操作过程 包括下列内容：

1）整体进炉预热至 150℃，保温 4h 以上，焊接过程采用局部天然气火焰持续加热，确保焊补区及周围 200mm 范围内温度不低于 80℃，层间温度为 80~250℃。

2）采用二氧化碳气体保护焊，焊丝牌号为 ER414L，ϕ1.2mm，采用 95%氩气+5%二氧化碳混合气体，焊接电源采用直流反接，焊接电流不得超过 280A。

3）堆焊过程要特别注意多人操作的结合部的熔合以及与筋板底部两边缘焊缝的连接，连接前将已焊完的焊道端头清理干净，两焊道连接时，第 2 道焊道要覆盖前道焊缝 20~30mm，焊道宽度 ≤20mm，焊道厚度 ≤4mm。

4）多人堆焊时，对称或分散操作，堆焊表面要求尽可能平，最低点不能低于要求堆焊的尺寸，堆焊边缘应圆滑过渡，法兰端面堆焊后两边要高于本体，确保焊后加工尺寸。

（3）焊后处理及检查　堆焊完后采用样板检测堆焊部位焊缝尺寸和上冠整体尺寸，符合要求后进炉消应力处理，消应力处理温度为 570~590℃，冷却至常温后去除筋板，进行半精加工，加工后进行磁粉检测和超声波检测。

经过堆焊修复后的上冠完全满足了精加工尺寸要求，焊补区经磁粉检测和超声波检测也符合标准要求。

4. 上冠内过流面缺肉的焊补修复

材质为 ZG06Cr13Ni4Mo 的上冠内腔过流面距 R 边缘 120mm 处，精加工时因加工失误造成圆弧一圈过切，过切尺寸宽度为 100mm，深度为 0~20mm。需要采用焊补方法进行修复。

（1）焊前准备　包括下列内容：

1）对需要堆焊的部位进行渗透检测，并采用丙酮将堆焊部位及周围 50mm 范围清洗干净，去除表面油污、水分及无损检测后残留的污垢等。

2）采用远红外电加热局部预热，预热温度为 120℃，预热范围为焊补区及周围 150mm；焊补过程将加热片放置底部平面非焊补部位，并在整个焊补过程持续加热 120℃，确保焊补区温度不低于 80℃，控制层间温度 ≤250℃。

（2）焊补操作过程　包括下列内容：

1）焊补操作时，两人同时在对称爬坡位置焊接，堆焊厚度为 5~25mm，堆焊表面要平整，凹点处必须保证图样尺寸加 5mm 加工留量。

2）由于操作位置空间太小，为了确保焊缝质量，焊补操作过程两焊道之间的接头和两人之间焊道的结合处要覆盖和熔合好，采用打磨方法将两人之间焊道的结合部位打磨圆滑后再施焊，每道焊缝采用风动除鳞针、毛刷等工具将焊渣和飞溅清理干净。

3）全部焊完后采用远红外电加热局部消应力处理，消应力处理温度为 570~590℃，加工后对堆焊部位进行超声波检测和渗透检测，没有发现缺陷，焊补区与母材色差基本一致，满足产品要求。

5. 上冠外过流面铸造缺陷的焊补修复

材质为 ZG06Cr13Ni4Mo 的上冠，属于低碳马氏体不锈钢，精加工后，经超声波检测在外过流面中间深度约 100mm 处发现 1 处夹渣超标的铸造缺陷。

由于上冠已处于精加工状态，而缺陷必须从外过流面开始挖开才能消除，焊接修复过程既要保证焊缝质量和硬度，还要确保上冠表面精度和几何尺寸。因此，根据上冠现状确定如下修复方案及工艺流程：加工消除缺陷并形成坡口→碳弧气刨对坡口修整并打磨，渗透检测→局部加热→焊补，分 3 次完成，每次焊至坡口深度 1/3→打磨、磁粉检测（干粉）→全部焊完后对焊补区粗打磨，进行超声波检测和磁粉检测→远红外局部消应力→焊补区精磨符合图样要求，再次进行超声波检测、磁粉检测及硬度（HB）检查。

（1）缺陷清除及坡口修整 采用加工方法从外过流面开始清除缺陷并形成坡口；采用碳弧气刨修整坡口，坡口角度为 15°~20°，坡口打磨平滑过渡，表面渗碳层必须打磨干净，修整打磨后的坡口尺寸为 220mm×180mm×120mm。将加工形成的直角边修磨成 $R>5$mm 的圆弧状，并对坡口及周围 20mm 范围内进行渗透检测确认。对于坡口穿透部位，根据现状采用同材质不锈钢焊条（去除药皮）等作为垫板定位焊在坡口底部，然后采用丙酮将坡口清洗干净。

（2）焊补工艺要点及操作过程 包括下列内容：

1）采用远红外电加热从坡口底面加热，加热范围为坡口及周围 200mm，加热温度为 250℃，保温 6h 以上，坡口表面采用天然气火焰局部辅助加热，确保焊前坡口表面温度大于 150℃。

2）为了确保焊补质量一次合格，选用焊条电弧焊焊补，焊条选择牌号为 ZG06Cr13Ni4Mo 的同质焊条，使用前经 350℃×1h 烘干，使用过程中装入保温桶，随用随取。

3）采用 ϕ4.0mm 的焊条焊打底层和过渡层，然后采用 ϕ5.0mm 的焊条焊填充层，表面最后两层采用 ϕ4.0mm 的焊条盖面；焊接过程将坡口厚度方向分 3 次完成，每次焊至坡口深度约 1/3（约 40mm）左右，对焊缝打磨进行磁粉检测（干粉）。

4）整个焊补过程中，在过流面背面用远红外电加热始终保持局部加热状态，加热温度可以调整，确保焊补过程坡口及周围 200mm 范围内温度不低于 120℃。层间温度控制在 250℃ 以下，同时对焊补区周围 2m 内采用保温棉覆盖保护，操作过程注意保护加工面。

5）每道每层将焊渣和飞溅清理干净，并仔细检查焊缝，焊接电源采用直流反接，坡口打底层和过渡层焊完后进行磁粉检测（干粉）。

6）焊缝表面要求平整，焊缝高度高出母材 2mm。

（3）焊后处理及焊补质量检查 全部焊完后对焊补区打磨，进行磁粉检测和超声波检测（包括横波、纵波），符合要求后，采用远红外电加热在焊补区两面同时加热，进行局部消应力，消应力处理温度为 570～590℃；消应力处理后对焊补区打磨进行磁粉检测、超声波检测（包括横波、纵波）及硬度检查。然后上机床抛光并测量尺寸。

采用上述焊接方法修复后的上冠，焊补区经磁粉检测、超声波检测及表面硬度测试均符合要求，达到了一次焊补合格的目的。抛光后的尺寸和表面精度满足了交货要求。

10.5.3 铰座的焊接修复

1. 活动支铰裂纹的焊接修复

活动支铰的形状如图 10-24 所示。粗加工后的精整过程中在内孔发现 3 条沿孔长度方向的裂纹，其中一条已沿长度方向贯穿，另外两条裂纹的长度分别约是 700mm 和 450mm。裂纹位置如图 10-25～图 10-27 所示。

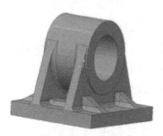

图 10-24 活动支铰的形状

穿透裂纹

图 10-25 内孔贯穿裂纹

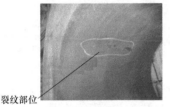

裂纹部位

图 10-26 内孔 700mm 长裂纹

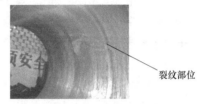

裂纹部位

图 10-27 内孔 450mm 长裂纹

活动支铰是水工产品的重要受力部件，材质为 ZG35Cr1Mo，材质的焊接性较差，由于在孔内，焊接操作空间小，只能一个人操作，而且要求在加热状态下施焊，焊补修复的难度较大。为了确保修复质量，采取了以下工艺措施和操作要点。

（1）裂纹清除及制备坡口 对未贯穿的裂纹两端打磨并进行渗透检测确定裂纹端点位置，采用碳弧气刨在两端距裂纹约 30mm 处打止裂孔，然后局部火焰加热至 200℃，用碳弧气刨和火焰切割清除裂纹，并制备出相应的 U 形焊接坡口，穿透性部位制备 X 形焊接坡口，坡口用砂轮打磨圆滑过渡，去除渗碳层并进行磁粉检测确认。

（2）焊前准备 包括下列内容：

1）对穿透坡口采用厚度为 30mm 的低碳钢板制作成 Π 形铁装焊在坡口两边进行焊接固定；焊至坡口深度约 1/2 左右时去除。

2）焊前整体进炉加热至300℃，保温4h以上。

3）采用焊条电弧焊，为了保证产品的性能，焊条牌号为J607，尺寸为φ4.0mm、φ5.0mm，使用前经350℃×1h烘干，使用过程中放在焊条保温桶内，随用随取。

（3）焊补工艺要点及操作步骤　包括下列内容：

1）为了防止焊补过程产生裂纹，先焊两条未贯穿的短坡口，焊后立即进行中间消应力处理，消应力处理温度为560℃，消应力处理炉冷至250℃出炉后，采用火焰加热继续焊贯穿坡口。

2）焊接电源采用直流反接，焊接过程在绞座坡口部位外圆采用天然气烧嘴火焰持续加热，使焊补区及周围250mm范围温度不低于200℃，层间温度为200~350℃。

3）采用φ4.0mm焊条焊打底层，其余各填充层采用φ5.0mm焊条施焊。对先焊完的坡口除底部继续用天然气火焰加热外，还要采用干燥的保温棉覆盖保温，以防止焊补区急速冷却产生裂纹。

4）为消除部分残余应力，除表面层和打底层外，其余每焊一层，采用风铲进行锤击，并采用毛刷将焊渣、飞溅等清理干净。

（4）焊后消应力处理及焊补质量检查　坡口焊完后立即进行最终消应力处理，进炉前焊补区温度不低于150℃，消应力处理温度为580℃，如果不能及时进炉，必须对焊补部位采取加热保温措施直至进炉。最终消应力处理后冷却至常温对焊补区打磨，进行磁粉检测和超声波检测（增加横波斜探头）。

通过采用上述方法修复的活动支铰，经过磁粉检测和超声波检测（包括横波斜探头）没有发现缺陷，符合产品技术标准要求。

2. 固定支铰裂纹的焊补修复

固定支铰的形状如图10-28所示。该件在半精加工后（底平面已加工到位，φ900mm孔单边还有2.5mm加工量），在φ900mm孔内沿轴向发现1条长约1800mm的裂纹，裂纹位置如图10-29所示。

固定支铰材质为ZG35Cr1Mo，材质的焊接性较差，焊接修复的重点是防止焊接裂纹。

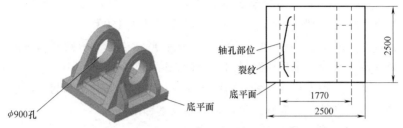

图 10-28 固定支铰的形状

图 10-29 固定支铰裂纹位置

（1）焊前准备 包括下列内容：

1）在两轴孔顶部和孔内各焊一根钢轨作为防变形拉筋将其连接固定，拉筋在消应力处理后冷却至常温再去除。

2）打磨裂纹两端，找出裂纹端点后，采用碳弧气刨在距裂纹端点约 40mm 位置打止裂孔，止裂孔深度大于 40mm，然后用天然气火焰局部加热至 ≥200℃，采用碳弧气刨清除裂纹，并制备出相应的 U 形焊接坡口，将坡口打磨干净圆滑过渡，去除渗碳层和氧化渣等并进行磁粉检测，修刨后的坡口尺寸长度为 1920mm，最深约为 120mm。

3）焊前在坡口部位及绞座两侧面同时采用天然气火焰局部加热至 300℃，保温 4h 以上，加热范围为坡口及周围 250mm。

4）采用焊条电弧焊，焊条牌号为 J607，尺寸为 $\phi4.0$mm、$\phi5.0$mm。使用前经 350℃×1h 烘干，使用过程中放在焊条保温桶内，随用随取。

（2）工艺要点及焊补操作过程 包括下列内容：

1）采用直流反接，焊接过程采用天然气火焰在绞座底部和侧面同时持续加热，确保焊补区及周围 200mm 范围内的温度不低于 200℃，层间温度为 200~350℃。

2）先采用 $\phi4.0$mm 焊条焊打底层，其余填充层采用 $\phi5.0$mm 焊条施焊，除表面层外，每焊一层，采用风铲进行锤击，并采用毛刷或抽气管将焊渣及飞溅等清理干净。

3）为消除部分残余应力，除表面层和打底层外，其余每焊一层，采用风铲进行锤击。

（3）焊后消应力处理及焊补质量检查　坡口焊完后立即进行最终消应力处理，进炉前焊补区的温度不低于 150℃，消应力处理温度为 580℃，消应力处理后对焊补区打磨，进行磁粉检测和超声波检测，符合要求后去除拉筋，并检查铸钢件的尺寸。

通过采用上述方法修复的固定支铰，经过磁粉检测和超声波检测没有发现缺陷，焊补质量符合产品技术标准要求。

3. 铰座精加工后缺陷的焊接修复

材质为 ZG40Mn2 的铰座，经调质热处理并精加工后在其底平面上发现多条深度为 5～25mm 的细小分散性裂纹，经过对裂纹现状进行分析后确认属于铸钢件冒口下疏松性缺陷在调质处理作用下形成的线性裂纹。

由于该件已精加工，缺陷在铸钢件易产生疏松的冒口部位，并且已处于调质状态，ZG40Mn2 经过调质处理后的焊接性很差。焊补后既要保证产品的使用性能和要求，又要防止产生新的缺陷，焊接修复的难度较大。为了确保修复后的焊接质量和产品的使用要求，采取以下工艺方法。

（1）焊接修复工艺要点及操作过程　包括下列内容：

1）采用砂轮或电动磨头打磨消除裂纹，并形成随形 U 形焊接坡口，如果相邻两条裂纹相距 10mm 以内，将其打磨连通，形成同一坡口。

2）坡口打磨圆滑过渡，不允许存在尖棱角现象，并采用渗透检测方法检查确认，图 10-30 所示是其中一处有几条相隔较近的小裂纹消除缺陷后的坡口形状。

图 10-30　消除缺陷后的坡口形状

3）焊前采用丙酮清洗坡口，并采用氧乙炔火焰局部预热至150℃左右，焊接过程采用氧乙炔火焰对焊补区随时加热保温，使焊补区温度不低于120℃，层间温度≤200℃。

4）为了防止焊补过程将坡口边缘拉裂，先在坡口边缘周围焊1~2道包边焊道，然后逐步对坡口进行填充，坡口包边焊道如图10-31所示。

图 10-31 坡口包边焊道

5）所有坡口由小到大依次焊补，先焊完的部位采用氧乙炔火焰局部加热至200~250℃，保温8~10min，然后用保温棉覆盖保温缓冷。

6）每焊一道采用圆头手锤对焊道进行均匀锤击，焊接电源采用直流正接，焊接参数见表10-6。

表 10-6 焊接参数

焊接方法	焊条直径 /mm	焊接电流 /A	电弧电压 /V	焊接速度 /(cm/min)
焊条电弧焊	3.2	120~170	20~20	17~20

7）焊后打磨焊补区进行渗透检测，确认符合要求后，采用远红外电加热对焊补区按缺陷位置和远红外电加热覆盖范围分区域进行局部消应力处理，消应力处理曲线如图10-32所示。

图 10-32 消应力处理曲线

（2）检查 冷却至常温后再次对焊补区进行渗透检测，检查结果表明焊补区没有发现裂纹等缺陷，符合标准要求，满足产品交货条件和使用要求。

10.5.4 支承辊轴承座的焊接修复

1. 上、下支承辊轴承座裂纹的焊补修复

上、下支承辊轴承座,材质为 ZG35Cr1Mo,经性能热处理后在内孔冒口和增肉部位各发现 1 条沿孔的长度方向的局部穿透裂纹。其中上支承辊轴承座内孔裂纹未贯穿(见图 10-33),下支承辊轴承座内孔裂纹沿孔的两边基本贯穿(见图 10-34 ~ 图 10-36),裂纹特征是集中在内孔并有局部穿透,裂纹始点部位在冒口增肉处,呈直线,无分岔。

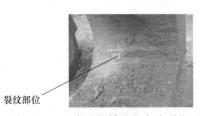

裂纹部位

裂纹部位

图 10-33　上支承辊轴承座内孔裂纹　　图 10-34　下支承辊轴承座内孔裂纹

裂纹部位 裂纹部位

图 10-35　内孔裂纹延伸到端面　　图 10-36　内孔裂纹延伸到另一端面

根据裂纹现状分析,裂纹是由于在冒口切割过程中没有进行加热或保温,在受到不均匀的切割火焰加热后又急速冷却后形成淬火冷裂纹,在随后的热处理高温作用下延伸。由于 ZG35Cr1Mo 材料的焊接性较差,其中下支承辊裂纹已贯穿和基本穿透,因此修复难度较大,焊补修复过程主要是防止产生焊接裂纹和铸钢件变形。所采取的焊接修复工艺方法如下。

(1)清理缺陷及制备坡口　包括下列内容:

1）采用 $\delta = 30mm$ 的低碳钢板制作∏形铁进行焊接固定，∏形铁每隔 300mm 左右装焊一个，并采用同本体相同的焊材和工艺将其焊牢。

2）采用天然气火焰在内孔和裂纹部位外表面局部加热至 250℃，加热范围为裂纹及周围 200mm；采用碳弧气刨和切割方法清除裂纹，上支承辊轴承座制备出相应的 U 形坡口，下支承辊轴承座开成 X 形坡口，清除裂纹后，用砂轮打磨干净，去除渗碳层并对坡口及周边 50mm 范围进行磁粉检测确认。

3）穿透部位坡口采用厚度为 8mm 的低碳钢板制作垫板，垫板在反面清根时采用碳弧气刨清除并打磨干净。

（2）焊接 焊前整体进炉加热至 300℃，保温 4h；为了确保铸钢件的性能和焊补质量，采用焊条电弧焊，焊条选用等强度的，牌号为 J607，尺寸为 $\phi4.0mm$、$\phi5.0mm$。使用前经 350℃×1h 烘干，使用过程放在焊条保温桶内，随用随取。

（3）焊补工艺要点及操作过程 包括下列内容：

1）上、下支承辊轴承座同时进行焊补，这样可以尽可能地将两件一起进炉预热和消应力热处理。

2）焊接电源采用直流反接，焊接过程中采用天然气火焰在坡口底部持续加热保温，使焊补区及周围 250mm 范围温度不低于 200℃，层间温度为 200～350℃。

3）先采用 $\phi4.0mm$ 的焊条焊打底层，用 $\phi5.0mm$ 的焊条焊填充层。焊补过程中，除表面层和穿透坡口打底层外，其余每焊一层，采用风铲进行锤击，并将焊渣及飞溅等清除干净。

4）对于穿透的下支承辊轴承座先焊内孔坡口，当焊至坡口深度 1/2 左右时，采用碳弧气刨方法进行反面清根，并打磨干净，进行磁粉检测（干粉），然后焊接清根面坡口。等上支承辊轴承座焊完时一起进行中间消应力处理，消应力处理温度为 580℃。上支承辊轴承座消应力处理后可以对焊补区打磨，进行磁粉检测和超声波检测。

5）下支承辊轴承座中间消应力出炉后先焊正面坡口，焊完后再焊另一面，全部焊完后对焊补区打磨，进行磁粉检测（干粉），符合要求后立即进行消应力处理，进炉前焊补区温度不低于150℃；消应力处理温度为570~590℃。消应力处理后对焊补区打磨，进行磁粉检测和超声波检测。

上、下支承辊轴承座裂纹经以上方法进行焊补修复后进行磁粉检测和超声波检测，符合标准要求，为了确保焊补区质量，超声波检测还进行了横波斜探头检查。检查结果无裂纹和超标缺陷，符合产品使用要求。

2. 支承辊轴承座缺肉的堆焊修复

支承辊轴承座切割冒口后发现其底部1394mm×542mm×140mm尺寸凸台在宽度方向中心铸偏250mm，造成凸台尺寸一边缺肉1394mm×250mm×140mm，需要采用堆焊方法进行修复，同时另一边多余的部分需要修刨或加工去除，铸偏位置如图10-37所示。

图10-37 支承辊轴承座底部铸偏位置

支承辊轴承座的材质是30Mn2，属于低合金高强度结构钢，焊接性较差，性能热处理后的抗拉强度为530~690MPa。堆焊修复的重点是确保焊接过程温度，防止堆焊区出现焊接裂纹等缺陷，以及保证大厚度堆焊后的尺寸符合加工要求等。

堆焊采用的工艺措施如下。

（1）处理方法及程序 铸钢件先进行正回火性能热处理，然后测量尺寸，划出需要堆焊的区域，并修刨打磨需要堆焊的区域，进行超声波检测和磁粉检测，如果有缺陷必须清除干净并预热焊补符合要求后再堆焊缺肉部位；堆焊完成后进行消应力热处理，堆焊区打磨进行超声波检测和磁粉检测后进行加工。

（2）堆焊前准备　包括下列内容：

1）堆焊区域表面采用碳弧气刨、砂轮打磨等方法去除锈迹、氧化皮、氧化渣、渗碳层等，并进行超声波检测和磁粉检测确认，超声波检测和磁粉检测的目的主要是确定堆焊区域是否还有其他铸造缺陷。

2）采用二氧化碳气体保护焊，焊丝选用强度等级与母材基本匹配的，牌号为 ER50-G，直径为 1.2mm、1.6mm。

3）整体进炉预热，预热温度为200~250℃，保温4h以上，出炉后采用天然气烧嘴火焰在堆焊区反面及两侧持续加热保温直至堆焊完成。

（3）堆焊工艺要点及操作过程　包括下列内容：

1）堆焊过程，堆焊区表面温度为 150~200℃，温度不够时，停止焊接并采用天然气火焰在堆焊区表面加热至满足堆焊温度要求，层间温度≤350℃。

2）采用横焊方式，每层堆焊厚度≤4mm，每道焊缝堆焊宽度≤8mm。

3）堆焊表面要求平整，凹凸点高度差≤3mm，为保证堆焊后的修刨打磨，堆焊部位厚度以及宽度和长度方向边缘尺寸高于本体表面2~3mm。

4）打底层和盖面层采用 φ3.2mm 焊条，焊接电源采用直流反接，焊接参数见表 10-7。

表 10-7　焊接参数

焊接方法	焊丝直径/mm	焊接电流/A	电弧电压/V
焊条电弧焊	3.2	200~350	23~35
	4.0	280~420	28~40

5）除盖面层外，其余每焊一层均采用风铲进行锤击，并采用

风动气刷或打磨清理飞溅和焊渣。

（4）消应力处理 先焊完的部位采用干燥的保温棉覆盖，全部焊完后立即进炉消应力处理，消应力处理的温度为570~590℃，进炉前堆焊区的温度不低于120℃。

（5）堆焊质量检查 消应力处理前按图样尺寸对堆焊部位进行检查，保证堆焊尺寸符合图样要求，并满足加工和修刨尺寸，消应力处理后对堆焊区进行修刨打磨、磁粉检测和超声波检测。

10.5.5 工作辊轴承座缺陷的焊补修复

1. 工作辊轴承座缺陷的焊补修复

工作辊轴承座的材质是 ZG34Cr2Ni2Mo，属于低合金高强度结构钢，已完成调质热处理，焊接性较差。在半精加工过程发现在一端面及内孔各有1处裂纹和少量砂眼、气孔等缺陷，裂纹最大处在内孔，尺寸约为100mm×40mm，砂眼、气孔打磨消除缺陷后的深度为5~20mm。该件内孔单边有2mm留量，端面尺寸已加工到位。因此焊接修复的重点是防止焊缝产生裂纹和较大的变形。

（1）焊前准备 包括下列内容：

1）采用机械加工方法在裂纹两端钻止裂孔，孔径大于15mm，孔深超过裂纹深度2~3mm。

2）对轴承座所有加工面进行磁粉检测，确认是否还有其他缺陷。

3）砂眼、气孔等缺陷采用电动磨头打磨消除缺陷，裂纹采用碳弧气刨清除并修制坡口，坡口呈U形，坡口打磨干净圆滑过渡，所有坡口进行磁粉检测确认。

（2）工艺要点及操作过程 包括下列内容：

1）对于孔内坡口，采用天然气火焰在孔内坡口部位和坡口底部局部加热至250℃，其余部位可根据坡口位置采用天然气火焰加热至200℃，加热范围为焊补区及周围200mm，焊补过程除坡口表面火焰外，其余继续持续加热，确保焊补区及周围200mm焊补过程温度≥200℃。

2）采用焊条电弧焊，J707焊条，尺寸为 $\phi 3.2mm$、$\phi 4.0mm$，

使用前经 350℃×1h 烘干，使用过程中放在焊条保温桶内，随用随取。

3）采用 ϕ3.2mm 焊条，先将所有非裂纹性质的坡口焊补完，用保温棉覆盖保温缓冷，然后焊补两条裂纹坡口，打底层采用 ϕ3.2mm 焊条，填充层和盖面层采用 ϕ4.0mm 焊条。

4）焊补过程除盖面层外，其余每焊一层，采用风铲进行锤击，焊缝表面高于母材基面 1~2mm。

（3）消应力处理 先焊完的坡口采用干燥的保温棉覆盖保温缓冷，全部焊完后立即进行消应力处理，消应力处理温度为 580~600℃，如果不能及时进炉消应力，采用天然气火焰对焊补区进行 150~200℃ 局部加热保温至进炉消应力处理。

（4）检查 消应力处理出炉冷却至常温后打磨焊补区，进行超声波检测和磁粉检测。

通过采取以上工艺措施和焊接修复方法，修复后的符合工作辊轴承座经超声波检测和磁粉检测没有缺陷，符合铸钢件技术标准要求，也满足加工尺寸要求。

2. 工作辊轴承座裂纹的焊补修复

工作辊轴承座的材质为 ZG34Cr2Ni2Mo，属于低合金高强度结构钢，调质热处理后的规定塑性延伸强度（$R_{p0.2}$）≥650MPa，焊接性很差。该件粗加工调质处理后在内孔和端面发现多处裂纹、夹砂和夹渣等缺陷。由于裂纹深度已达 300mm，并且局部已穿透，焊补修复的难度较大，修复过程的重点是防止裂纹扩展和焊补区产生焊接裂纹等缺陷，确保焊补区质量满足要求，为此制定以下修复工艺。

（1）缺陷清除及坡口制备 包括下列内容：

1）采用天然气火焰局部预热，裂纹部位及周围 200mm 的预热温度≥250℃，其余≥200℃，采用碳弧气刨清除缺陷，对于长度大于 150mm 的裂纹先在距裂纹端点 20mm 左右处采用碳弧气刨打止裂孔，孔深超过 40mm。

2）消除缺陷后的坡口，其中内孔 1 处最大裂纹清除后的尺寸长约 300mm，深度已穿透，其余坡口深度在 20~40mm。

3）穿透部位开单面 V 形坡口，孔内为坡口正面，其余消除缺陷后未穿透的坡口为 U 形，所有坡口采用砂轮将渗碳层和氧化层打磨干净，露出原金属光泽，圆滑过渡，并进行磁粉检测。

（2）焊前准备　包括下列内容：

1）采用焊条电弧焊，选用等强度匹配牌号 J857CrNi 焊条，尺寸为 $\phi4mm$、$\phi5mm$，使用前经 350℃×1h 烘干，使用过程中放在焊条保温桶内，随用随取。

2）焊前整体进炉预热至 350℃，保温 4h 后出炉，出炉后采用天然气火焰对焊补区局部加热，对非焊补区采用保温棉覆盖保温。

（3）焊补操作过程　包括下列内容：

1）焊补过程中，采用天然气火焰对焊补区持续加热，使焊补区及周围 250mm 范围内温度不低于 250℃，层间温度≤350℃，采用远红外测温仪，对焊补部位每小时测温一次，每个焊补处至少测两点。

2）对于已穿透的坡口，采用低碳钢板作为垫板，并先采用 $\phi3.2mm$ 焊条沿坡口表面边缘焊 1~2 层包边过渡层，然后焊坡口打底层，焊完后用手锤对焊缝进行锤击，并打磨进行磁粉检测（干粉）确认，然后采用 $\phi4.0mm$ 焊条焊坡口打底层和过渡层。

3）打底层和过渡层至少焊两层，焊完后打磨进行磁粉检测（干粉）确认，采用 $\phi5.0mm$ 焊条进行坡口填充焊接，正面坡口焊完后进行反面清根，采用碳弧气刨去除垫板，并打磨干净进行磁粉检测（干粉）确认后焊补。

4）其余坡口可采用 $\phi4.0mm$ 或 $\phi5.0mm$ 焊条施焊，焊缝高度高于母材 2~3mm，便于修整打磨。

5）焊接电源采用直流反接，多层多道焊时每焊一层用风铲进行锤击（穿透部位坡口焊至 1/3 厚度才能进行锤击），并将焊渣和飞溅清除干净；对先焊完的坡口采取天然气火焰局部加热保温，并用保温棉覆盖在焊缝表面保温缓冷。

（4）焊后消应力处理　全部坡口焊完后立即进炉消应力处理，进炉前焊补区温度不低于 150℃，消应力处理温度为 560~580℃；消应力处理后冷却至常温对焊补区打磨进行磁粉检测和超声波检测。

通过采取焊前高温预热，焊接过程中加热保温并对焊缝锤击、清根，焊后及时消应力处理等措施，修复后工作辊轴承座经过磁粉检测和超声波检测，符合标准要求，完全满足产品的使用要求。

3. 工作辊轴承座精加工后的裂纹修复

工作辊轴承座精加工后发现 3 处线性缺陷，一处在内孔，长度为 1200mm，经超声波检测确认最深约 15mm；滑板面有 2 处，1 处长度为 60mm，最深约 20mm，另一处长度为 300mm，最深约 30mm。

工作辊轴承座材质为 GS34CrNiMo6（非标牌号），属于低合金中碳调质钢。焊接性较差，为了确保工作辊轴承座的使用要求，确定采用焊接方法修复，修复的难点主要是防止变形和焊补区裂纹。

（1）缺陷清除及坡口要求 采用砂轮打磨方法清除缺陷，清除后的坡口尺寸：内孔处长为 1210mm，深度为 5~20mm；滑板面 1 处长为 60mm，最深为 25mm，另 1 处长为 300mm，最深 35mm。坡口呈 U 形，并进行磁粉检测确认。

（2）焊补工艺要点及操作过程 包括下列内容：

1）采用天然气火焰对坡口底部和表面同时进行局部缓慢加热至 250℃，加热范围为坡口及周围 200mm，焊补过程在坡口底部加热保温，确保焊接过程中焊补区及周围 150mm 范围内温度大于 200℃，当低于此温度时，必须停焊加热后再焊。

2）先焊滑板面两处坡口，焊后立即采用远红外电加热器进行局部消应力处理，并进行超声波检测和磁粉检测确认后再焊内孔坡口。

3）采用焊条电弧焊，焊条牌号为 J857CrNi，尺寸为 $\phi3.2mm$、$\phi4.0mm$，使用前经 350℃×1h 烘干，使用过程中放在焊条保温桶内，随用随取。

4）焊补过程中，每焊一道将焊渣及飞溅等清理干净，并用手锤对焊缝进行锤击，对先焊完的部位采用保温棉及时覆盖保温。

5）滑板面两处坡口采用 $\phi3.2mm$ 焊条焊打底层，焊接电流为 90~120A，用 $\phi4.0mm$ 焊条焊填充层，焊接电流为 130~170A；内

孔坡口采用 $\phi 3.2$mm 焊条，焊接电流为 90～110A，并采用分段交错施焊。焊缝高度高于母材表面 1～2mm。

（3）焊后消应力处理及焊补区质量检查 包括下列内容：

滑板面两处坡口深度较深、相距较近，焊后立即采用远红外电加热器进行局部消应力处理，消应力温度为 550～570℃，内孔坡口焊后采用天然气火焰局部预防白点退火处理，加热温度为 350℃，保温 2h。所有坡口焊后冷却至常温对焊补区粗打磨进行磁粉检测和超声波检测，符合要求后进行加工抛光和尺寸检查。

10.5.6 高压外缸缺陷的焊补修复

1. 高压外缸穿透裂纹的焊补修复

高压外缸在打箱落砂后高温退火热处理前，在低压端气道外壁面上发现有一处裂纹，裂纹长度约为 2000mm，裂纹从气缸中分面处一直延伸至气道外圆弧位置，裂纹属于冷裂性质。

高压外缸的材质为 ZG15Cr2Mo1，属于低合金耐热钢，材料的铬含量较高，焊接性较差。由于该件还处于打箱后的毛坯状态，因此焊接修复的主要难点是防止铸造裂纹延伸，以及防止焊缝产生裂纹。

（1）处理方法及裂纹清除 在距裂纹端部约 50mm 处采用碳弧气刨制一个 $\phi 60～80$mm 的止裂孔，然后进行高温退火热处理和性能热处理，性能热处理后采用碳弧气刨从气道外壁面开始清除裂纹，并在外壁面处形成一个随形的 V 形坡口。

（2）坡口要求 将坡口正反面及其边缘 30mm 范围打磨干净，平滑过渡，去除氧化渣、渗碳层等杂物，露出金属光泽，并进行磁粉检测。

（3）焊前准备 包括下列内容：

1）根据缺陷清除后的坡口底部尺寸形状制作垫板，垫板选择厚度为 5mm 的低碳钢板，采用与正式焊补时相同的焊材将垫板点固在坡口底部，点固垫板时注意不要使垫板底平面高于原气道内壁型线。

2）采用焊条电弧焊，焊接电源采用直流反接，焊接材料选用牌号为 R407 的焊条，尺寸为 $\phi4.0mm$、$\phi5.0mm$。焊条使用前经 $350℃×1h$ 烘干，使用过程中放在保温桶内，随用随取。

（4）焊补工艺要点及操作过程 包括下列内容：

1）整体进炉预热至 $300℃$，保温 4h，出炉后采用保温棉将坡口周围 500mm 范围覆盖保温，并在坡口背面采用天然气火焰辅助加热，确保焊补过程采用焊条电弧焊时坡口周边 250mm 范围内温度不低于 $200℃$，层间温度 $≤350℃$。

2）先采用焊条电弧焊焊打底层（3层约 12mm），在坡口两边各焊一层过渡层，过渡层焊后再采用焊条电弧焊或二氧化碳气体保护焊进行焊补，焊补时要使 V 形坡口过渡层和打底层过渡部位始终保持形成的 R 角不小于 50mm。

3）焊接电源采用直流反接，每层焊缝采用风动除磷针或风铲将焊渣、飞溅清理干净，二氧化碳气体保护焊操作时，不要在风口施焊，采取挡板实施保护措施。

4）焊补过程中每 2h 采用测温仪进行一次测温检查，每次至少 4 点，每两点之间的间距大于 150mm。尽量将坡口调整为平焊位置进行焊补操作。

5）从气道上端坡口开始并向整个坡口过渡施焊，对先焊完的部位除底部仍然采用天然气火焰加热保温外，焊缝表面采用保温棉覆盖保温，正面坡口焊完后，立即进炉进行一次中间消应力处理，消应力处理后采用碳弧气刨进行反面清根，去除垫板，打磨后进行磁粉检测（干粉），将清根部位形成的坡口焊完，并进行修整打磨，采用天然气火焰对焊补区进行加热温度为 $350\sim400℃$、保温 6h 以上的预防白点退火处理。

（5）焊后消应力处理及焊接质量检查 预防白点退火处理后，打磨焊补区进行磁粉检测（干粉），符合要求后进炉消应力处理，进炉前焊补区温度不低于 $120℃$，消应力处理温度为 $670\sim680℃$。消应力处理后对焊补区进行超声波检测和磁粉检测。

采用碳弧气刨刨出止裂孔后，先进行热处理消除铸造应力并满足产品性能要求后再清除缺陷的焊补方法，不仅修复了气缸的裂纹缺陷、确保了产品的加工和使用要求，还使焊补区经超声波检测和磁粉检测完全符合标准要求。

2. 高压气缸裂纹的焊补修复

材质为 ZG15Cr1Mo1V（在用非标准牌号）的气缸在高温退火后发现其侧面有条长约 1100mm 的穿透裂纹，裂纹开口宽度最大约 10mm，根据热处理后裂纹的表面状态分析，裂纹是在铸钢件打箱后形成的。由于裂纹较细小，气缸表面可能处于粘砂或浮灰状态，没有被及时发现。在随后的高温退火过程中裂纹得到了扩展和延伸。气缸侧面裂纹的位置如图 10-38 所示。

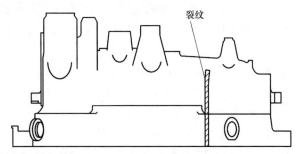

图 10-38　气缸侧面裂纹的位置

气缸材料属于低合金耐热钢，由于材料含钒，焊接性很差。但该件还处于毛坯状态，焊接修复的主要难点是防止铸造裂纹延伸及防止焊缝产生裂纹。

（1）缺陷清除及坡口制备　包括下列内容：

1）打磨裂纹端头约 200mm 范围，进行磁粉检测确认裂纹端点位置，在裂纹端点前约 40~50mm 范围采用碳弧气刨刨出止裂孔，止裂孔径约 40~60mm，深度大于 60mm。

2）坡口形状：采用碳弧气刨方法将裂纹清除干净，并形成如图 10-39 和图 10-40 所示的坡口尺寸形状，缸体圆弧面位置在内侧开单边坡口；法兰位置开双边坡口，且法兰内壁坡口深度占法兰厚度的 2/3。对坡口及周围 50mm 范围采用砂轮打磨干净，去除表面氧化皮、渗碳层并全部露出金属光泽，对坡口及周围 50mm 范围进行渗透检测和磁粉检测确认。

3）对法兰上、下两端用拉筋加固，采用天然气烧嘴火焰在法

兰内外同时加热，加热范围为坡口及周围 300mm，预热温度为
200℃~300℃。

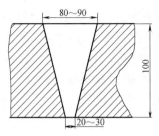
图 10-39　缸背内侧坡口形状

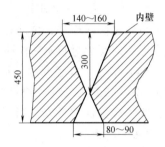
图 10-40　法兰坡口形状

（2）焊补工艺要点　包括下列内容：

1）采用 R407 焊条，焊丝采用 ER62-B3；焊条使用前经 350℃×
1h 烘干，使用过程中放在保温桶内，随用随取。

2）中分面表层 50mm 深度内采用焊条电弧焊，其余位置均可
采用二氧化碳气体保护焊；坡口底面较为狭窄的位置用 $\phi4.0$mm 焊
条焊接，焊补过程中坡口的横断面始终保持 U 形。

3）焊接前在法兰位置采用轨道钢或 100mm×100mm 的方钢装
焊防变形拉筋。

4）焊接电源采用直流反接，焊接过程中应减少摆动。焊条电弧
焊时，摆动宽度不大于焊条直径的 3 倍，摆动宽度不超过 15mm。

5）焊补过程中，焊补区及周围 200mm 范围内的温度在采用焊
条电弧焊时不小于 200℃，在采用二氧化碳气体保护焊时不小于
150℃，层间温度≤350℃，焊接过程中注意覆盖保温，焊接工位采
用挡板遮挡避风。

（3）焊接修复操作步骤　包括下列内容：

1）焊接缸体内侧坡口并焊完，法兰内侧坡口焊至 1/2 深度，
采用碳弧气刨对焊缝反面清根，打磨干净进行磁粉检测（干粉）
确认。

2）焊接缸体清根面及法兰外侧坡口约 1/2 坡口深度，进炉中
间消应力处理。

3) 出炉后在表面还有余温的状态下修刨打磨法兰端面，待冷却至室温后对法兰已焊部分焊缝进行磁粉检测和超声波检测。

4) 继续按工艺要求进行局部加热焊接坡口剩余部分，法兰内外坡口可以同时施焊，全部焊完后立即进炉消应力处理，出炉冷却至室温后对焊缝进行磁粉检测、超声波检测及硬度（HBW）测试。

（4）消应力处理及焊补质量检查　中间或最终消应力处理温度为 670~690℃，超声波检测和磁粉检测的标准除按铸钢件要求外，为了确保焊接质量，对焊补区增加超声波检测（横波）和硬度（HBW）测试。

对于 Cr-Mo-V 材料的气缸，而且裂纹在铸钢件截面较厚的中分面的情况，采用焊接方法修复，不仅完善了气缸焊补修复的技术，确保了产品加工和使用要求，而且焊补区经磁粉检测和超声波检测（包括横波和纵波）也完全符合标准要求。

3. 高压外缸内腔裂纹的焊补修复

高压外缸在完成接管焊接后，在气缸内腔发现有一处穿透性裂纹，裂纹呈"人"字形，经采用碳弧气刨消除裂纹后的坡口长度为 550mm 和 250mm，穿透部位的平均深度约为 70mm，修刨后的坡口呈单边 V 形，裂纹位置如图 10-41 所示。

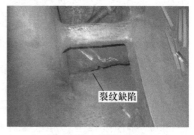

裂纹缺陷

图 10-41　裂纹位置

高压外缸材质为 ZG15Cr1Mo1V（在用非标准牌号），焊接性很差，采用焊接方法修复的重点是确保焊缝质量能满足产品技术标准和使用要求，并根据缺陷情况制定修复方法。

（1）修复前准备　包括下列内容：

1) 坡口修整：对已经清除裂纹后的坡口进行打磨，去除坡口表面氧化层和渗碳层，坡口内壁打磨光滑，不允许有尖（棱）角存在，坡口进行磁粉检测确认。

2) 采用焊条电弧焊，焊条牌号为 R407，尺寸为 $\phi 4.0mm$、$\phi 5.0mm$；使用前经 350℃×1h 烘干，使用过程中放在保温桶内，随用随取。

3）采用天然气火焰在坡口底部及表面同时局部预热，预热范围为焊补区及周围 250mm，预热温度大于 250℃。

（2）焊补工艺要点及操作过程 包括下列内容：

1）将气缸中分面朝上摆放，使焊接操作在平焊位置进行，焊前在坡口背面装焊随形垫板，垫板采用厚度为 5mm 的低碳钢板。

2）焊补过程采用天然气火焰对坡口底部进行持续局部加热，周边采用保温棉覆盖保温，使焊补区及周围 250mm 范围内的温度不低于 200℃，层间温度 ≤350℃。

3）先采用 $\phi4.0mm$ 的焊条焊接打底层，打底层的厚度约为 10mm，打底层焊完后进行磁粉检测（干粉），然后采用 $\phi5.0mm$ 的焊条进行填充。

4）正面坡口焊满后翻转缸体，中分面朝下，对焊缝背面打磨清根并进行磁粉检测（干粉），符合要求后采用 $\phi4.0mm$ 的焊条将清根后的坡口焊完，焊接参数见表 10-8。

表 10-8 焊接参数

焊接方法	电流极性	焊条直径/mm	焊接电流/A	电弧电压/V
焊条电弧焊	直流反接	$\phi4.0$	130~170	22~26
		$\phi5.0$	170~230	23~27

（3）焊后处理及焊补质量检查 对先焊完的部位继续采用天然气火焰加热，并用保温棉覆盖保温缓冷，全部焊完后立即进炉消应力热处理，进炉前焊补区加热范围温度不低于 150℃，消应力处理温度为 670~690℃；消应力处理冷却至常温后对焊缝表面修刨打磨，对焊补区进行超声波检测、磁粉检测和硬度测试。

4. 高压外缸精加工后裂纹的焊补修复

材质为 ZG15Cr1Mo1V 的汽轮机高压外缸，精加工后在气缸内隔筋发现 1 条沿内隔筋宽度方向开裂的裂纹，经采用碳弧气刨和打磨消除缺陷后的深度约 140mm，裂纹消除后的坡口如图 10-42 所示。

该件虽然已精加工，但由于裂纹位于气缸的内隔筋上，焊接修复后变形的可能性较小，不会影响使用，因此焊接修复的重点是确保焊接质量符合要求。

（1）坡口修整　采用碳弧气刨将坡口修整成 U 形，坡口角度和开口大小以适应焊条电弧焊和二氧化碳气体保护焊的焊接操作为宜，坡口焊前进行渗透检测。

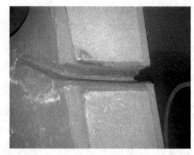

图 10-42　内隔筋裂纹消除后的坡口

（2）焊前预热及焊补过程温度的要求　焊前采用天然气火焰对坡口及两侧进行局部预热，预热范围为焊补区及周边 200mm 区域，预热温度≥150℃，为方便施焊操作，焊补过程将坡口部位的火焰移至坡口两侧，确保焊补过程焊补区及周边 200mm 范围内的温度不低于 150℃，层间温度≤300℃。

（3）焊补工艺要点及操作步骤　包括下列内容：

1）焊接方法及焊接材料：采用焊条电弧焊，焊条牌号为 R407，尺寸为 $\phi4.0mm$，焊丝牌号为 ER62-B3，尺寸为 $\phi1.2mm$。焊条使用前经 350℃×1h 烘干，使用过程中放在保温桶内，随用随取。

2）为了防止焊补过程产生裂纹，坡口每焊 30mm 左右深度，采用天然气火焰对焊补区进行（350~400）℃×1h 的预防白点退火处理。

3）坡口表面和内隔筋两侧焊缝表面要平整，对不平整的部位采用焊条电弧焊进行焊补修平，焊缝最低点要要高于母材表面 2~3mm，以便修刨打磨。

4）全部焊完后采用远红外电加热进行局部消应力处理，消应力温度为 690℃，为保证消应力温度，消应力处理过程可在其两侧采用较小天然气火焰的辅助加热。

5）消应力处理后对焊补区修刨打磨并进行磁粉检测、超声波检测、尺寸和表面质量检验。

通过采取以上工艺措施和操作方法，修复后的高压外缸焊补区经磁粉检测和超声波检测符合标准要求，内隔筋部位的尺寸和表面质量也符合要求。

5. 高压气缸缺陷的焊补修复

适用于材质相当于 2.25Cr-1Mo 的高压气缸铸钢件精加工前缺陷的焊补修复，是焊补修复材料为 2.25Cr-1Mo 缸体铸造缺陷的工艺规程，也是其焊补质量检查的主要依据。

材料的化学成分见表 10-9，材料的力学性能见表 10-10。

表 10-9　材料的化学成分　　　（质量分数，%）

元素	碳	硅	锰	磷	硅	镍	铬	钼	铅	钒	铜	钛
范围	≤ 0.22	≤ 0.65	0.46~0.84	≤ 0.035	≤ 0.030	≤ 0.50	1.95~2.80	0.88~1.22	≤ 0.028	≤ 0.03	≤ 0.25	≤ 0.035

表 10-10　材料的力学性能

R_{eH}/MPa	R_m/MPa	$A(\%)$	$Z(\%)$
≥390	≥590	≥16	≥35

气缸材料的焊接性分析：2.25Cr-1Mo 材料属于低合金珠光体耐热钢，由于成分中含有较高含量的铬使材料的焊接性变差，为了确保焊接质量，焊接过程必须采取加热保温等措施。

（1）缺陷清除及坡口制备　包括下列内容：

1）凡铸钢件出现不允许存在的缺陷时，可采用碳弧气刨、砂轮打磨、机械加工等方法去除，并形成相应的 U 形焊接坡口，坡口应圆滑过渡，不允许有棱角。

2）采用碳弧气刨清除缺陷时，铸钢件需预热至 150~200℃，采用碳弧气刨去除缺陷后必须用砂轮打磨光滑，去除渗碳层，并保持焊区边缘四周 30mm 范围内的清洁。

3）坡口焊前经磁粉检测确认合格，焊前坡口及周边 30mm 范围内的油、锈等污物必须清理干净。

（2）焊接方法及焊接材料的选择　采用焊条电弧焊，采用牌号为 R407 的 φ3.2mm、φ4.0mm、φ5.0mm 的焊条；使用前经 350℃烘干，保温 1h，使用过程放置在焊条保温筒内，焊丝牌号为 ER62-B3。

（3）焊前预热　焊前根据缺陷情况，采用整体进炉或局部预热方法，预热温度见表 10-11，局部预热范围为坡口及周边 300mm。

表 10-11　预热温度

坡口深度/mm	预热温度/℃
<13	≥120
≥13	≥250

（4）焊补操作规程　包括下列内容：

1）焊接电源采用直流反接，焊接参数见表 10-12。

表 10-12　焊接参数

焊接方法	焊材直径/mm	焊接电流/A	电弧电压/V
焊条电弧焊	$\phi4.0$	130~170	23~25
	$\phi5.0$	170~230	24~26

2）焊补过程，采用天然气火焰在坡口部位底部或侧面持续加热，使焊补区及周围 250mm 范围内温度不低于 200℃，对先焊完的部位用保温材料覆盖并采用天然气火焰加热保温，层间温度 ≤350℃。

3）焊补尽可能在平焊位置进行，除打底层及表面层外，其余每焊一层采用铲头 $R>6mm$ 的风铲进行均匀锤击，每道焊缝采用风动除鳞针将焊渣及飞溅清理干净后施焊。

4）焊补过程以单道焊为宜，焊条不做横向摆动，发现裂纹、未融合、夹渣、气孔等缺陷，必须及时采用砂轮打磨清除，并经磁粉检测确认后继续焊补。

（5）焊后消应力处理　焊后立即进炉消应力处理，如不能及时进炉处理，必须采取相应的保温措施。消应力处理温度为 680℃±10℃。

（6）焊补区的质量检查及验收　焊缝外观质量符合铸钢件表面的质量要求，所有焊缝焊后进行超声波检测和磁粉检测，磁粉检测的范围为焊补区及周围 30mm，超声波检测和磁粉检测的标准与铸钢件检验标准相同。

6. 高压外缸缺陷的焊补修复

高压外缸的材质为 ZG15Cr1Mo1V（在用非标准牌号），焊接性较差，材料化学成分见表10-13，力学性能见表10-14。

表 10-13 ZG15Cr1Mo1V 材料的化学成分

（质量分数，%）

元素	碳	硅	锰	磷	硫	镍	铬	钼	钒	钛	铜	铝
范围	0.10~0.20	0.20~0.60	0.50~0.90	≤0.025	≤0.015	≤0.50	1.20~1.50	0.90~1.20	0.15~0.25	≤0.05	≤0.35	≤0.01

表 10-14 ZG15Cr1Mo1V 材料的力学性能

R_{eH}/MPa	R_m/MPa	$A(\%)$	$Z(\%)$	HBW
≥410	550	≥15	≥50	170~220

（1）材料的焊接性 ZG15Cr1Mo1V（在用非标准牌号）材料属于 Cr-Mo-V 低合金耐热钢，焊接性较差，主要是由于材料成分中铬和钒的含量较高，使材料的焊接性变差，为了确保焊接质量，焊接过程必须采取加热保温等措施。

（2）标准规定 应力集中的区域超过 $820cm^3$ 及在其他部位超过 $4900cm^3$ 的缺陷及穿透性缺陷为重大缺陷。

（3）缺陷清除及坡口制备的要求 包括下列内容：

1）所有缺陷（包括表面和无损检验测得的超标缺陷）必须清除干净，缺陷清除允许采用碳弧气刨、机械加工、砂轮打磨等方法，碳弧气刨方法去除缺陷后，用砂轮打磨去除表面 1.5mm 的渗碳层及氧化渣。

2）采用磁粉检测方法检查坡口及周围 20mm 范围，坡口内锈、油、氧化皮等要清除干净。

（4）焊前预热 焊前整体进炉预热，预热温度大于 250℃，焊接过程采用天然气火焰局部加热，使铸钢件焊补区及周围 200mm 范围的温度不得低于 250℃，层间温度 ≤350℃，当整体预热不能时，可在焊接部位周围最小 200mm 范围内进行局部加热。

（5）焊接方法及焊接材料 采用焊条电弧焊，焊条牌号为 R407，焊条的化学成分（质量分数）要求 $w_C ≤ 0.08\%$，$w_P ≤$

0.025%，$w_S \leqslant 0.012\%$，焊条使用前在烘箱内经 350℃×1h 的烘干，使用过程中放在保温桶内，随用随取。

（6）焊接参数 焊接电源极性采用直流反接，焊接参数见表 10-15。

表 10-15 焊接参数

焊接方法	焊材直径/mm	焊接电流/A	电弧电压/V
焊条电弧焊	φ4.0	130~170	23~25
	φ5.0	170~220	24~26

（7）焊接操作工艺要点 包括下列内容：

1）焊补过程采用测温计每小时对焊补区测温一次，每次最少 3 点；每焊一层，除打底层及表面层外，其余各层采用风铲均匀锤击焊缝，并清除焊渣。

2）多处缺陷焊补时，对先焊完的部位采用天然气火焰加热和保温棉覆盖保温，全部坡口焊后立即进炉消应力处理，如不能及时进炉，采用天然气火焰对焊补区及周围 200mm 范围进行加热，加热至 200℃左右保温至进炉消应力处理。

（8）消应力处理 消应力处理温度为 690℃±10℃。出炉冷却至常温后，打磨焊补区并按铸钢件标准要求进行磁粉检测和超声波检测。

通过对材质为 ZG15Cr1Mo1V（在用非标准牌号）的高压外缸焊补实践表明，采用上述方法修复材质为 ZG15Cr1Mo1V（在用非标准牌号）的高压外缸铸造缺陷，焊补区经超声波检测和磁粉检测完全符合标准要求。工艺符合规范要求，可以用于指导该产品缺陷的焊补修复。

10.5.7 固定工作台缺陷的焊补修复

固定工作台粗加工后经超声波检测发现超标缺陷，由于缺陷位置较深，因此确定采用加工方法将缺陷消除，缺陷消除后的坡口尺寸为 910mm×720mm×420mm，坡口内尚有少量线形和点状缺陷。

固定工作台的材质是 ZG20SiMn，焊接性较好，缺陷虽然较深，但操作位置较好，焊接修复的重点是确保焊补质量能一次合格。

（1）坡口修制及检查 采用碳弧气刨或砂轮打磨方法将坡口内尚有线性显示和目视缺陷清除干净，并采用渗透检测对坡口内这些小凹坑进行检查确认。

（2）焊接修复顺序 预热→焊打底层及过渡层→第 1 次消应力处理→坡口焊至 1/2 深→第 2 次消应力处理→翻面焊另一面→全部焊完后打磨进行磁粉检测和超声波检测→再翻面焊剩余部分→全部焊完后冷却至室温打磨进行磁粉检测和超声波检测→最终消应力处理

（3）焊前准备 包括下列内容：

1）焊前整体进炉加热 200℃，保温 6h，出炉后坡口面朝上，放在至少 300mm 高的垫铁上，采用天然气火焰在底面加热保温。

2）采用焊条电弧焊，J507 焊条，焊条使用前在烘干箱内进行 350℃×1h 的烘干，使用过程中放在焊条保温桶内，随用随取。

（4）焊补工艺要点及操作过程 包括下列内容：

1）采用焊条电弧焊，ϕ4.0mm 焊条，先焊坡口内的所有凹坑，然后焊直角边、过渡层和打底层，第 1 层用 ϕ4.0mm 焊条，其余各层用 ϕ5.0mm 焊条；直角部分焊成 $R \geqslant 60$mm 并形成相应的坡口，过渡层及打底层的厚度为 10mm 左右（见图 10-43 和图 10-44）。

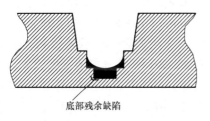

底部残余缺陷

图 10-43 底部小凹坑焊补

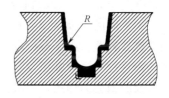

图 10-44 坡口打底层和过渡层

2）直角部分和过渡层焊完后，采用磁粉检测（干粉）确认，符合要求后进行坡口填充焊接。

3）焊接过程中采用焊条电弧焊时，摆动宽度不大于焊条直径的 4 倍，焊补过程中焊补区及周围 200mm 范围内的温度不小于 150℃。

4）焊接电源采用直流反接，每焊 50mm 左右的厚度和进炉消应力处理前后均进行一次磁粉检测（干粉）。

5）焊补过程坡口横断面或坡口纵断面始终形成 U 形；除表面层外，其余各层每焊一层，采用风铲进行锤击。

6）全部焊完后，采用磁粉检测（干粉）确认，然后采用天然气烧嘴火焰在底部及焊补区表面进行局部加热温度为 300～350℃、保温 4h 的预防白点退火处理。

7）焊补过程中对焊缝每层、每道采用钢丝刷和毛刷进行清理，并将焊渣清理干净，清渣采用吸管或毛刷，不允许用风吹；缓冷至常温，对焊补区表面打磨进行磁粉检测和超声波检测确认，符合要求后进行消应力处理。

（5）消应力处理及焊补区的质量检查 消应力处理温度为 560℃，中间消应力处理的保温时间为 12h，最终消应力处理随铸钢件表面精整工序完成后一同进行。消应力处理后再次对焊补区进行磁粉检测和超声波检测。

10.5.8 大齿圈裂纹的焊接修复

大齿圈粗加工后精整过程中在其 4 块腹板上均发现裂纹，且局部有穿透现象，其中一处裂纹已延伸至齿圈的齿背面法兰上，离齿面还有约 40mm，裂纹最长约 800mm，4 处裂纹总长约 2500mm。

大齿圈的材质为 ZG35Cr1Mo，属于低合金中碳调质钢，材料的焊接性较差，由于裂纹较为分散，采用焊接修复的难度较大，主要是焊接过程中焊补区易产生裂纹，必须保持在一定温度下施焊，焊后及时消应力回火。焊接修复采取的主要工艺措施如下。

（1）缺陷清除和坡口制备 包括下列内容：

1）采用砂轮打磨裂纹端部，找出裂纹端点，然后用碳弧气刨在裂纹端头（距裂纹约 20～30mm）打止裂孔。

2）采用碳弧气刨清除裂纹并制备相应的随形坡口，坡口形状呈 V 形，坡口表面的渗碳层和氧化渣等必须打磨干净，坡口要平整光滑，并进行磁粉检测和渗透检测确认。

3）对于穿透部位的坡口采用厚度为 5~8mm 的低碳钢板作为垫板。

（2）焊接方法及焊接材料选择　采用焊条电弧焊，选用 J707 焊条，尺寸为 φ4.0mm、φ5.0mm。使用前在烘干箱内进行 350℃×1h 的烘干，使用过程中放在焊条保温桶内，随用随取。

（3）焊前预热和焊补过程中对温度的要求　为了确保焊接过程齿圈整体温度的均匀性和施焊坡口的局部温度，在整个焊补过程中，采用天然气管道火焰在齿圈底部周围一圈设两道加热圈加热，同时在每个坡口底部采用天然气烧嘴火焰局部加热，加热温度为 200~250℃，局部预热范围为坡口及周围 250mm。

（4）焊补工艺规范及操作过程　包括下列内容：

1）焊补过程中，采用远红外测温仪每小时测温，每次在每个坡口的四周各测一点，使焊补过程焊补区及周围 250mm 范围内的温度符合预热温度要求，层间温度≤350℃。

2）焊接电源采用直流反接，每焊一层均采用风动除磷针、风铲或砂轮及时清除焊渣，正面坡口焊完后进行背面清根，清根打磨后进行磁粉检测（干粉）后再焊坡口背面。

3）4 处坡口尽可能同时施焊或依次从小坡口到较大坡口顺序施焊，对先焊完的部位底部采用天然气火焰加热，同时采用保温棉覆盖。

4）穿透部位坡口待正面坡口全部完成后再翻面采用碳弧气刨清除垫板，并在打磨干净后采用磁粉检测（干粉）确认，符合要求后将其焊平，对焊接温度的要求同正面坡口焊接相同，可采用烧嘴火焰在坡口底部加热。

（5）焊后消应力处理及焊补质量检查　全部焊完后及时进炉消应力处理，进炉前焊补区温度不低于 200℃，消应力处理温度为 620℃，消应力处理后冷却至常温，打磨焊补区进行磁粉检测和超声波检测。

10.5.9 齿轮轴孔裂纹的焊接修复

齿轮在粗加工后发现其轴孔内各有两条裂纹,最长约 300mm,均位于轴孔冒口增肉部位。经分析是由于切割冒口时温度太低所致。

齿轮材质为 ZG35Cr1Mo,属于低合金中碳调质钢,材料的焊接性较差,由于内孔直径较小,焊接操作空间有限,高温下焊接难度较大。

(1) 缺陷清除及坡口制备 为了防止裂纹延伸,采用了加工方法清除裂纹,裂纹消除后的坡口深度为 80~120mm,并采用碳弧气刨方法将加工消除缺陷后的部位修整成角度大于 15°的 U 形坡口。修整前对铸钢件缺陷部位进行局部预热,预热温度≥250℃,采用砂轮将碳弧气刨后的坡口内残留的渗碳层和氧化层打磨干净,圆滑过渡露出原金属光泽,并对坡口进行磁粉检测确认。

(2) 焊前预热 采用天然气管道火焰在齿轮轴孔底部周围一圈加热,同时采用天然气烧嘴火焰在孔内坡口部位局部预热至 300℃,加热范围为坡口及周围 200mm。

(3) 焊接方法及焊接材料的选择 采用焊条电弧焊,由于裂纹在轴孔内,为了满足齿轮的使用要求,在保证焊缝强度的同时,选用韧性较好的 J707Ni 焊条,焊条使用前经 350℃烘干,保温 1h,使用过程中放在焊条保温筒内,随用随取。

(4) 焊补工艺规范及操作过程 包括下列内容:

1) 焊补过程中,采用天然气管道火焰在齿轮轴孔底部周围一圈持续加热,确保焊补区及周围 250mm 范围内的温度不低于 250℃,层间温度≤350℃。

2) 在立焊或横焊位置进行操作,先采用 φ4.0mm 焊条将坡口底部加工形成的直角部位焊成 R≥20mm 的圆角,然后进行填充焊接,焊接过程中每层每道采用除磷针、钢刷或砂轮打磨将焊渣和飞溅等清理干净。

3) 焊补过程采用测温器每小时对焊补区进行一次测温,每个焊补处至少测温两点。焊接电源采用直流反接,焊接参数见表 10-16。

表 10-16   焊接参数

焊接方法	焊条直径/mm	焊接电流/A	电弧电压/V
焊条电弧焊	φ4.0	130~170	23~25
	φ5.0	170~220	24~26

（5）焊后消应力处理   先焊完的部位采用保温棉覆盖保温缓冷，全部焊完后立即进炉消应力处理，消应力处理温度为620℃，进炉前焊补区温度不低于250℃，如不能及时进炉，采用天然气火焰对焊补区进行300℃左右加热至进炉。

（6）焊补质量检查   消应力处理后对焊补区打磨进行磁粉检测和超声波检测，检测结果没有裂纹等缺陷，符合标准要求，精加工后表面无色差，符合交货技术条件和使用要求。

参 考 文 献

[1] 金凤柱，陈永. 电焊工操作技巧轻松学 [M]. 北京：机械工业出版社，2018.

[2] 金凤柱，陈永. 电焊工操作入门与提高 [M]. 北京：机械工业出版社，2012.

[3] 金凤柱，陈永. 电焊工操作技术问答 [M]. 北京：机械工业出版社，2014.

[4] 龙伟民，陈永. 焊接材料手册 [M]. 北京：机械工业出版社，2014.

[5] 高忠民，金凤柱. 电焊工入门与技巧 [M]. 北京：金盾出版社，2005.

[6] 陈永. 焊工操作质量保证指南 [M]. 2版. 北京：机械工业出版社，2017.

[7] 沈阳晨，魏建军. 铸钢件焊接及缺陷修复 [M]. 北京：机械工业出版社，2015.

[8] 范绍林. 焊工操作技巧集锦 [M]. 北京：化学工业出版社，2008.

[9] 范绍林，雷鸣. 电焊工一点通 [M]. 北京：科学出版社，2011.

[10] 胡玉文，郭新照，张云燕. 电焊工操作技术要领图解 [M]. 济南：山东科学技术出版社，2008.

[11] 王文翰. 焊接技术问答 [M]. 郑州：河南科学技术出版社，2007.

[12] 高忠民. 电焊工基本技术 [M]. 北京：金盾出版社，2000.

[13] 范绍林. 焊接操作实用技能与典型实例 [M]. 郑州：河南科学技术出版社，2012.

[14] 张能武. 焊工入门与提高全程图解 [M]. 北京：化学工业出版社，2018.

[15] 王新洪，韩芳，郑遄林. 焊条电弧焊技术问答 [M]. 北京：化学工业出版社，2015.

[16] 孙国君. 教你学焊接 [M]. 北京：化学工业出版社，2012.

[17] 孙景荣. 焊工操作入门与提高 [M]. 北京：化学工业出版社，2012.

[18] 王洪光，吴忠萍，许莹. 实用焊接工艺手册 [M]. 2版. 北京：化学工业出版社，2014.